Zur Morphologie

der

monokotylischen

Knollen- und Zwiebelgewächse

von

Thilo Irmisch.

Mit 10 Tafeln Abbildungen.

Berlin.

Druck und Verlag von G. Reimer.

1850.

Seinem Vater,

Herrn Joh. Friedr. Irmisch,

Förster in Schlotheim,

sowie

seinem Lehrer und Gönner,

Herrn Dietr. Franz Leonh. v. Schlechtendal,

Dr. der Med. Chir. u. Philos., ord. Prof. der Bot. und Director des bot. Gartens in Halle,

als Zeichen

der

Liebe und Dankbarkeit

gewidmet

vom

Verfasser.

Vorrede.

Schon vor mehrern Jahren untersuchte ich die Zwiebeln unserer Gagea-Arten, weil die mir zu Gebote stehenden systematischen Werke, obschon sie die Artenunterschiede mit auf die Beschaffenheit der Zwiebeln gründen, keinen genügenden Aufschluss über die Bildung derselben gewährten, und verfolgte deren Entwicklung. Hierdurch wurde das Interesse für andere derartige Gebilde in mir geweckt, und ich zog nach und nach alle in der Umgegend meines Wohnortes wild vorkommenden monokotylischen Zwiebel- und Knollenpflanzen in den Kreis meiner Untersuchungen, so wie auch einige häufiger cultivirte, welche mir die eben nicht pflanzenreichen Gärten meiner Umgebung darboten. So ist die Schrift entstanden, welche ich hiermit zunächst den Freunden der heimathlichen Flora vorlege. Sie wurde mit Liebe und Eifer für den darin behandelten Gegenstand begonnen und ausgeführt; auch an Geduld und Beharrlichkeit hat es mir im Verlauf meiner Arbeit nicht gefehlt; denn die meisten Beobachtungen wurden vielfach wiederholt. Sehr oft erfuhr ich hierbei, dass durch spätere Untersuchungen die aus frühern, und wenn diese auch noch so sorgfältig angestellt worden waren, gewonnenen Resultate wesentliche Erweiterungen und Berichtigungen erhielten, und es wird mich daher, so sehr ich danach trachtete, bei den verschiedenen Arten, ohne indess alle Specialitäten zu verfolgen, zu einem Abschluss zu kommen, nicht befremden, wenn andere Forscher noch manches Neue bei den von mir untersuchten Pflanzen auffinden und andere, richtigere Ansichten gewinnen.

Verdankt diese Schrift ihren Ursprung einem rein persönlichen Bedürfnisse, so glaube ich doch — und hätte ich diese Ueberzeugung nicht gehabt, so würde ich sie der Oeffentlichkeit nicht übergeben haben —, dass aus ihr auch der Wissenschaft einiger Vortheil erwachsen werde. Man wird es nicht in Abrede stellen können, dass noch sehr viele Zwiebel- und Knollengewächse, und unter ihnen grade die am häufigsten vorkommenden, in morphologischer Beziehung nur ungenau dargestellt sind. Sie erschienen mir, indem ich Baco's Ausspruch: ***quidquid essentia dignum est, id etiam scientia dignum,*** vor Augen hatte, wie eben so viele Probleme, die eine Auflösung erheischten, und die meisten Darstellungen in botanischen Schriften wie Zeichnungen mit unbestimmten, oft nebelhaften Umrissen, welche einer völligen Umänderung, mindestens einer bedeutenden Verbesserung bedurften. Und wenn auch über manche hieher gehörige Pflanzen bereits treffliche Untersuchungen, die aber gewöhnlich in schwer zugänglichen Zeitschriften zwischen ganz heterogenen Abhandlungen niedergelegt worden sind, vorhanden waren, so war es doch bei der isolirten Behandlung und bei den oft unter einander abweichenden Gesichtspunkten, von denen die einzelnen Schriftsteller bei ihren Untersuchungen ausgegangen sind, schwierig, das gegenseitige Verhältniss der verschiedenen Zwiebel- und Knollenbildungen zu einander hinreichend deutlich zu erkennen und eine vergleichende Morphologie derselben darauf zu gründen.

Wenn die systematische Botanik eine wahrhaft wissenschaftliche Bedeutung erlangen soll, so muss sie nach einer solchen Kenntniss der Pflanzen streben, dass diese nicht bloss nach ihren Verschiedenheiten und in starrer Trennung aufgefasst, sondern in eine Beziehung zu einander gesetzt werden, wo die Differenzen durch ein inneres nothwendiges Band verknüpft werden, und gleichsam für die anscheinenden Dissonanzen eine harmonische Verbindung hervortritt. Dieses hat für die Arten mancher Gattungen weniger, für die anderer mehr Schwierigkeiten. Die Grundlage aber wird allenthalben nothwendigerweise die sein, dass man eine möglichst vollständige Kenntniss aller Formen und Lebenserscheinungen der Pflanzen hat, so dass man dann im Stande ist, das wirklich Gleichartige von dem scheinbar Gleichen zu unterscheiden und die wahrhaft gleichwerthigen (homologen) Glieder zu vergleichen, vor deren Feststellung jede Vergleichung nur zu unsichern und falschen Resultaten führt. Es ist hier ein grosses Feld, auf dem die ärgste Feindin der Wissenschaftlichkeit, die Willkür, noch ihr Wesen treibt, für die Wissenschaft, für eine natur- und vernunftgemässe

Auffassung zu erobern. Das geschieht nicht im Fluge, sondern auf dem Wege des ruhigen, umsichtigen Forschens. Man wird aber nicht etwa nur die Familien und Gattungen, in der angedeuteten Weise zu betrachten haben, sondern vor allem auch die Arten. In der systematischen Botanik*) müssen die Resultate aller übrigen Zweige der wissenschaftlichen Botanik zu einer organischen, nicht conglomeratartigen, Verbindung gelangen; sie wird sich aber, wie die systematische Zoologie zu ihrer wesentlichen Grundlage die vergleichende Anatomie hat, besonders für die sogenannten höhern Pflanzen auf die vergleichende Morphologie zu stützen haben. — Es soll mich freuen, wenn man meine Beobachtungen als Material für eine wissenschaftlich-systematische Betrachtung einer allerdings nur äusserst kleinen Anzahl von Pflanzenarten nicht unbrauchbar findet.

In dem ersten oder speciellen Theile meiner Arbeit hätte ich gern die sämmtlichen monokotylischen Zwiebel- und Knollengewächse der deutschen Flora beschrieben, allein es fehlte mir für einige das Material. Meine Bemühungen, mir die nöthigen Pflanzen lebend zu verschaffen, waren in den meisten Fällen vergebens; zu um so herzlicherm Danke

---

*) Von dieser, welche die umfangreichste und gründlichste Pflanzenkenntniss voraussetzt, ist die mehr lexikalische Systematik oder Onomastik, durch welche man auf die sicherste und bequemste Weise (cf. Linné *syst. Veget. p.* 9: *sic dicat ipsa planta suum nomen*) den wissenschaftlichen Namen kennen lernt, zu unterscheiden. Sie ist mehr Hülfswissenschaft, während jene das Endziel der Wissenschaft ist. Wenn man beide von einander trennt, so wird man den bezeichneten Zweck weit besser erreichen können, als es jetzt in systematischen Schriften, wo beide meist verbunden sind, geschehen kann.

fühle ich mich folgenden Herren: Lehrer Bulnheim in Leipzig, Dr. Ekart in Bamberg, Dr. Klinsmann in Danzig, Pastor Schönheit in Singen, Hofrath Dr. Wallroth in Nordhausen und Lehrer Wirtgen in Coblenz, verpflichtet, welche mich mit getrockneten Pflanzen bei meinen Untersuchungen unterstützten. Dass ich in diesem Theile hin und wieder Manches, was nicht unmittelbar mit der Knollen- und Zwiebelbildung zusammenhängt, berührt habe, wird wohl keinen Anstoss erregen. — Die Abbildungen, welche dem speciellen Theile zur Erläuterung beigegeben sind, habe ich alle nach der Natur gezeichnet. Ich hätte ihre Zahl zwar leicht um ein Bedeutendes vermehren können, doch wird, wie ich glaube, die Auswahl, welche ich getroffen habe, hinreichend sein, eine richtige Anschauung zu gewähren. Da jede Abbildung immer nur einen besondern Fall darstellen kann, so wird man sie, wenn sie mit einem Exemplar, das man eben untersucht, nicht in allen Stücken übereinstimmt, nicht sofort für ungenau halten. Die wenigen schematischen Zeichnungen sind stets als solche bezeichnet worden. Dem wackern Künstler, Hrn. Lithogr. R. Jaene, bin ich für die sorgfältige Uebertragung meiner oft minutiösen Zeichnungen grossen Dank schuldig.

Die Keimpflanzen, so wie das Histologische der Zwiebel- und Knollenpflanzen konnte ich nicht mit untersuchen. Ich bedaure das selbst; doch wird es Niemanden interessiren können zu erfahren, warum ich es unterliess. Die Morphologie der vollkommenern Gewächse wird zwar so gut, wie die vergleichende Anatomie der vollkommenern Thiere, meistentheils zu sichern Resultaten gelangen können auch ohne Berücksichtigung der Gewebslehre; doch treten auch Fälle ein, wo die Kenntniss der anatomischen Structur eines Theils zur Entscheidung seiner morphologischen Bedeutung wichtig wird.

In den „Beilagen" habe ich einige andere Pflanzen nach ihren vegetativen Theilen zu schildern versucht, theils um einige sichere Anhaltpunkte zu Vergleichungen mit den Zwiebel- und Knollenpflanzen, z. B. in Bezug auf den Wechsel von terminalen und lateralen Blüthenständen innerhalb mancher Pflanzengattungen, theils um ein etwas vollständigeres Material für den zweiten Abschnitt zu gewinnen.

Dieser zweite Abschnitt soll die vereinzelten Beobachtungen des ersten unter allgemeine Gesichtspunkte ordnen. Ich habe mich redlich bemüht, die Sprache der Thatsachen zu verstehen und wiederzugeben; aber die Gefahr des Missverständnisses und Irrthums liegt auf einem Gebiete, wo so vieles Einzelne Berücksichtigung erfordert, und das Ursprüngliche und Abgeleitete oft so schwer zu sondern ist, allzu nah, als dass es mich wundern sollte, wenn ich ihr nicht immer entgangen bin.

Wo ich Andern widersprochen habe, geschah es nicht aus Lust am Widerspruch, sondern aus Liebe zur Wahrheit. Ich musste das von mir Gefundene in Vergleich stellen mit den Beobachtungen und Ansichten Anderer, und es wäre thöricht gewesen, wenn ich die Differenzen, welche sich dabei öfters herausstellten, als solche nicht hätte anerkennen und nicht hätte angeben wollen, in welchen Fällen und warum ich die Angaben Anderer nicht für naturgemäss und befriedigend halten konnte. Ich glaube aber nicht, dass man mich wird beschuldigen können, dass ich dabei die Achtung vor Männern, welche sich um die Wissenschaft die grössten Verdienste erworben haben, oder die Dankbarkeit, zu welcher sich Jeder verpflichtet fühlen muss, der aus ihren Schriften die mannigfachste Belehrung geschöpft hat, irgend wie verletzt habe. — Dass ich im speciellen Theile vorzugsweise auf des Herrn Geh. Hofrath Koch's *synopsis florae germ. et helv.* (ed. 2) Rücksicht genommen habe, hat einfach darin seinen Grund, weil bei der allgemeinen Verbreitung dieses trefflichen Werkes durch Beziehung auf dasselbe eine Verständigung über Punkte, wo ich von den gewöhnlichen Ansichten abweichen zu müssen glaubte, am leichtesten zu erzielen war.

Fremde Arbeiten habe ich ausser denen, welche im Verlaufe meiner Schrift an geeigneten Stellen citirt worden sind, während meiner Untersuchungen, denen man die Selbstständigkeit nicht abstreiten wird, nicht benutzen können. Nach Vollendung derselben lernte ich noch einige Abhandlungen kennen, in welchen theilweise derselbe Gegenstand behandelt worden ist. Ich will sie hier namhaft machen und zugleich angeben, in welchen Fällen durch sie meine Beobachtungen ergänzt werden.

Zuerst nenne ich die Schrift des Herrn E. v. Berg: die Biologie der Zwiebelgewächse; Neustrelitz und Neubrandenburg, 1837. Es sind in derselben viele interessante Beobachtungen niedergelegt, von denen ein nicht geringer Theil in den dritten Theil von Meyen's Pflanzenphysiologie aufgenommen worden ist. Mehr oder minder ausführlich werden unter den einjährigen Zwiebeln: ***Colchicum autumnale,*** die Tulpen, die Fritillarien, ***Scilla patula, Crocus luteus, Allium Cepa,*** unter den mehrjährigen: die Hyacinthen, ***Scilla amoena, Amaryllis formosissima,*** viele Lilien, ***Scilla maritima*** u. a. geschildert.

In einer von dem Herrn Professor von Schlechtendal mir mitgetheilten Schrift, (einem besondern Abdruck aus ***Tydschr. voor Nat. Gesch. VIII.***) des Hrn. Prof. W. H. de Vriese: ***Bydrage tot de Morphologie der Bollen. Amsterd.*** 1841 (16 S. mit einer lithograph. Tafel), in welcher die eigenthümliche Knollenbildung (Knollen an der Spitze eines oft mehrere Zoll langen, ziemlich starken, fleischigen und saftigen Achsentheiles) von ***Ixia carmosina*** beschrieben werden, fand ich eine Abhandlung des Hrn. de Tristan in den ***Mem. du Mus. d'hist. nat.*** mit dem Bemerken citirt, dass dieselbe eine allgemeinere Verbreitung verdiene. Ich erhielt vor Kurzem durch Vermittelung meines Freundes Bulnheim den betreffenden Band (X. vom Jahr 1823), und fand das eben angeführte Urtheil durchaus gegründet. Die Abhandlung, welche sich p. 36—56 des genannten Bandes findet, führt den Titel: ***histoire des développemens de quelques gemmes bulbifères et principalement de celles du Colchique par M. de Tristan,*** und ist von drei Kupfertafeln mit 44 Abbildungen begleitet. In dem ersten Abschnitt wird eine vortreffliche Entwicklungsgeschichte der Knolle von ***Colchicum*** gegeben. Die wichtigste Differenz zwischen dem von Tristan und dem von mir Mitgetheilten möchte in folgenden Sätzen enthalten sein: *l'enveloppe qui fournit la poche**) *des racines, et celle en forme de tube***) *qui garnit la base de la plante, paroissent former une seule et même tunique inserée circulairement autour de l'ombilic****), *qui unit la plante à la bulbe. A la vérité cette tunique paroît avoir une autre adhérence annulaire autour de la base de la plante; mais je ne pense pas que ce soit une véritable insertion, et avec un peu d'adresse on parvient à détruire cette adhérence sans rien déchirer, ce qui n'arrive pas pour l'insertion autour de l'ombilic.*

Allerdings lässt sich die Membran, welche die Wurzeln umgibt, sehr leicht an ihrer Anheftungsstelle lostrennen, allein durch Schnitte, die ich mit einem scharfen Rasirmesser machte und, auf eine Glasplatte gelegt, unter einem einfachen Mikroskop untersuchte, überzeugte ich mich stets, dass die Insertion dieser Membran und die des ersten Scheidenblattes von einander getrennt verliefen, und dass beide Theile nicht zusammen gehören und nicht in einander übergehen.

An einigen Exemplaren fand Tristan das unterste Laubblatt durch ein drittes, dem zweiten ähnliches Scheidenblatt ersetzt.

Weniger ausführlich, doch gleichfalls genau wird die Knollenbildung von *Orchis maculata* und *O. Morio* be-

---

*) Man vergleiche auf meinen Abbildungen Tab. VIII. Fig. 15.

**) Von mir als erstes Scheidenblatt bezeichnet.

***) Tab. VIII. Fig. 6, *α*.

schrieben *). — Von der Knospe der ersteren sagt Tristan unter andern: *la gemme est composée de deux tuniques en cône et d'une base charnue; dans cette base on remarque un trait qui semble séparer d'elle une membrane qui serait comme une enveloppe et comme la continuation de la tunique qui forme le cône exterieur de la gemme. Ce trait et quelques autres qui sont dans l'interieur de la masse charnue, peuvent d'abord abuser, surtout quand on a observé la gemme du colchique. On peut les prendre pour des rudimens de racines enveloppés dans une tunique; mais c'est une fausse apparence, ces traces ne paroissent indiquer que des fibres.*

Auch diesen Punkt habe ich in gleicher Weise wie bei *Colchicum* untersucht und zwar bei so verschiedenen Arten, dass ich bei meinen Angaben stehen bleiben muss. — Tristan's Beschreibung der Zwiebel von *Allium vineale* ist gleichfalls vorzüglich zu nennen. Am Schlusse seiner Arbeit stellt der Verf. Vergleichungen zwischen den beschriebenen Knospen und zwischen den Pflanzenembryonen an. Die Knospe von *Colchicum* parallelisirt er mit dem Embryo der Gräser; die junge Knospe entspricht dem Blastus (nach Richard's Terminologie), die Knolle dem Hypoblastus; man müsse aber, damit die Aehnlichkeit recht hervortrete, annehmen, dass der Hypo-

*) Die Resultate meiner Untersuchungen über die Orchideenknollen habe ich zuerst in dem diesjährigen Programme des hiesigen Gymnasiums gelegentlich mitgetheilt.

blastus das Endosperm (Perisperm) absobirt habe. Die Knospe von ***Orchis*** wird mit dem ***embryon macropode***, die von ***Allium*** mit dem ***embr. macrocéphale*** verglichen.

Ich habe absichtlich bei dieser Abhandlung länger verweilt, weil sie wohl manchem meiner Leser nicht leicht zugänglich sein möchte; sie scheint selbst Schriftstellern, denen grössere Bibliotheken zu Gebote standen, unbekannt geblieben zu sein.

Dann erhielt ich in diesen Tagen, gleichfalls durch die Güte des Herrn Prof. v. Schlechtendal, den ersten Theil des 21. Vol. der Verhandlungen der Leopold. Carolin. Akademie, in welchem sich (p. 277—92) eine Abhandlung des Herrn A. Henry: Beiträge zur Kenntniss der Laubknospen, dritte Abtheilung, befindet. Es werden in derselben die Zwiebeln von ***Tulipa silvestris***, ***Gagea arvensis*** und ***stenopetala*** beschrieben und durch zahlreiche Abbildungen auf 2 Tafeln erläutert. In dieser äusserst gründlichen Arbeit wird besonders die Ausläuferbildung von ***Tulipa silv.*** erörtert. Herr Henry beobachtete, dass auch an der lateralen Knospe*) der nicht blühenden Zwiebeln die Ausläuferbildung auftritt, was ich nicht gesehen habe, obschon ich gleichfalls viele Zwiebeln untersuchte, welche zuweilen ziemlich tief in der Erde sitzen, so dass man auch auf sie den auf das schwarzwurzlige, milchweiss-blüthige *Μῶλυ* (***deorum***) sich beziehenden Ausspruch Homers: *χαλεπὸν δέ τ᾽ ὀρύσσειν ἀνδράσι γε θνητοῖσι,* anwenden kann. Es übernimmt nach

*) Tab. V. Fig. 13, *a'*, 19^c, *i*.

jenen interessanten Beobachtungen offenbar das erste Blatt der lateralen Zwiebel ganz dieselbe Rolle, wie das Laubblatt*) bei der terminalen Zwiebel, wenn diese als Ausläufer auftritt; indem jenes erste Blatt gleichfalls an seiner Vorderseite eine solche Ausstülpung erfährt, wie dieses Laubblatt. Es ist mithin daran festzuhalten, dass es auch in diesem Falle anders ist, als bei ***Gagea stenopet.***, wo das Mutterblatt, das zu einer andern Achse gehört, als die Blätter der neuen Zwiebel, an der Bildung der letztern wenigstens als Umhüllung derselben sich mit betheiligt, während bei ***Tulipa silv.*** in beiden Fällen der Ausläuferbildung, mag sie sich an der terminalen oder lateralen Zwiebel finden, immer ein Blatt, das mit ihren Blättern einer Achse (indem es in Bezug hierauf gleichgültig ist, ob das Laubblatt bei der terminalen Zwiebel zu dem diesjährigen oder nächstjährigen Jahrgange gerechnet wird) angehört, die Ausstülpung erleidet, und zwar an der Vorderseite, nicht wie bei ***G. stenop.*** an der Rückseite. Sollten die Bildungen bei ***Gagea*** und ***Tulipa*** genau mit einander übereinstimmen, so müsste an blühenden Exemplaren der letzteren die Hauptknospe in der Achsel des obersten Blattes der Grundachse die Ausläuferbildung erleiden, und dieses Blatt sich dabei ebenso betheiligen, wie die Mutterblätter der Zwiebeln der genannten Gagea-Art, was wohl schwerlich geschieht; oder es müsste das Nährblatt bei ***G. stenop.*** den Ausläufer bilden, das Mutterblatt durchbrechen, und die andern Blätter der Knospe

---

*) Tab. V. Fig. 14, *b*.

sich zu Nährblättern umgestalten. Möglich aber ist es, dass an ganz jungen Exemplaren von ***G. stenopet.***, die dann noch terminale Hauptknospe sich ebenso, wenigstens annäherungsweise, ausläuferartig mit Hülfe des Laubblattes bildet, wie bei ***T. silvestris.*** — Aehnliche Ausläufer wie bei dieser Art hat Herr Henry auch bei ***T. Gesneriana*** an nicht blühenden Exemplaren beobachtet, so wie endlich bei ***T. biflora.*** Sie treten aber bei dieser letzten Art weit regelmässiger auf; sie sind nicht so lang gestielt, wie meist bei ***T. silv.***, und steigen senkrecht nach unten. Daher stehen die verschiedenen Jahrgänge (ähnlich wie sie bei ***G. lutea*** hinter einander stehen, und wie sie bei ***G. prat.*** über einander stehen würden, wenn sie länger der Verwesung widerständen und überhaupt so tief in den Boden hinabwüchsen) fast senkrecht über einander: die jüngsten immer zu unterst. Weil Herrn Henry bei Beschreibung der ***T. bifl.*** nur ein Exemplar zu Gebote stand, so ist indess noch Manches zweifelhaft geblieben. Minder ausführlich sind die Zwiebelbildungen von ***G. arv.*** und ***prat.*** behandelt, und ich glaube durch meine Untersuchungen einen nicht unwesentlichen Beitrag zur genauern Kenntniss dieser Arten geliefert zu haben.

Die neuste Arbeit über Zwiebelpflanzen, welche mir zu Gesicht gekommen ist, findet sich in einem kurzen Aufsatz: Einige Worte über Lilienpfl. und Zwiebelbildung, welchen Herr Prof. Karl Koch seinen Beiträgen zu einer Flora des Orients eingereiht hat (Linnaea XXII. p. 213 — 19). Derselbe unterscheidet: 1) die perennirende Zwiebel (welche keine Knospe, sondern eine unterirdische, möglichst zusammengedrängte Pflanze ist, deren Blattscheiden nicht abgestossen werden, sondern alljährlich die Zwiebel vergrössern. Der blattlose Blüthenstengel ist seitenständig). Beisp. ***Hyacinthus, Scilla, Ornithogalum.*** 2) Die periodische Zwiebel (eine Knospe, die sich entwickelt, blüht, Früchte trägt und dann zu Grunde geht etc., der Blüthenstengel ist immer (?) terminal etc.). ***a***) Schuppige Zwiebel (***Lilium, Petilium, Theresia***). ***b***) Mantelzwiebel (***b. tunicatus; Narcissus, Tulipa, Allium***). 3) Die zweijährige Zwiebel; ***a***) die feste Zwiebel (***Colchicum***); ***b***) die vierblättrige (***Fritillaria***); ***c***) die Gilbstern-Zwiebel (***b. gagaceus*** mit zwei Abth. ***Holo-*** und ***Didymobulbos.***); ***d***) die ***Crocus***-Zw. (***b. superpositus, v. croceus***). Eine Tafel mit 22 Abbildungen ist zur Erläuterung hinzugefügt. Schon aus dem mitgetheilten Schema wird man viele Verschiedenheiten von meiner Auffassung erkennen; ich habe mich aber nicht überzeugen können, dass die abweichenden Angaben in dieser Abhandlung richtiger seien, als die meinigen. Der Herr Verf. will den Gegenstand in einer spätern und umfassendern Abhandlung nochmals bearbeiten, und ich zweifle nicht, dass er manche der obigen Abtheilungen aufgeben oder anders definiren wird.

Unter den Floren, so weit ich mit diesem Zweige der bot. Litteratur vertraut bin, zeichnet sich die Rheinische Flora des Herrn Prof. Doell, welche ich erst neuerdings kennen lernte, wie durch Anderes, so auch durch eine grössere Rücksichtsnahme auf die Zwiebel- und Knollenbildungen aus. Bei ***Allium ursinum*** ist die

Knospenlage und Umdrehung der Blattflächen angegeben; auch ist das Verhalten des Blüthenstengels, ob er terminal oder lateral sei, bei den Gattungen der Liliaceen und Amaryllideen erwähnt.

Ich bedaure übrigens, dass ich die allgemeinern Werke vieler Schriftsteller, so unter den ältern die von Malpighi, Grew, Jungius, Hedwig, Medicus, unter den neuern die der Herrn Treviranus, Link, Kunth, Richard, Jussieu, de Candolle, Lindley u. a., nicht habe vergleichen können.

Um Missverständnisse zu verhüten, bemerke ich noch, dass ich unter Hauptzwiebel (Hauptknospe) die, welche sich vorzugsweise und in allen normalen Fällen ausbildet, unter Nebenzwiebeln alle andern ausser jener, und unter Beizwiebeln solche, welche zu der in einer Blattachsel primär vorhandenen Zwiebel hinzutreten, verstanden habe. Andere Ausdrücke sind schon anderweitig bekannt, oder werden aus dem Zusammenhange klar werden.

So möge denn meine Arbeit versuchen, ob sie sich Freunde erwerben kann; leicht wird das schon aus dem äussern Grunde nicht, weil sie in einer Zeit erscheint, wo ich die Bereitwilligkeit meines Herrn Verlegers besonders dankbar anerkenne, mit welcher er eine Schrift in Verlag nahm, die von dem Drama, welches jetzt auf der Weltbühne in schnell wechselnden Scenen sich entwickelt, und von dem Treiben hinter den Coulissen nichts berichtet, sondern nur von Lebensläufen erzählt, welche im Schooss der Erde, wo einst aller auf ihrer Oberfläche entbrannter Hader sich abkühlen wird, geräuschlos beginnen und immer und immer sich wiederholen. Findet mein Buch solche Beurtheilungen, durch welche, sei es durch Nachweisung von Irrthümlichem in demselben, oder durch Beibringung neuer Thatsachen und richtigerer Ansichten, die Wissenschaft gefördert wird, so werde auch ich für mein Theil dankbar Gewinn daraus zu ziehen suchen; auf Anfechtungen aber, die mit dem Gegenstande selbst nichts zu schaffen haben, von vornherein zu rechnen, dazu habe ich noch eine zu gute Meinung von den Männern der Wissenschaft, und das Bewusstsein, redlich gestrebt zu haben und gegen Vorgänger und Mitstrebende gerecht gewesen zu sein, ist viel zu lebendig in mir, als dass ich mich vor solchen Anfechtungen fürchten sollte.

Sondershausen, den 20. August 1849.

J. F. Th. Irmisch.

Inhaltsangabe.

Zwiebelbildungen.

I. LILIACEAE.

ALLIUM URSINUM *L.**)

Wenn man die schlanke Zwiebel dieser Pflanze zur Zeit der Fruchtreife untersucht, so findet man Folgendes.

Unter derselben steht der ganz kurze vorjährige Achsentheil (Tab. I, Fig. 1, *a*), der, wie die wenigen Wurzelzasern, die noch an ihm stehen, abgestorben ist. Es ist ziemlich selten, dass auf diesem Achsentheil zwei frische Zwiebeln stehen. Die frischen, nur wenig verästelten und mit zarten Härchen besetzten Wurzelzasern entspringen aus der diesjährigen Grundachse, indem sie die Basis der Zwiebel durchbrechen.

Die Zwiebel ist von einer einfachen Reihe borstenartiger, kurzer Fasern (Fig. 1, *c*) umgeben; trockene Häute finden sich nicht an ihr. Der äussere Theil der Zwiebel wird zu dieser Zeit gebildet durch die weissliche, dünnhäutige und durchscheinende Scheide des äussersten oder untersten Laubblattes (Fig. 1, *d*), welche hoch hinauf reicht, und aus deren engumschliessender Mündung der Blüthenstengel (*e*) und der Stiel

*) Ursprünglich sind bei dieser Art, wie bei den andern, in jedem Fruchtfache zwei Keimknospen; es bildet sich aber nur eine zu einem Saamenkorn aus, das dann abgerundet (*rotundatum*) erscheint, da es keinen Druck erleidet.

des zweiten Blattes (*f*) hervortreten. Betrachtet man die Lage der Lamina jenes äussersten Laubblattes zu seiner Scheide etwas genau, so fällt es auf, dass diejenige Fläche (β) der Lamina, welche wegen des Glanzes ihrer Epidermis und der längs des Mittelnerves sich bildenden, wenn schon nur flach concaven, Vertiefung oder Wölbung allem Anscheine nach die obere ist, von der Scheidenöffnung abgewendet ist, während sie bei andern Pflanzen dieser letztern zugewendet ist; dass dagegen die Fläche der Lamina, welche nach dem matten Ansehen der Epidermis*) und der kielartig hervortretenden Mittelrippe, so wie nach den an der Spitze (γ) etwas zurückgerollten Seitenrändern und endlich nach der Abwärtsbiegung dieser Spitze zu urtheilen, die untere ist, anscheinend die durch den Blattstiel (α) vermittelte Fortsetzung der Innenfläche der Blattscheide bildet. Diese Regelwidrigkeit schwindet aber bei gründlicher Untersuchung; denn es ergiebt sich dann, dass die eigentliche Oberfläche der Lamina alle in der Regel der Unterfläche zukommenden Eigenschaften, das matte Ansehen der Epidermis u. s. f., die eigentliche Unterfläche aber die gewöhnlichen Merkmale der Oberfläche, den lebhafteren Glanz u. s. f., angenommen hat. Hiermit sind folgende Biegungen und Drehungen des Blattstiels verbunden. Im einfachsten Falle (den das Bild darstellt) biegt sich derselbe nicht, wie es bei andern Pflanzen gewöhnlich ist, rückwärts von der Scheide weg, sondern nach vorn über dieselbe (wenn schon etwas seitwärts) hin, so dass die eigentliche Unterseite des Blattstieles nun nach oben, dem Himmel zu, die eigentliche Oberseite aber nach unten, dem Boden zu, gerichtet ist. Dieselbe Lage und Richtung nimmt denn auch die Lamina, in welche der Blattstiel

*) Auf dieser Seite finden sich auf der Epidermis zahlreiche Spaltöffnungen, die auf der andern Fläche ungleich sparsamer sind; dort sind die Wände der Zellen wellig, hier ganz grade.

allmählich übergeht, an. In andern Fällen, und zwar häufiger, erleidet der Blattstiel eine Drehung, die im geringsten Falle ungefähr den vierten Theil eines Kreisbogen (90°), gewöhnlich aber die Hälfte eines solchen (180°), zuweilen aber anderthalb Kreisbogen (180°+360°) beträgt. Im ersten Falle erlangt die Lamina eine solche Richtung, dass die beiden Flächen derselben eigentlich nicht oben und unten, sondern links und rechts lägen; sie erreicht aber die oben bezeichnete Lage dadurch, dass sie selbst sich noch etwas dreht; im zweiten Falle wird dies natürlich schon durch die Drehung des Blattstiels erreicht, und im letzten wird durch die fernere Drehung um 360° an dieser Lage nichts geändert. Es bedarf aber kaum einer bebesondern Bemerkung, dass die Erscheinungen an der lebendigen Pflanze durch diese mathematischen Bezeichnungen nur einigermassen fixirt werden können, und dass mancherlei andere Modificationen vorkommen. Die Eigenschaft der Blätter übrigens, wodurch diese Umkehrung der Unterseite nach oben eingeleitet und erleichtert wird, lässt sich am besten in ihrem Knospenzustande erkennen, und ich werde wieder darauf zurückkommen.

Das zweite, aus der Scheide des ersten hervorgehende Laubblatt (*f*) wiederholt die geschilderten Eigenthümlichkeiten desselben. Es umfasst aber mit seiner Scheide keineswegs den Blüthenstengel, vielmehr steht es in der Achsel, welche das erste Laubblatt mit diesem bildet, und ist mit seiner Rückseite (Fig. 2 u. 3) dem Blüthenstengel (*e*) und mit seiner Scheidenseite (*δ*) der Mittellinie des ersten Blattes zugewendet. Es gehört also einer Nebenachse an; die Rückseite seines Scheidentheils, welcher weit kürzer, als der des ersten Laubblattes ist, ist verdickt und fleischig (Fig. 4); weit weniger ist dies bei der Vorderseite der Fall. Die Scheidenhöhle (*ε*) ist äusserst eng, da die Vorder- und Rückseite sich an einander anlegen, und sie erscheint auf einem Querdurchschnitt (Fig. 5, *ε*) als eine gekrümmte Spalte, deren convexe Seite nach vorn zu liegt. Im Grunde dieser Scheidenhöhle erkennt man zu der anfangs angegebenen Zeit ein kleines Knöspchen (Fig. 4, *g*. u. Fig. 6). Durch die Scheide des zweiten Laubblattes wird also die Form der Zwiebel eigentlich gebildet, indem die des äussern Blattes wegen ihrer häutigen Beschaffenheit nur wenig zur Vermehrung des Umfangs beiträgt.

Nach der Fruchtreife vergehen die Blätter bekanntlich ziemlich schnell. Das erste Laubblatt verwest bis zum Herbst gänzlich, so dass auch von dem Scheidentheile desselben nichts übrig bleibt. So ist es auch mit dem Blüthenstengel. Die Wurzelzasern sterben gleichfalls ab. Das zweite Laubblatt dagegen stirbt von oben nach unten nur bis dahin ab, wo der Scheidentheil anfängt, und verwest gänzlich bis hieher, eine rundliche Narbe zurücklassend; der Scheidentheil selbst bleibt frisch und fleischig (Fig. 7). Im Herbste erwacht nun die Vegetation dieser Zwiebel, welche den Sommer hindurch geruht hat; sie treibt aus ihrer Grundachse durch die Basis des fleischigen Scheidentheils hindurch Wurzelzasern; manchmal steigt eine solche in der Höhlung desselben in die Höhe und tritt durch seine Mündung heraus. Das bereits erwähnte Knöspchen streckt sich und hat im November oft schon die halbe Länge der Scheidenhöhle erreicht (Fig 8, *g*). Der äusserste Theil desselben ist ein dünnhäutiges Scheidenblatt, dessen Oeffnung hoch oben an der Spitze ist (Fig. 9). Es alternirt mit dem dasselbe einschliessenden Scheidentheile. Nach Entfernung jenes Scheidenblattes kommt entweder erst noch ein gleiches zweites Scheidenblatt zum Vorschein, oder, was häufiger ist, sofort ein noch zartes Laubblatt. Seine geschlossene Scheide ist ganz deutlich (Fig. 11). Die Ränder seiner Lamina sind nach Innen (oder Oben) eingerollt, und der Mittelnerv (γ) tritt auf der Oberseite des Blattes sehr stark und breit hervor; neben ihm liegt hüben und drüben ein eingerollter Blattrand.

Auf der Unterseite dagegen tritt der Mittelnerv gar nicht hervor. Ganz ähnlich verhalten sich hierin die Blätter von *Alstroemeria Pelegrina* u. a. Arten dieser Gattung, bei welchen die Unterseite gleichfalls glatt, die Oberfläche aber durch viele hervorragende Nerven — abwechselnd höhere und niedere — gestreift erscheint; durch Drehung kommt die eigentliche Unterfläche mit ihrer glänzenden Epidermis nach oben zu liegen.

Aus der Scheide dieses ersten Laubblattes sieht der ganz kurze Blüthenstiel hervor; er trägt an seiner Spitze zwei Blattgebilde, von denen das äussere (Fig. 13, *s*) mit dem ersten Laubblatte alternirt, das innere (*t*) aber vor ihm zu stehen kommt. Beide verwachsen später und bilden die sogenannte Blüthenscheide*) (Fig. 16, *s*. 17, *s*). In der Achsel des ersten Laubblattes findet sich ein zweites, aber kleineres Laubblatt, welches mit seiner Rückseite dem Stengel zugekehrt ist (Fig. 17, *f*).

Wenn nun im Frühjahr das Scheidenblatt, welches 2—3 Zoll lang wird, und die beiden Laubblätter (das zweite entfaltet sich etwas später, als das erste) und der Blüthenstengel empor wachsen, wobei die Laubblätter die oben geschilderten Biegungen und Drehungen erleiden, so wird die fleischige Scheide, welche von dem zweiten Laubblatte des vorigen Jahres stehen blieb, nach und nach ausgesogen, so dass von derselben nichts bleibt als die Gefässbündel, welche dieselbe durchzogen; diese bilden dann wiederum die Eingangs erwähnten borstenartigen Fasern. Eben so löst sich das Scheidenblatt, welches ursprünglich das Knöspchen einschloss, auf.

Was aus dem bisher Mitgetheilten sich ergiebt, ist also Folgendes:

I. Die beiden Laubblätter, welche man zur Blüthe- (und

---

*) Vor der Seite der Blüthenscheide, welche von dem ersten Laubblatte abgewendet ist, steht die Blüthe, die sich zuerst öffnet. Die Blüthenscheide fällt bald ab und ist nicht, wie Koch's Synops. angiebt, bleibend (*persistens*).

Frucht-) Zeit findet, gehören zwei verschiedenen Achsen an; das äussere gehört zu der diesjährigen Grundachse, welche durch den Blüthenstengel begrenzt wird; das innere gehört zu der Nebenachse, welche aus dem Winkel, den das äussere Blatt mit dem Blüthenstengel bildet, hervorgeht, und die dann im nächsten Jahre durch den Blüthenstengel begrenzt wird.

II. Die Blattgebilde, die an dem Grundtheile einer solchen Nebenachse (die im nächsten Jahre in Bezug auf die neu sich bildende Nebenachse als Hauptachse erscheint) sind der Reihe nach folgende:

1) Das erwähnte innere Laubblatt (*f*), dessen Scheide zum Nahrungsbehälter, zur eigentlichen Zwiebel, wird, während die Lamina abstirbt. Es ist also an seiner Achse eigentlich das äussere oder untere.
2) Ein häutiges Scheidenblatt (seltner 2 solche) (Fig. 14, *h*. Fig. 18, *h*).
3) Wieder ein Laubblatt (*d*), das mit seiner Scheide den Blüthenstengel umschliesst, das bald nach der Fruchtreife gänzlich verwest, und mit dem das äussere Blatt der Blüthenscheide alternirt; dieses Laubblatt ist also eigentlich an seiner Achse das oberste oder innerste. Es wird aber durch frühere Verwesung von 1 und 2 zum äussern.

III. Eigenthümlich ist es, dass das erste oder unterste Blatt an dieser Nebenachse ein vollkommenes Laubblatt (1) ist, und dass die Entwickelung desselben in eine andere Vegetationsperiode fällt, als die des andern Laubblattes (3) derselben Achse.

Bei nicht blühbaren Pflanzen findet sich regelmässig nur ein einziges Laubblatt, dessen Scheide gleichfalls zum Nahrungsbehälter wird, während die Lamina abstirbt, und mit ihm alternirt ein Scheidenblatt; auf dieses folgt im nächsten Jahre wieder ein Laubblatt mit fleischiger Scheide. Während also die Hauptknospe bei der blühenden Pflanze axillär ist, ist sie bei den nicht blühbaren Exemplaren terminal, und die Blattbildungen an ihrer Spitze gehören immer einer und derselben Achse an.

Nur selten findet sich eine Knospe in der Achsel des Scheidenblattes. Die Vermehrung der Pflanze durch Knospen ist also gering. Desto stärker vermehrt sie sich durch die Samen. Man findet sie im Frühjahr (Anfangs April) keimend. Ein solch junges (Fig. 19) Pflänzchen besteht seinen Blattgebilden nach aus dem Keimblatte (*b*), das mit der Spitze eines der Lamina entsprechenden Fortsatzes in der Samenschale (*a*) festsitzt, einem häutigen Scheidenblatte (*c*), einem Laubblatte (*d*), das in seinem fleischigen Scheidentheile ein kleines Knöspchen (Fig. 20, *e*) umschliesst, und ist also mit Ausnahme des Kotyledonarblattes, an dessen Stelle man bei ältern Exemplaren den Scheidentheil eines Laubblattes findet, ganz so gebaut, wie jedes ältere, aber noch nicht blühende Exemplar. Das Keimblatt und das Scheidenblatt, so wie die Lamina des Laubblattes sterben bald ab und verwesen.

ALLIUM MOLY *L.*

Die Zwiebel dieser wegen der hübschen Blüthe häufig cultivirten und in den Gärten leicht verwildernden Art stellt im Zustande der Ruhe, wo die Wurzeln noch nicht ausgeschlagen sind, einen eiförmigen, von der Seite etwas zusammengedrückten Körper dar.

Man unterscheidet an ihr eine oder zwei trockene bräunliche Hüllen und ein von diesen eingeschlossenes sehr fleischiges und saftiges Scheidenblatt (Tab. II. Fig. 29). Im Grunde des engen Kanals, den dieses Scheidenblatt in seinem Innern bildet (Fig. 30, *d*), steht ein Knöspchen (*f*). Gegen den Herbst, wo die Zwiebel mit dem Austreiben der eben nicht zahlreichen, aber sich allmählich sehr verlängernden, sparsam verästelten und mit feinen Härchen besetzten Wurzelzasern, aufs neue zu vegetiren beginnt, wächst jenes Knöspchen allmählich aus, und im Frühjahr tritt es bald über die Mündung der Scheidenhöhle hervor. Es wird gebildet zu äusserst von einem nicht sehr fleischigen Scheidenblatte (Fig. 32, *a*). Auf dieses folgen zwei — anfangs von rechts nach links eingerollte — Laubblätter, die mit einer häutigen Scheide versehen sind. Das zweite oder innerste dieser Laubblätter umschliesst mit seiner Scheide den Blüthenstengel, dessen äusserstes Blüthenscheidenblatt mit diesem obersten Laubblatte alternirt. In der Achsel des Scheidenblattes, so wie in der des ersten und zweiten Laubblattes finden sich Knospen: die Hauptknospe (Fig. 33, *d*) ist die in der Achsel des letztgenannten Blattes; man erkennt an ihr schon vor der Blüthezeit deutlich ein oder zwei zwar ziemlich saftige, doch nicht sehr dickwandige Scheidenblätter (Fig. 31, *b*. *c*) und ein (zweites oder drittes) auffallend dickeres und fleischigeres Scheidenblatt (*d*), in dessen Scheidenhöhle wieder ein kleineres Knöspchen (*f*) sichtbar ist. Auch die beiden andern Knospen oder jungen Zwiebeln sind so gebaut, nur etwas kleiner; namentlich gilt das von der in der Achsel des ersten Laubblattes. Durch das Auswachsen der beiden Laubblätter und des Blüthenstengels wird die alte Zwiebel allmählich aufgezehrt, und mit der Fruchtreife sterben sämmtliche Theile der diesjährigen Pflanze: Wurzeln, Achse und Blatttheile, ab und lösen sich auf, und die drei neuen, nun gleichfalls ausgewachsenen Zwiebeln, die Achselproducte der vergangenen Pflanze; bleiben übrig. Das eine oder die beiden äussern dünnern Scheidenblätter (Fig. 31, *b*. *c*) vertrocknen und bilden die Hüllschalen, das von ihnen umschlossene (zweite, resp. dritte) fleischige Scheidenblatt (*d*) bildet den Kern der Zwiebel oder das Nährblatt. So ist der Zustand der Zwiebel ganz der im Eingange geschilderte.

Die Pflanze, die aus der Hauptknospe hervorgeht, entwickelt also an ihrer Grundachse ein oder zwei bald vertrocknende Scheidenblätter, ein fleischiges Scheidenblatt; dann wieder ein Scheidenblatt und endlich zwei Laubblätter. Die zwei oder drei ersteren Theile haben bis zum Absterben der zunächst vorhergehenden Pflanze ihre Ausbildung erlangt, die drei andern entwickeln sich vom kommenden Herbst bis zur Blüthezeit.

Vergleicht man die Zwiebel dieser Pflanze mit der von *Allium ursinum*, so treten besonders folgende Unterschiede hervor: bei *Allium ursinum* ist die Reihenfolge der Blattbildungen an einer Grundachse: ein Laubblatt, ein Scheidenblatt (seltener zwei) und wieder ein Laubblatt; die Scheide des ersten Laubblattes bildet den Nahrungsspeicher. Bei *All. Moly* kommen zuerst mehrere Scheidenblätter, von denen das zweite oder dritte zum Nahrungsspeicher dient, und zuletzt zwei Laubblätter. Bei *All. Moly* gehören die beiden Laubblätter, welche zur Blüthezeit an einer Pflanze vorhanden sind, einer Achse, der nämlich, welche durch den Blüthenstengel begrenzt wird, bei *All. ursinum* aber zwei verschiedenen Achsen an.

Schliesslich mag noch bemerkt werden, dass das zweite Blatt, in dessen Achsel die Hauptzwiebel steht, zuweilen zu einem Scheidenblatt verkümmert, das nicht höher wird, als die vor ihm stehende Zwiebel, so dass dann die blühende Pflanze nur ein Laubblatt hat. Dieses Scheidenblatt für eine gewöhnliche Zwiebelhülle zu halten, davor schützt der Umstand, dass es auch den Blüthenstengel mit umschliesst.

ALLIUM VINEALE *L.*

Die Hauptzwiebel findet sich auch bei dieser Art in der Achsel, welche das oberste Laubblatt mit dem Blüthenstengel bildet, welcher abgesehen von den beiden Blättern (*spatha bivalvis*), die den Blüthenstand umgeben, blattlos ist*). Diese

*) *„Omnes Allii species mihi notae caulem foliatum sensu stricto non*

Hauptzwiebel besteht in der Regel aus einem einzigen sehr fleischigen und saftigen Scheidenblatte (Tab. II. Fig. 5, *c*), welches im Grunde seiner Scheidenhöhle (*d*) ein kleines Knöspchen (*e*) einschliesst; nur selten und ausnahmsweise fand ich, dass der äusserste Theil dieser Zwiebel ein dünnes, trockenes pergamentartiges Scheidenblatt war, auf welches dann erst das fleischige, als Nahrungsspeicher dienende Blatt kam. Wir wollen nun eine solche Hauptzwiebel in ihrem Vegetationsverlauf begleiten, bis sie zur Blüthe kommt. Mit dem Absterben der Mutterpflanze hat sie ihre Reife erlangt und wird durch das Verwesen aller Theile der letztern früher oder später frei. Im Herbste treibt sie Wurzeln aus ihrer kurzen Grundachse, und das Knöspchen in ihrem Innern wächst allmählich in dem Kanal des Nährblattes in die Höhe. Der erste Theil des Knöspchens ist ein dünnhäutiges, ziemlich hohes Scheidenblatt, das zuweilen in einer kurzen pfriemlichen Spitze den Anfang einer Lamina zeigt. Im nächsten Frühlinge wachsen aus dieser Scheide heraus nach und nach mehrere Laubblätter, ungefähr drei oder vier, und von der Scheide des innersten umschlossen erhebt sich der Blüthenstengel. Dabei wird das fleischige Nährblatt allmählich ausgesogen, und kurz vor der Blüthezeit, zu Anfange des Junius, ist dasselbe meist schon ganz verschwunden; auch das ihm folgende Scheidenblatt ist um diese Zeit schon wieder abgestorben, und die untern Laubblätter sind zur Blüthezeit stelbst im Absterben begriffen, ja die untern gewöhnlich schon vertrocknet.

In der Achsel des häutigen Scheidenblattes kommen zuweilen auch schon Nebenzwiebeln vor; gewöhnlich ist dies aber der Fall in der Achsel der übrigen Laubblätter, und zwar

---

habent, omnesque caule aphyllo praeditae sunt; sed foliorum vaginae in multis adeo elonguntur, ut caulem a basi ad medium foliatum aemulent." Koch syn. ed. 2. p. 826.

treten hier meist noch Beizwiebeln hinzu (Fig 6 u. 7). Die Zahl der letztern beträgt eins bis sechs und oft noch mehr. Alle diese Zwiebeln sind, abweichend von der sitzenden Hauptzwiebel, fast immer, wenn auch nicht gar lang gestielt; ihr erstes Blatt (Fig. 8, *a*) ist ein häutiges, pergamentartiges Scheidenblatt; ihr zweites (*b*) ist das Nährblatt, das eine kleine Knospe (*c*) einschliesst.

Die kleinen Zwiebeln in der Blüthenscheide (Fig. 11) sizzen oder sind nur kurz gestielt. Das äussere Blatt derselben hat oft eine pfriemliche Lamina (Fig. 9, *b*), sonst stimmt ihr Bau mit dem der Neben- und Beizwiebeln überein (9, *d*).

Die Reihenfolge der Blattgebilde an der Grundachse dieser Art ist also einfach diese: ein fleischiges Scheidenblatt (das Nährblatt, oder seltner und ausnahmsweise: erst ein pergamentartiges Scheidenblatt, und darauf das Nährblatt), dann ein langes dünnhäutiges Scheidenblatt und mehrere circa 3 oder 4 Laubblätter.

ALLIUM OLERACEUM *L.*

Die Hauptzwiebel, welche gleichfalls in der Achsel des obersten Laubblattes steht, hat bei dieser Art zu äusserst zwei, seltner drei fleischige Scheidenblätter (Nährblätter) (Tab. II. Fig. 20, *b. c*). Das zweite, resp. dritte schliesst das junge Knöspchen (*e*) ein. Nachdem die Mutterpflanze in allen Theilen bald nach der Blüthe vertrocknet, theilweise auch verwest ist, beginnt die neue Zwiebel im Herbst mit Austreiben der zahlreichen Wurzelzasern die Vegetation und entwickelt von da ab und im nächsten Frühjahr bis zur Blüthezeit, ausser den fleischigen Nährblättern, welche sehr bald ausgesogen werden und in Folge dessen nach dem Verlauf ihrer Gefässbündel (Fig. 25) zunächst gestreift erscheinen und sich später gänzlich auflösen, so dass zur Blüthezeit keine Spur mehr von ihnen vorhanden ist, ein ziemlich langes, die Nährblätter um das Drei- bis Vierfache überragendes, dünnhäutiges Scheidenblatt (Fig. 23, *h*) und drei bis fünf Laubblätter; die Basis ihrer Scheiden ist ziemlich fleischig.

Im Ganzen finden sich bei dieser Art seltener, als z. B. bei *Allium vineale*, Nebenzwiebeln; doch pflegt sich in der Achsel des dünnhäutigen Scheidenblattes eine langgestielte Nebenzwiebel zu bilden (Fig. 26). Gleich das äusserste Blatt derselben hat eine ziemlich lange grüne Lamina, was bei den Nebenzwiebeln von *All. vineale* und *rotundum* nicht der Fall ist; ausser diesem treibt sie ein zweites, noch längeres Laubblatt und aus der ganz kurzen Grundachse Wurzelzasern. Durch die baldige Auflösung ihres Mutterblattes und ihres Stieles wird diese Zwiebel ganz frei.

Die Zwiebelchen in dem Blüthenstande sind zuäusserst bald mit einem pergamentartigen, trockenen Scheidenblatte versehen, welches das fleischige Nährblatt umschliesst, bald findet sich letzteres gleich zu äusserst. Sie treiben häufig schon in der Dolde Wurzelzasern und ein kurzes Laubblatt (Fig. 28).

ALLIUM SCORODOPRASUM *L.*

Die Hauptzwiebel (Tab. II. Fig. 10) in der Achsel des obersten Blattes wird auch bei dieser Art durch gänzliches Absterben der Mutterpflanze bald nach der Fruchtreife frei. Sie wird zu dieser Zeit gebildet aus einem dünnhäutigen und trockenen Scheidenblatte (Fig. 11, *b*), dessen Scheidenmündung eine enge Spalte darstellt, und einem fleischigen Scheidenblatte (Nährblatt *c*), das im Grunde seiner Scheidenhöhle ein kleines Knöspchen (*d*) enthält. Mit Beginn der Vegetation, im Herbste, entwickelt sich zunächst ein bald längeres, bald kürzeres dünnhäutiges Scheidenblatt (Fig. 12, *d*), aus dem im nächsten Frühjahr bis zur Blüthezeit, wo das fleischige Nährblatt gewöhnlich schon ganz resorbirt ist, in ziemlich langen Intervallen, so dass die untern meist schon abgestorben sind, wenn die obersten ihre grösste Länge erreichen, circa 5—7 Laubblätter nach einander hervortreten, von denen das innerste oder oberste mit seiner Scheide, die oft zwei Fuss hoch wird, die Basis des Blüthenstengels, und in der Achsel, die es mit letzterem bildet, die neue Hauptzwiebel umschliesst. In der Achsel der andern Laubblätter, so wie gewöhnlich auch des häutigen Scheidenblattes finden sich Nebenzwiebeln auf langen fadenförmigen (ausläuferartigen) Achsentheilen; sie stehen entweder einzeln, oder sind von einer grössern oder geringern Anzahl von Beizwiebeln (Fig. 17) begleitet. Diese gruppiren sich oft auf beiden Seiten und vor der längstgestielten primären Nebenzwiebel in allmählicher Abstufung der Grösse wie der Ausbildung nach. Während das erste Scheidenblatt der mittlern und ältern sich schon bis auf eine enge Spalte geschlossen hat, ist es bei den seitlichen und jüngern erst als ein wulstiger Wall (Fig. 18, *a*) zu erkennen. Die Stiele dieser Zwiebeln verwachsen gewöhnlich mit einander zu einer bandartigen Fläche. Jede dieser Zwiebeln wird von einem trockenhäutigen Scheidenblatt und einem fleischigen Nährblatt, das das kleine Knöspchen einschliesst, gebildet. Die Nebenzwiebel in der Achsel des vorletzten Blattes ist oft ganz so gestaltet, wie die Hauptzwiebel, und nur wenig kleiner, als diese.

ALLIUM ROTUNDUM *L.*

Diese Art steht, was den Bau der Zwiebel anlangt, so wie auch in anderer Hinsicht*), nahe bei der vorhergehenden. Die Hauptzwiebel bilden auch hier, an der Grundachse über einander stehend, ein trockenes Scheidenblatt, ein fleischiges Scheidenblatt (Nährblatt), dann mit der neu erwachten Vege-

*) So sind z. B. die Blätter beider Arten in der Knospenlage von beiden Seiten zusammengedrückt, so dass sie auf der Mittellinie eine scharfe Falte bilden; bei *All. oleraceum* ist die Blattfläche in der Knospenlage nicht so gefaltet, sondern ziemlich flach.

tation ein häutiges, langes Scheidenblatt und vier bis sechs Laubblätter. In der Achsel des obersten Laubblattes sitzt, wie gewöhnlich, die neue Hauptzwiebel. In der Achsel der andern Laubblätter und des dünnhäutigen, langen Scheidenblattes stehen die langgestielten Nebenzwiebeln mit ihren Beizwiebeln (Tab. II. Fig. 19). Die in den Achseln der untern Blätter pflegen länger gestielt zu sein, als in den der obern, wo sie den von *All. vineale* gleichen. Ihre ausläuferartigen Achsentheile verwachsen nicht mit einander, und wenn man zur Zeit der Blüthe ein Exemplar dieser Art aus dem Boden zieht, so hängen an der Mutterzwiebel, deren Blattbasen um diese Zeit schon leicht abreissen, die zahlreichen jungen Nebenzwiebeln, deren äussere Scheidenblätter eine intensive Färbung, ähnlich wie die Blüthenblätter haben, die aber in ihrer Zusammensetzung ganz den Nebenzwiebeln von *All. Scorodoprasum* gleichen, an ihren fadenförmigen Stielen herab.

ALLIUM SATIVUM *L.*, A. CEPA *L.*, A. FISTULOSUM *L.*, A. PORRUM *L.* und A. SCHOENOPRASUM *L.*

Ueber einige zu ökonomischen Zwecken häufiger cultivirte Laucharten will ich nur wenige Beobachtungen mittheilen; denn es lässt sich über cultivirte Zwiebelgewächse weniger etwas Sicheres mittheilen. Bei den Zwiebelgewächsen, wenn sie der Natur überlassen sind, pflegt regelmässig ein längerer oder kürzerer Stillstand in der Vegetation einzutreten; durch die verschiedenen Culturarten werden sie darin auf das Mannigfaltigste gestört, und es ist daher nicht zu verwundern, wenn in Folge dessen mancherlei Abweichungen eintreten.

Bei ***Allium sativum*** fällt besonders die Bildung grosser Nebenzwiebeln (Tab. II. Fig. 41) auf, die in den Achseln der Blätter auftreten, und neben denen regelmässig auf jeder Seite eine oder mehrere an Grösse etwas abnehmende Beizwiebeln stehen. Auf der Scheidenseite der einzelnen Blätter finden sich indess auch hier keine Zwiebeln, sondern nur vor und neben der Mittellinie derselben. Die Basen der Mutterblätter werden zwar ganz trocken, bleiben aber ziemlich zähe, und so erscheint die Mutterzwiebel wie ausgestopft von den zahlreichen jungen Zwiebeln. Diese sitzen auf der niedrigen, aber ziemlich breiten scheibenförmigen Grundachse dicht auf; sie haben zuäusserst ein weissliches, trockenes Scheidenblatt (Fig. 42, *a*), welches das fleischige Nährblatt (*b*) dicht umgibt. Im Grunde der Scheidenhöhle des letztern findet sich eine Knospe (*c*); wenn diese auswächst, so zeigt sie zuäusserst ein dünnes Scheidenblatt, auf welches dann mehrere Laubblätter folgen.

Bei ***All. Cepa*** sind zur Blüthezeit die äussern Blätter vertrocknet und zu dünnen, durchsichtigen Häuten geworden; die innern vegetiren noch und sind an ihrem Grunde fleischig. Die junge Hauptzwiebel (Tab. II. Fig. 36 u. 37) in der Achsel des obersten Blattes besteht gewöhnlich aus mehrern fleischigen Scheiden ohne Lamina; aber zuweilen wächst diese Zwiebel schon vor der Blüthezeit vollständig aus, und das erste Blatt derselben hat eine, wenn auch kurze Lamina (Fig. 35, *b*). Eine bekannte und leicht erklärbare Thatsache ist es, dass die äussern Blätter länger frisch und ihre Basis fleischiger und saftiger bleibt, wenn man den hervorbrechenden Blüthenstengel frühzeitig abschneidet.

Allium fistulosum. Die junge Hauptzwiebel, wenn man hier und bei ***A. Schoenoprasum*** überhaupt noch von einer Zwiebel reden darf, neben dem Blüthenstengel hat zuäusserst ein mit einer nur kurzen Lamina versehenes Blatt (Fig. 34, *b*); sonst unterscheidet es sich kaum von den ihm nachfolgenden Laubblättern. Die äussern Blätter lösen sich bald auf, und neue treten hervor. Ein eigentliches Nährblatt und ein auf dieses folgendes häutiges Scheidenblatt tritt gar nicht auf; denn auch im Herbst findet man, wenn die grössern Blätter durch den Frost getödtet sind, die Zwiebel nur aus kleinen Laubblättern zusammengesetzt. Die fast wagrechte kurze Grundachse (*e*) verholzt und bleibt bis zum nächsten Jahre, wo ihre Blätter bereits abgestorben sind, trennt sich aber leicht ab. In mancher Hinsicht gleicht diese Pflanze dem *Allium fallax,* wie wir sehen werden.

Bei *Allium Porrum* hat das erste Blatt der jungen Hauptzwiebel häufig eine Lamina; aber es kommen auch Fälle vor, wo dieselbe erst ein oder zwei dünne, weissliche Scheidenblätter hat, worauf ein fleischiges Nährblatt folgt. Dieses scheint mir das ursprüngliche Verhalten zu sein, da es mit dem von *All. rotundum,* welchem diese Art auch sonst nahe steht, übereinstimmt. Zuweilen kommt es vor, dass neben dem diesjährigen Blüthenstengel sofort eine Nebenachse mit drei Laubblättern hervorbricht und gleich einen Blüthenstengel treibt; dann steht die Hauptzwiebel für das nächste Jahr in der Achsel, die das oberste Blatt mit diesem zweiten Blüthenstengel bildet.

Allium Schoenoprasum. Zur Blüthezeit sind in der Regel die äussern oder untern Blätter verwest oder vertrocknet, und nur das oberste Blatt ist noch frisch; es umschliesst mit seiner Scheide den Blüthenstengel, und in seiner Achsel steht die neue Hauptzwiebel (Fig. 38, *b*), deren erstes Blatt — ein vollkommenes Laubblatt — um diese Zeit schon aus der Scheide seines Mutterblattes hervorsieht. An dieser neuen Zwiebel entwickeln sich im Laufe des Sommers nach und nach mehrere Laubblätter; aus den Achseln dieser Blätter brechen — zuerst in den untern — bald neue Zwiebeln hervor, deren Blätter wieder insgesammt Laubblätter sind. Die Mutterblätter sterben dann bald ab. Besonders gestaltete Nährblätter finden sich nicht.

Eine solche Vermehrung — die Achse der blühenden Pflanze mitgerechnet, finden sich Achsen dreier Ordnungen —

findet in noch höherem Grade bei den Zwiebeln statt, die nicht zur Blüthe gekommen sind. Das rasige Beisammenwachsen des Schnittlauchs erklärt sich daraus. — Die kurze Grundachse (*c. c*) der diesjährigen blühenden Pflanze hängt, wenn auch locker, mit dem trockenen vorjährigen Achsentheil zusammen; die frischen Wurzeln treiben aber immer aus der Basis der noch frischen Zwiebel hervor.

ALLIUM FALLAX *Don.**)

Die Hauptknospe findet sich auch bei dieser Art in der Achsel des obersten Laubblattes. An derselben ist entweder das erste Blatt schon zur Blüthezeit ein vollkommenes, ausgewachsenes Laubblatt, dessen vier bis fünf Zoll lange Lamina sich in nichts von der der andern Blätter unterscheidet, oder es ist — und das möchte der häufigere Fall sein — zu jener Zeit ein ziemlich bleichgefärbtes niedriges Blatt (Tab. II.

*) *All. acutangulum* Schrad. stimmt in allen hier zu berücksichtigenden Punkten mit *A. fallax* überein. Beide Arten sind auch sonst nur durch sehr subtile Merkmale von einander getrennt. Der Unterschied, den man in der Bildung der Blattnerven gefunden zu haben meint, ist nicht beständig, und auch die relative Länge der Staubfäden ist manchen Schwankungen unterworfen. Das Vorkommen der letztgenannten Form auf trockenen Kalk-, Gyps-, aber auch Sandboden (so z. B. sehr häufig bei Sondershausen mit *Calluna vulgaris, Genista tinctoria* und *germanica*), und der der ersten auf feuchten Wiesen spricht an sich keineswegs für ihre specifische Trennung, da auch andere Pflanzenarten in ihren Standorten solche Gegensätze zeigen. Ich erinnere nur an *Parnassia palustris,* die auch an trockenen Gypsbergen vorkommt, und an *Molinia coerulea.* Die letztere findet sich z. B. an den sonnigsten und trockensten Abhängen der Gypsberge bei Frankenhausen mit *Alyssum montanum* und *Helianthemum Fumana,* aber auch auf nicht weit davon entfernten feuchten Wiesen. Auch *Sesleria coerulea* scheint sich ähnlich zu verhalten; bei uns wächst sie an trockenen Höhen, im östlichen Schweden auf feuchten Wiesen, und *Carex tomentosa* L., welche nach Koch's syn. auf feuchten Wiesen wächst, findet sich in grösster Ueppigkeit gleichfalls an den sonnigsten und trockensten Gypshügeln Nordthüringens.

Fig. 39, *b*), dessen Lamina nur sehr kurz ist. Zwischen beiden Formen kommen mancherlei Mittelstufen vor. Dieses äusserste Blatt umschliesst mit seiner Scheide die noch kleinen Laubblätter (*c*).

Die Knospe bleibt nach der ziemlich späten Blüthezeit gewöhnlich in dem beschriebenen Zustande, nur dass sie sich etwas vergrössert; ihr Mutterblatt umhüllt sie und bleibt bis in den Spätherbst meist auch frisch; dann stirbt die Lamina desselben ab; ist das erste Blatt der Knospe ein ausgebildetes Laubblatt, und ist schon das zweite herausgewachsen, so verhält es sich bei diesen ebenso, wie bei dem Mutterblatte. Im nächsten Frühjahr wächst nun die ganze Knospe aus, wobei das erste Blatt derselben, wenn es im Herbste mehr einem Scheidenblatt ähnlich war, seine kurze Lamina zuweilen etwas mehr ausbildet; häufig verwest es indess schon beim Beginn des Frühlings; an der Basis der Knospe treten nun die Wurzelzasern (*d*) hervor. Ganz allmählich entwickeln sich die Laubblätter nach einander; ihre Scheiden sind durchaus nicht auffallend dickwandig; daher erscheint die Basis der jungen Pflanze auch nicht so verdickt, wie bei den eigentlichen Zwiebeln. Bis zur Blüthezeit bilden sich circa 5 — 8 Laubblätter aus; und die Lamina von einigen untern oder äussern Blättern ist gewöhnlich bis zu jener Zeit schon abgestorben, ja es sind oft nur noch ein oder zwei frische Blätter übrig. Die Scheiden, namentlich der innern, dauern, wenn auch abgestorben, meist bis ins nächste Jahr und umhüllen die Basis des nächsten Jahrgangs. Es brechen übrigens fortwährend bis zur Blüthezeit aus dem Grunde der Blattscheiden neue Wurzelzasern hervor. In den Achseln der untern Blätter kommen verhältnissmässig nur selten Knospen vor; Beiknospen wohl nie.

Die Grundachse (*h. g*) dauert mehrere Jahre aus; sie hat eine ziemlich horizontale Lage und erscheint von den abgestorbenen Blättern etwas narbig und uneben. Man findet zwischen den vertrockneten Blattbasen noch häufig einen trockenen Stumpf des vorjährigen Blüthenstengels, so wie auf den ältern Theilen der Grundachse die Narben von dem Ansatzpunkte der Blüthenstengel noch früherer Jahrgänge. Die älteren Partien der Grundachse sind indess bereits meistens abgestorben, und nur der vorjährige Achsentheil pflegt noch productionsfähig zu sein und treibt oft noch einzelne Wurzelzasern. Man findet die Grundachse oft bis zwei Zoll lang; aber, wie gesagt, nur der kürzere Theil derselben ist frisch, bei weitem der längere ist schon gänzlich abgestorben. Durch die Nebenknospen verästelt sie sich zuweilen, wenn schon ziemlich sparsam. Es versteht sich von selbst, dass die verschiedenen Jahrgänge der Grundachse, wenn sie Blüthenstengel producirt haben, Achsen verschiedener Ordnungen sind; denn ein Jahrgang ist dann immer eine Seitenachse des nächst vorhergehenden. Nur da, wo die Grundachse keinen Blüthenstengel getrieben hat, gehören die verschiedenen Jahrgänge derselben einer Ordnung an, indem sie dann eine terminale Hauptknospe treibt, wie das in diesem Falle auch bei den andern *Allium*-Arten ist. Bei der horizontalen Lage der Achse treiben übrigens die Wurzelzasern nicht im ganzen Umfange der frischen Pflanze, sondern nur an deren untern Seite hervor, während sie bei andern Arten, wie *All. rotundum*, wo die Achse senkrecht steht, ringsherum hervorbrechen.

Was man also bei dieser Pflanze *radix e rhizomate horizontali constans* nennt, ist weiter nichts als die Grundachse mehrerer Jahrgänge, die von Blättern entkleidet ist und an ihrem ältern Theile allmählich verwest. Nicht naturgemäss ist auch die Angabe, wodurch man die Section *Rhiziridcum* (!) noch hat charakterisiren wollen: *caulis ad latus fasciculi foliorum positus est et cum hoc fasciculo basi vaginis communibus inclusus;* denn der *caulis* (Blüthenstengel) steht hier nicht neben dem Blattbüschel, sondern ganz, wie bei den andern Arten, in der Mitte desselben. Die *vaginae communes* sind die Scheiden der vorjährigen Blätter, an denen sich die freilich abgestorbene Lamina zuweilen noch findet.

Der auffallendste Unterschied zwischen vorliegender Art und andern, wie *A. vineale* und *rotundum*, ist der, dass sich bei jener kein Nährblatt bildet, indem die Vegetation nach der Blüthe nicht so streng wie bei den genannten und andern Arten unterbrochen, sondern nur durch den Winter gehemmt wird. Es treten bei *A. fallax* die Blätter in ununterbrochener Folge und fortschreitender Vervollkommnung auf, während ihre Bildung bei *A. vineale* und *rotundum* mit dem Nährblatt erst gleichsam Halt macht und dann mit dem häutigen Scheidenblatte, welches auf das Nährblatt folgt, eine neue Reihe beginnt. Weit ähnlicher ist in dieser Hinsicht unserer Art, (deren Blätter an ganz jungen Pflänzchen (Fig. 40) auch stielrund sind,) wie bereits bemerkt wurde, *A. fistulosum* und noch mehr *A. Schoenoprasum*. Zu den eigentlichen Zwiebelgewächsen kann man *A. fallax* und diese beiden Arten nicht mehr rechnen; denn sonst müssten auch *Anthericum ramosum* und *Liliago* dazu gezählt werden.

Die Gattung GAGEA Salisb. in ihren verbreitetsten einheimischen Arten.

1. GAGEA LUTEA *Schult.*

Diese Art hat unter den vier Arten, die mir lebend zu Gebote standen, und deren Zwiebelbildung ich hier beschreiben will, die grösste Zwiebel. Dieselbe ist — besonders bei stärkern Exemplaren — von mehrfachen bräunlichen, vertrockneten, sich leicht abblätternden Hüllen (Tab. III. Fig. 28, *c. d*) umgeben, die sich dadurch als Produkte mehrerer Jahrgänge verrathen, dass sich an ihren Spitzen noch deutlich die Grundstücke der Blüthenstengel (*c'* u. *d'*), welche an dieser Stelle holzig sind und daher der Verwesung länger widerstehn, erkennen lassen, so wie auch die, den verschiedenen Jahrgängen angehörigen vertrockneten Wurzelbüschel (*c''* u. *d''*) am Grunde der Hüllen mit leichter Mühe zu unterscheiden sind. Die Zahl der Hüllen, der Wurzelbüschel und der Blüthenstengelreste ist natürlich keine bestimmte, da sie von dem Alter der Pflanzen, so wie auch von der die Verwesung der Häute bald beschleunigenden, bald aufhaltenden Beschaffenheit des Standortes abhängig ist. Die abgestorbenen Wurzelbüschel und die Blüthenstengelreste stehen sämmtlich an einer Seite der Pflanze, nämlich an der von der Lamina des grundständigen Blattes (*b*) abgewendeten Seite des Blüthenstengels (*a*) — hintereinander.

Nach Entfernung der trockenen Hüllen findet man vor der Blüthezeit und an den noch blühenden Pflanzen einen ziemlich dicken fleischigen Körper (Fig. 34, *n*). Er umgibt die Basis der vegetirenden Pflanze in Form einer Scheide, und ist besonders deutlich zur Zeit, wo dieselbe erst aus der Erde hervorbricht; da ist er noch fest; je weiter die Pflanze auswächst, desto mehr verschrumpft er, indem sein Inhalt resorbirt wird, und zur Zeit der Fruchtreife ist nichts mehr davon zu finden, so dass also dieser Theil keineswegs zu einer Hülle wird.

Innerhalb des scheidenförmigen Körpers findet sich zunächst das einzelne grundständige Laubblatt (Fig. 29, *b*). Es hat eine ringsgeschlossene Scheide, welche die frische Zwiebel einschliesst, und aus deren enger Mündung (*b'*) der Blüthenstengel (*a*) hervortritt. Führt man einen senkrechten Schnitt durch die Mitte des Blüthenstengels und die Mittellinie (Mittelnerv) des Blattes (Fig. 30), so erkennt man bald Folgendes. Die Basis des Blüthenstengels (*a*) ist auf der einen Seite mit der Blattscheide bis auf eine kleine Strecke, wo die Mündung der

Scheide sich bloss an ihn anlegt (*b'*), ohne zu verwachsen, und auf der andern mit der neuen Zwiebel, die in der Achsel welche das grundständige Blatt mit dem Blüthenstengel bildet, steht, verschmolzen. Doch kann man seinen Verlauf nach unten bei der grössern Härte der ihn bildenden Elementartheile leicht verfolgen und erkennt, dass das frische Wurzelbüschel zu der Grundachse, aus der er entspringt, keineswegs zu der der neuen Zwiebel gehört. Diese (*d*) ist zur Zeit der Blüthe und der Fruchtreife, wo sie ihre Vollendung erreicht, eiförmig, dabei von beiden Seiten etwas zusammengedrückt, so dass sie bei einem durch ihre Mitte geführten horizontalen Schnitte (Fig. 42) eine elliptische Fläche bildet, deren längster Durchmesser zwischen den Blüthenstengel und die Mittellinie des grundständigen Blattes fällt. Sie ist saftig, aber von ziemlich fester Consistenz und ganz mit Nahrungsstoffen angefüllt. Sie steht aufrecht neben dem Blüthenstengel, und so wie sie mit diesem verschmolzen ist, so verwächst sie auch mit dem grössten Theile ihrer übrigen Oberfläche mit der sie einschliessenden Scheide des grundständigen Laubblattes und zwar so innig, dass sich nur die Epidermis des letztern abziehen lässt; doch verlaufen deutlich die Nerven des Blattes an der verwachsenen Stelle herunter. Nur der Scheitel der neuen Zwiebel (Fig. 30, von *i* bis *h*) ist frei sowohl von einer Verwachsung mit dem Blüthenstengel, als auch von der mit der Blattscheide. Ueber diesem freien Scheitel bildet das Blatt (*b*) eine eng anschliessende mützenförmige Bedeckung. Auf den ersten Blick könnte es scheinen, als wenn hierdurch die neue Zwiebel ganz abgeschlossen wäre von der äussern Atmosphäre; dem ist aber nicht so, denn bei genauerer Untersuchung findet man, dass an der Stelle (*i*), wo der Blüthenstengel mit dem freien Gipfel der jungen Zwiebel einen spitzen Winkel bildet, das Blatt zwar auch faltenartig eindringt, aber eine kleine Spalte (Fig. 31, *c*) frei lässt, durch welche die Communication der jungen Zwiebel nach Aussen offen bleibt.

Ein sehr enger und bei einem wagerechten Schnitte leicht zu übersehender, und wie die Zwiebel selbst, von beiden Seiten zusammengedrückter spaltenförmiger Kanal findet sich im Innern der Zwiebel. Er ist an seinem untern, blinden Ende am schmalsten und erweitert sich nach oben nur wenig; er mündet auf dem freien Scheitel der Zwiebel und ist, wie diese Stelle, mit einer zarten, glänzenden Epidermis überzogen. In seinem Grunde findet sich die zarte Knospe (Fig. 30, *y*), an der sich die Blätter und die ersten Anfänge des Blüthenstandes unterscheiden lassen. Das äussere jener Blätter (Fig. 32, *b*) zeigt deutlich eine kurze ringsgeschlossene Scheide und eine stielrunde Spitze. Es schliesst noch gänzlich das zweite Blatt (*c*) — das untere der beiden blüthenständigen Blätter — und die übrigen Theile der Pflanze ein.

Wenden wir uns nochmals zurück zu der jungen Zwiebel, so kann es keinem Zweifel unterworfen sein, dass sie ein fleischiges Scheidenblatt sei, dessen Rückseite, ganz normal, dem Blüthenstengel und dessen Vorderseite dem grundständigen Laubblatte, in dessen Achsel die junge Zwiebel steht, zugewendet ist, so wie wiederum das erste Laubblatt des von dem Scheidenblatte eingeschlossenen Knöspchens mit demselben alternirt, also vor dem grundständigen Laubblatte, in dessen Achsel die ganze frische Zwiebel sich findet, steht. Der enge Kanal ist mithin die Innenfläche des Scheidenblattes. Ich will es kurzweg das Nährblatt nennen.

Mit der Fruchtreife stirbt der Blüthenstengel und das grundständige Laubblatt (*b*) ab, von jenem bleibt nur die Basis, von diesem nur der Scheidentheil, der sich in eine bräunliche Hülle umwandelt, übrig. Auch die Wurzelzasern sterben ab. So ruht nun das Ganze bis gegen den Herbst. Früher oder später brechen aus der kurzen Grundachse der Pflanze die Wurzelzasern, und mit ihnen wachsen auch die vom Nährblatt eingeschlossenen Theile. Die Wurzelzasern durchbohren die Basis des ersten Laubblattes, dringen durch die Basis des Nährblattes hervor (Fig. 36. 37. 38) und bilden allmählich ein Büschel. Im ersten Frühjahr wachsen dann das erste Laubblatt und der Blüthenstengel über den Kanal des Nährblattes heraus (Fig. 39), dessen Nahrungsstoffe allmählich aufgezehrt werden, und das dann zur Blüthezeit als der oben beschriebene fleischige Körper, der die Basis der vegetirenden Pflanze umgibt, erscheint. Schon wenn das grundständige Laubblatt mit seiner Spitze aus dem Kanal hervorsieht, erkennt man in seiner Achsel die ersten Anfänge der jungen Zwiebel (Fig. 39, *b''*. 40, *b* u. *g*): einen kreisförmigen Wulst, aus dem ein rundliches stumpfes Körperchen (Fig. 40, *h*) hervorsieht. Jener Wulst wird dann — und zwar wächst er ziemlich schnell — wieder zu dem Nährblatte für das nächste Jahr, das stumpfe Körperchen, das nicht gleichmässig schnell wächst, sondern bald von dem Wulste überwachsen wird, ist nichts anderes, als das erste Laubblatt für die nächstjährige Pflanze. So haben wir denn die Bildungen innerhalb eines Jahres verfolgt, und das Beobachtete lässt sich übersichtlich in Folgendes zusammenfassen:

Die Zwiebel einer blühenden Pflanze ist ein axilläres (sie bricht aus der Achsel, die das grundständige Laubblatt mit dem terminalen Blüthenstengel bildet, hervor) Gebilde mit ganz kurzer, undeutlicher Grundachse. An dieser Grundachse steht ein scheidenförmiges Nährblatt, und alternirend mit diesem ein einziges Laubblatt, das mit seiner scheidigen Basis den Blüthenstengel, in welchen die Grundachse übergeht, umfasst, und aus dessen Achsel dann wiederum die Knospe — Zwiebel — für das nächste Jahr hervorbricht. Die Stoffe des Nährblattes werden durch die Bildungen, die mit ihm zu e i n e r Achse gehören, resorbirt, und dasselbe verschwindet mit der Blüthenzeit; die Basis des Laubblattes wird zu einer Hülle für die von ihm eingeschlossene Zwiebel.

Mit *G. lutea* stimmt im Bau der Zwiebel, so weit ich denselben nach einigen getrockneten Exemplaren zu beurtheilen im Stande war, *G. pusilla Schult.* überein.

2. GAGEA MINIMA *Schult.**)

1. Wenn man die schlank eiförmige, im Vergleich zu *G. lutea, pratensis* und *arv.* kleine Zwiebel zur Zeit der Blüthe oder kurz nach dieser untersucht, so findet man Folgendes. Mehrere Schichten trockner, dünner, brauner Häute bilden die äussere Hülle (Tab. III. Fig. 44, *c*). Dass diese die Reste von mehreren Jahresbildungen sind, erkennt man auch hier, wie bei *G. lutea*, an den verschiedenen Blüthenstengelbasen, welche sich gewöhnlich**) zwischen den Hüllen finden, und an deren Grunde die vertrockneten Wurzelbüschel stehen. So regelmässig hinter einander, wie bei *G. lutea* stehen die Hüllen mit den zu ihnen gehörigen Blüthenstengelresten und trocknen Wurzelzasern bei dieser Art nicht (man vergl. Fig. 44 mit 28); vielmehr stehen sie — unter verschiedenen Winkeln und unregelmässig geordnet — mehr spiralig um die noch vegetirende Zwiebel herum. Unten an der Basis derselben dringen zwischen den trockenen Hüllen hervor die zahlreichen frischen, hier, wie bei den übrigen Arten einfachen oder nur wenig ver-

---

*) Die Blüthenstiele dieser Art haben zuweilen einige Härchen; gewöhnlich aber sind sie, wie es auch Koch's synops. angiebt, glatt. Dagegen sind die Perigonblätter an der Basis ihrer Ränder auf eine ziemliche Strecke immer dicht mit einer Reihe von Härchen besetzt oder gewimpert.

**) Eine Zwiebel, die zum ersten Male blüht, kann natürlich an ihrer Hülle eine solche vorjährige Blüthenstengelbasis nicht haben; eine solche, die zum zweiten Male blüht, hat nur eine, die zum dritten Male blüht, 2 u. s. f. — Bei Pflanzen, die schon sehr viele Jahre hindurch Blüthenstengel getrieben haben, verfaulen dann die ältern gänzlich.

ästelten, mit zarten Härchen besetzten Wurzelzasern (Fig. 44, *a'*), mehr seitlich an der Basis sieht — besonders zur Zeit der Fruchtreife, während es zur Blüthezeit zuweilen noch von den Hüllen verdeckt wird — ein kleines Zwiebelchen hervor (*d*).

2. Hat man alle Hüllen hinweggenommen, so kommt bei noch blühenden Pflanzen eine in eine sehr zarte Membran (Fig. 45, *n*) eingeschlossene gallertartige Masse zum Vorschein. Kurz nach der Blüthe und bei der Fruchtreife ist nur die doppelwandige Membran übrig, später findet man auch diese nicht mehr. Diese Membran umschliesst, ganz eng sich anlegend, die Basis des grundständigen Laubblattes (*b*), so wie die des Blüthenstengels (*a*), zuweilen auch die kleine Zwiebel; doch hat diese zur Blüthezeit gewöhnlich schon jene Membran durchbrochen. Nach Wegnahme der letztern biegen sich der Blüthenstengel und das grundständige Laubblatt leicht von einander ab (Fig. 46); denn sie hängen nur an ihrem Grunde ein Wenig zusammen, keineswegs auf eine verhältnissmässig so lange Strecke wie bei *G. lutea*. An beiden Theilen unterscheidet man ein rigideres Basilarstück, über welchem sie, da sie im übrigen und namentlich in dem an jene härtere Stelle zunächst angrenzenden Verlaufe sehr weich und saftig sind, leicht umknicken. Diese härteren Stücken widerstehen der Verwesung lange und sind, wie oben erwähnt wurde, noch zwischen den Hüllen kenntlich. Auch die andern Arten zeigen, doch minder deutlich, dasselbe Verhalten in Betreff der Substanz der Blüthenstengel und Blätter.

3. Betrachten wir nun das grundständige Laubblatt (Fig. 46, *b*) — *folium radicale solitarium* in Koch's synopsis —, so gewahren wir an demselben auf der Seite, wo der Blüthenstengel steht, eine äusserst niedrige Scheide, mit welcher dasselbe die unterste Basis des letzteren umfasst. Ob auch die Basis der kleinen Zwiebel (*d*) von dieser Scheide mit umschlossen wird, lässt sich zur Blüthezeit mit Sicherheit nicht

entscheiden. Aehnlich wie bei *G. lutea* bildet auch hier die Basis des Laubblattes an der Laminarseite eine mützenförmige Höhlung, in welcher die grössere Zwiebel eingeschlossen ist; diese Höhlung (Fig. 47) ist bei *G. minima* aber weit höher und spitzer, sie bildet hier den Mantel eines Kegels, bei jener Art den Mantel eines Theiles einer Kugelfläche. An der Seite nach dem Blüthenstengel zu hat diese mützenförmige Decke ein kleines halbmondförmiges Loch (Fig. 48, *c*), dessen concaver Rand nach unten liegt. Dieser Theil des Laubblattes ist mit der von ihm eingeschlossenen Zwiebel, die gleichfalls aus einem einzigen fleischig gewordenen Scheidenblatte (Nährblatt) (Fig. 47, *d*) besteht, dessen von einer glänzenden Epidermis überzogene Innenfläche einen engen, zusammengedrückten, in seinem Grunde das kleine Knöspchen (*g*) einschliessenden, nach oben offenen Kanal bildet, nur rings am Grunde verwachsen; der obere, grössere Theil (von *h* bis zu *i*) des fleischigen Scheiden- oder Nährblattes ist frei und mit einer ebensolchen Epidermis, wie seine Innenfläche, überkleidet. Für eine Communication des vom Nährblatt eingeschlossenen Knöspchens mit der Atmosphäre ist auch hier gesorgt, indem dieselbe durch das bereits erwähnte halbmondförmige Löchelchen vermittelt wird; wenigstens ist, wenn man Bedenken tragen sollte, bei dem dichten Aneinanderschliessen der bedeckenden und der bedeckten Theile dieser Zwiebel das Eindringen der Atmosphäre für möglich zu erachten, daran festzuhalten, dass das Knöspchen durchaus nicht in einer organisch ringsgeschlossenen Höhlung, wie man bei einer nicht genauen Untersuchung anzunehmen geneigt sein könnte, sich findet.

Die Stellung des Nährblattes, als des ersten appendiculären Organs an der aus der Achsel, welche das grundständige Laubblatt mit dem Blüthenstengel bildet, hervorbrechenden äusserst kurzen Achse, ist hier eine andere, als bei *G. lutea*; die Rückenfläche des Nährblattes steht nicht v o r dem Blüthenstengel, sondern seitwärts von demselben (Fig. 52). Es alternirt also nicht streng mit seinem Mutterblatte, sondern die Mittellinie des Nährblattes steht von der des letzteren, wenn man die grössere Divergenz misst, um 270°, wenn man die kleinere Divergenz misst, um 90° ab. Bei manchen Exemplaren steht die Rückseite des Nährblattes von seinem Mutterblatte rechts, bei andern links. Das erste Blatt (Fig. 51, *h* u. Fig. 53, *g*) des von dem Nährblatte umschlossenen Knöspchens — es ist jenes ein Laubblatt — alternirt regelmässig mit dem Nährblatt. Indem nun dieses Nährblatt die Stellung der andern Theile bestimmt, erklärt sich auch aus jener Stellung die oben erwähnte anscheinend unregelmässige Anordnung der ältern, vertrockneten Blüthenstengelbasen.

4. Die andere, weit kleinere Zwiebel (Fig. 45 u. 46, *d*), welche sich auf der von der grössern Zwiebel entgegengesetzten Seite des Blüthenstengels findet, erscheint als ein rundliches, nach oben stumpfes Körperchen, welches nur an einer ganz kleinen Stelle mit dem Grunde des Blüthenstengels zusammenhängt und sich daher sehr leicht von demselben loslöst. Auf einem vertikalen Durchschnitte erkennt man, dass diese Zwiebel gebildet wird aus einer verhältnissmässig dickwandigen Membran (Fig. 47, *c*), welche ein fleischiges, im Grunde eines engen Kanals ein zartes Knöspchen (*g''*) einschliessendes Nährblatt (*e*) ringsherum umgibt; die Verwachsung beider — der Membran und des Nährblattes — ist auf eine äusserst kleine Stelle dicht am Ansatzpunkt der Zwiebel beschränkt, so dass sich das Nährblatt leicht herauslösen lässt. Die einschliessende Membran ist an der Seite nach dem Blüthenstengel zu gleichfalls von einer sehr kleinen Oeffnung durchbrochen. Die Bildung dieser Zwiebel und namentlich die Bedeutung der einschliessenden Membran wird durch Verfolgung der Entwicklung der Zwiebel hinreichend aufgeklärt werden.

5. Untersucht man blühbare Zwiebeln spät im Herbst oder im allerersten Frühjahr, so dringen aus der Basis des Nährblattes die Wurzelzasern hervor, das Knöspchen in der Höhlung desselben beginnt zu wachsen und tritt mit seiner Spitze allmählich aus der Mündung derselben heraus (Fig. 49). Das Nährblatt ist um jene Zeit noch ganz solide, bei fortschreitender Entwicklung der Pflanze wird sein Inhalt resorbirt, bis es endlich zur Blüthezeit zu der zarten durchscheinenden Membran, die oben erwähnt worden ist, wird und später gänzlich verschwindet. Betrachten wir das erste Laubblatt in der Periode (Fig. 50, *b*), wo es eben aus der Höhlung des Nährblattes hervortritt, so sehen wir deutlich, dass es mit seiner niedrigen Scheide einen auf der entgegengesetzten Seite des Blüthenstengels stehenden schuppenförmigen Körper (*c*) mit umschliesst, in dem man schon wegen der Stelle, die er einnimmt, sofort die erste Anlage der zweiten, kleinern Zwiebel erkennt. Von der Rückseite betrachtet erscheint die Schuppe (Fig. 54, *c*) an ihrem Grunde ziemlich breit, sie zieht sich aber ziemlich plötzlich in eine kurze, stumpfe Spitze zusammen; an ihren Seitenrändern ist sie unten mit dem Blüthenstengel verwachsen, und wenn man sie vorsichtig von letzterem ablöst, so erkennt man auf der Innenfläche ein kleines Loch (Fig. 54, *d*). Führt man endlich einen senkrechten Schnitt (Fig. 57) durch die Mittellinie der Schuppe, so findet man, dass dieselbe auf der ersten Anlage einer jungen Zwiebel — eines Nährblattes (*d*) — grade ebenso mützenförmig aufsitzt, wie das grundständige Laubblatt auf der grössern Zwiebel. Kurz, Alles erhebt die Annahme über jeden Zweifel, dass die Schuppe nichts anderes ist, als ein zur vollständigen Ausbildung nicht gelangendes Laubblatt. Die kleine Spitze ist die Andeutung der Lamina. Je mehr nun die eingeschlossene kleine Zwiebel wächst, desto undeutlicher wird die Blattnatur; die Spitze verschwindet durch die Ausdehnung, welche dabei die nicht gleichmäs-

sig fortwachsende Schuppe erleidet, und diese wird allmählich zu der unter 4. beschriebenen dickwandigen Membran.

So unbedeutend diese Beobachtung an sich erscheinen möchte, so gewinnt sie doch durch Folgendes einige Bedeutung. Das erste Stengelblatt (Fig. 50, *d*) — das ***folium florale solitarium spathaceum*** in Koch's synopsis — steht nämlich bei unserer Pflanze, (wie es auch bei *G. arvensis* vor dem grundständigen Laubblatte steht, welches die grösste Zwiebel einschliesst,) mit seiner Rückenfläche vor dem grundständigen Laubblatte (*b*). Dies ist besonders deutlich an noch nicht vollkommen ausgewachsenen Pflanzen, indem an solchen die Rückenfläche des *folium florale* gegen die Oberseite des sogenannten *fol. radicale* angedrückt ist. Nun aber würde ein solches Stellungsverhältniss ganz von dem zunächst bei unserer Gattung und sehr vielen andern Monocotyledonen geltenden Blattstellungsgesetzen, nach welchen die unmittelbar auf einander folgenden Blätter alterniren (wenigstens spiralig gestellt sind), nicht aber vor oder über einander stehen, abweichen. Dadurch aber, dass sich nach der obigen Beobachtung jenes Schüppchen, in dessen Achsel die kleine Zwiebel steht, als ein rudimentäres Blatt erweist, verliert die beschriebene Blattstellung alles Auffallende und Abweichende; denn es ergibt sich nun für die vier Blattgebilde, welche sich bei *G. minima* bis (inclusive) zu dem *fol. florale* finden, die ganz gesetzmässige Stellung, dass mit dem Nährblatte das grundständige Laubblatt, mit diesem das rudimentäre, mit diesem endlich das *fol. florale* alternirt, so dass also auf der einen Seite das Nährblatt und das unausgebildete, und auf der andern Seite das grundständige Laubblatt und das *fol. florale* vor einander zu stehen kommen.

6. Die erste Anlage sowohl der grössern als der kleinern Zwiebel ist, wie bei *G. lutea*, ein niedriger kreisförmiger Wulst (Fig. 51, *g*), aus dem das noch ganz kleine Laubblatt (*h*) hervor-

sieht. Der Wulst wird zum Nährblatt und schliesst dieses Laubblatt, so wie die übrigen Theile der Pflanze während des Knospenzustandes gänzlich ein.

7. Die Theile einer blühbaren Zwiebel sind also:

a) ein fleischiges Nährblatt; zur Zeit der Blüthe ist es gänzlich ausgesogen, und nur eine dünne Membran ist von ihm übrig geblieben. Später verschwindet es gänzlich;

b) ein grundständiges Laubblatt; es umfasst mit seiner ganz niedrigen Scheide den Blüthenstengel und ein zweites Blatt. In der Achsel, die es mit dem Blüthenstengel bildet, steht die Zwiebel, die im nächsten Jahr zur Blüthe kommt. Es wird zur Zwiebelhülle;

c) ein zweites Blatt; es bleibt ganz klein und schuppenförmig. Mit seinen Seitenrändern ist es dem Blüthenstengel angewachsen. In seiner Achsel trägt es eine kleine Zwiebel, die im nächsten Jahre nicht zur Blüthe kommt.

Der *Gagea minima* möchte *G. Liottardi Schult.* in Bezug auf die Zwiebelbildung sehr nahe stehen. Das grössere Laubblatt bildet auch hier über der grössern, mehr rundlichen Zwiebel eine mützenförmige Höhlung, an der man gleichfalls nach dem Blüthenstengel zu ein kleines Loch bemerkt. Die Scheide dieses untersten Laubblattes ist auch sehr niedrig. — Die kleine Zwiebel auf der andern Seite des Blüthenstengels wird von einem Blatte eingeschlossen, das entweder, wie bei *G. minima,* ganz klein bleibt, oder sich vollständig entwickelt. Daraus erklärt sich die nota: *foliis radicalibus solitariis binisve.* Ob die Stellung des Nährblattes zu seinem Mutterblatte hier dieselbe sei, wie bei *minima,* konnte ich nach trokkenen Exemplaren nicht entscheiden.

G. spathacea Schult. schliesst sich in Bezug auf die Bildung des untersten Laubblattes mehr an *G. lutea* an, indem dasselbe bei jener Art eine ebenso hohe Scheide hat wie bei dieser. Aber diese Scheide umschliesst bei *G. spathacea* die

Basis eines zweiten Laubblattes, in dessen Achsel die zweite kleinere Zwiebel steht, was bei *G. lutea* nicht der Fall ist. Das zweite sogenannte *fol. radicale* bei *G. spathacea* entspricht dem untersten Blüthenscheidenblatte bei *G. lutea.*

3. GAGEA ARVENSIS *Schult.*

1. Die Zwiebel dieser Art hat zur Blüthezeit folgende Theile:

Zuäusserst findet man eine braune, dünnhäutige, abgestorbene Hülle (Tab. IV. Fig. 1, *d*). Am Grunde dieser Hülle sitzt ein Büschel abgestorbener Wurzelzasern (*f*). Zunächst unter ihr findet sich eine mehr oder minder ausgesogene und verschrumpfte Scheide, die gleich nach der Blüthezeit ganz verschwindet. Nach Entfernung dieser Scheide kommen die noch frischen Theile der Zwiebel zum Vorschein, welche einen ungleichseitigen, etwas breitgedrückten rundlichen Körper darstellen (Fig. 2), aus dessen Grunde ein Büschel zarter, einfacher oder spärlich verästelter, mit feinen Härchen besetzter Wurzelzasern hervorbricht. Die stärkere und nach unten etwas mehr hervortretende Hälfte der Zwiebel ist auf der Seite, wo das unterste sogenannte Wurzelblatt (Fig. 2, *b*) steht, die schwächere Hälfte findet sich mit dem zweiten, meist etwas schmäleren und kürzeren Wurzelblatte (*c*) auf einer Seite, und man erkennt gar bald, dass der ganze Körper von der geschlossenen Scheide (*b'*) des grösseren Blattes überzogen wird. Aus der Mündung dieser Scheide tritt das zweite Laubblatt und der zwischen ihm und dem ersten oder untersten Laubblatte stehende Blüthenstengel (*a*) hervor. Durch die Ausdehnung, welche diese Scheide durch das Wachsthum der eingeschlossenen Theile erleidet, wird sie wenigstens auf der Seite, wo das zweite Laubblatt aus ihr hervorbricht, sehr dünn und lässt sich hier kaum als besondere Haut ablösen, während sie auf der andern Seite ziemlich dick und pergamentartig ist. — Auch bei dieser Art sind sowohl die beiden Blätter als der Blüthenstengel in ihrem untern Verlauf bis ohngefähr zwei oder drei Linien oberhalb der Zwiebel ziemlich rigide; oberhalb dieser Stelle sind sie sehr weich. Daher knicken sie da, wo mit einem Male die festere Beschaffenheit aufhört, sehr leicht um und verwesen später bis dahin sehr schnell, während die untern Theile sich erhalten.

2. Durchschneidet man die ganze Zwiebel senkrecht in der Weise, dass der Schnitt durch den Mittelnerv beider Laubblätter (*b* u. *c*) geht und sie, sowie den Blüthenstengel halbirt (Fig. 5), so erkennt man, dass neben dem Blüthenstengel auf jeder Seite eine fleischige Knospe sich findet: die grössere (*d*) auf der Seite des untern oder äussern, die kleinere (*e*) auf der Seite des innern oder obern Laubblattes, und dass die Wurzelzasern aus der Basis der Achse (*f*), welche nach Oben in den Blüthenstengel übergeht und nach Unten schief abwärts sich etwas unter der grössern Knospe hinzieht, entspringen.

Untersucht man die grössere Knospe, so findet man, dass sie in der Achsel, welche das unterste Laubblatt (*b*) mit dem Blüthenstengel bildet, steht. Die ganze Knospe (oder junge Zwiebel) steht nicht aufrecht neben dem Blüthenstengel, wie dies bei *G. lutea* und *minima* der Fall ist, sondern etwas schief gegen denselben geneigt. Der erste Theil dieser Knospe ist ein sehr starkes, fleischig gewordenes Scheidenblatt, welches normal mit seinem Mutterblatte alternirt. Auf seiner untern Aussenfläche verwächst es ganz mit der Innenfläche des letzteren, oben an seinem Gipfel (von *h* bis zu *i*) verwächst es zwar nicht mit demselben, wird aber, da sich dasselbe faltenartig zwischen das Scheidenblatt und den Blüthenstengel drängt, auch an dieser Stelle von ihm dicht eingeschlossen. Auch bei dieser Art findet sich in der flach mützenförmigen Umhüllung, welche das Mutterblatt über dem Gipfel der Knospe bildet, eine kleine Oeffnung (Fig. 3, *c*), durch welche die Communication der scheinbar ganz eingeschlossenen Knospe nach Aussen vermittelt wird, und zwar ähnlich wie bei *G. minima* etwas über der Stelle, wo das fleischige Scheidenblatt mit dem Blüthenstengel zusammenstösst. Das fleischige Scheiden- oder Nährblatt bildet einen nach Unten engen, nach Oben sich allmählich etwas erweiternden, dabei aber von beiden Seiten zusammengedrückten, daher als eine feine, leicht zu übersehende Spalte (Fig. 4, *a*) auf dem Gipfel des Nährblattes mündenden Kanal. In seinem Grunde umschliesst es die zarten Blätter und — wenigstens zur Fruchtreife — die ersten Rudimente des Blüthenstandes, die im nächsten Jahre zur Ausbildung kommen. Man erkennt in dem äussersten Blatte (Fig. 5, *g* und Fig. 6, *b*), das eine rings geschlossene, noch niedrige Scheide hat, leicht das zukünftige unterste grundständige Laubblatt. Es alternirt mit dem fleischigen Nährblatt, steht also vor dem diesjährigen untersten grundständigen Laubblatte. — Die andere, kleinere Knospe (Fig. 5, *e*) steht in der Achsel des zweiten oder innern Laubblattes (*c*), welches an seinem Grunde auf jeder Seite ein kleines Oehrchen (Fig. 2, *d*) bildet und an den Blüthenstengel angewachsen ist. Dieses Blatt schliesst die in seiner Achsel stehende Knospe auf dieselbe Weise ein, wie das äussere s e i n e Achselknospe, und lässt jener Knospe vermittelst einer kleinen Oeffnung an der nach dem Blüthenstengel zu gelegenen Seite gleichfalls die Communication nach Aussen frei. Auch in allen übrigen Stücken ist der Bau der kleinern Knospe dem der grössern gleich. Zu bemerken ist noch, dass die Grundachse unter der kleinern Knospe sich nicht hinzieht, wie bei der grössern, und dass sich unter jener daher auch keine Wurzelzasern finden.

2. Nach der Blüthezeit sterben die beiden grundständigen Wurzelblätter bis dicht oberhalb der Zwiebel ab; der Scheidentheil derselben verwandelt sich allmählich in eine braune Hülle. Ebenso stirbt der Blüthenstengel bis auf ein

kurzes Stück ab, und die Wurzelzasern vertrocknen. Der Zusammenhang zwischen beiden Knospen wird immer lockerer. In diesem Zustande verharrt Alles, bis zum Wiederbeginn der Vegetation, wenn der Erdboden im Herbste wieder anhaltend feucht wird*). Verfolgt man den Entwicklungsgang der grössern Knospe oder Zwiebel, so ergiebt sich nun Folgendes. Aus der Basis derselben brechen die frischen Wurzelzasern hervor, und die von dem Nährblatt eingeschlossenen kleinen Laubblätter treten durch die Mündung des Kanals auf dem Gipfel desselben hervor. Dabei werden die den Kanal auskleidenden Wände des Nährblattes durch Resorption der in ihm enthaltenen Nahrungsstoffe allmählich lockerer (Fig. 11, *n. n*). Was jene Laubblätter anlangt, so ist zu bemerken, dass in diesem frühern Stadium die Scheide des ersten Laubblattes sich auch an der Stelle, wo sie die Basis des zweiten Laubblattes überzieht, leicht als besondere Haut ablösen lässt (Fig. 11, *b'*). Deutlich erkennt man auch die Oehrchen (Fig. 13, *d*) am Grunde des zweiten Laubblattes, welche, da das Blatt mit dem Blüthenstengel verwachsen ist, dicht an denselben angedrückt sind. In den Achseln beider Blätter erkennt man schon frühzeitig die Anfänge der Knospe (Fig. 11, *b'* u. *c'*). Das künftige Nährblatt erscheint als ein niedriger Ring (Fig. 14, *g*), der das erste Laubblatt umgiebt, ohne es einzuschliessen. Da das letztere sich nicht so schnell fortentwickelt, wie das Nährblatt, so wird es bald in dem von diesem gebildeten Kanal eingeschlossen. Dadurch, dass sich die beiden Knospen oder Zwiebeln allmählich vergrössern, das im vorigen Jahre gebildete Nährblatt aber

*) An sonnigen Stellen treten bei dieser Art, wie auch bei *G. pratensis* bereits im Oktober die neuen Blätter aus dem Boden hervor und werden ziemlich lang. Die später eintretende Kälte tödtet häufig die Spitzen dieser Blätter. An nicht so günstigen Stellen sprossen die Blätter erst im Frühjahr hervor.

mehr und mehr resorbirt wird, erlangt das Ganze die unter 1. beschriebene Beschaffenheit.

Die kleinere Knospe oder Zwiebel kommt gewöhnlich auch gleich im nächsten Jahre zur Blüthe und verhält sich daher ganz so wie die grössere. — Häufiger als bei andern Arten ist bei *G. arvensis* die Bildung von Adventivknospen. Oft bringt der Stengel statt der Blüthen lauter Blätter, und in den Achseln aller stehen kleine Knospen (Fig. 16), im Wesentlichen ebenso gebildet, wie die normalen; zuweilen sind die Blätter, in deren Achseln sie entstehen, nicht vollkommen ausgebildet (ähnlich wie das zweite grundständige Blatt von *G. minima*), und die kleinen Knospen oder Zwiebeln stehen dann traubenförmig gehäuft bei einander (Fig. 15). Ausserdem kommen noch manche andere Modificationen vor. Solche Zwiebeln (Fig. 17, 18) treiben in dem nächsten Jahre nur ein Blatt, welches in seinem ganzen Verlauf ziemlich stielrund ist, wie es die Blätter der blühbaren Zwiebeln nur an der Spitze sind. Ein solches Blatt hat gleichfalls eine kurze, ringsgeschlossene Scheide, welche aber, da nichts aus ihr hervorwächst, sich dicht an die Lamina andrückt und eine enge Querspalte darstellt. In der Scheidenhöhle dieses Laubblattes bildet sich das Nährblatt der neuen Zwiebel, die hier terminal ist. Mit jeder neuen Vegetationsperiode vergrössern sich diese Zwiebeln; ihr Blatt wird denen der blühenden Pflanze gleich, bis sie endlich Blüthen bringen.

So viel sich an getrockneten Exemplaren erkennen lässt, stimmen *G. bohemica Schult.* und *G. saxatilis Koch* im Bau der Zwiebel mit *G. arvensis* in allen wesentlichen Punkten überein.

4. GAGEA PRATENSIS *R. et S.**)

1. Der Blüthenstengel (Tab. IV. Fig. 20, *a*) und das einzelne grundständige Blatt (*b*) treten aus einer Spalte hervor, welche sich auf der obern Seite der länglich eiförmigen, nach oben in eine holzige mit einzelnen Resten abgestorbener Wurzelzasern besetzte Spitze (*e*) auslaufenden Hülle (*d*) findet**). Aus dem jener Spitze entgegengesetzten Ende dieser Hülle treten zwei keulenförmige mehr oder minder deutlich gestielte Körper, von einer weissen Haut bekleidet, hervor (*b'*. *c'*). Unterhalb der trockenen, fast krustigen Hülle (*d*) findet sich das zur Blüthezeit fast ganz ausgesogene, daher nur noch eine gallertartige Masse enthaltende verschrumpfte Scheiden- oder Nährblatt. Wenn man auch dieses entfernt hat, so erkennt man, dass die beiden keulenförmigen Körper, von denen der eine immer etwas grösser ist, als der andere, mit der Basis der blühenden Pflanze zusammenhängen; der grössere (Fig. 21, *b'*) steht auf der Seite des grundständigen Laubblattes (*b*), und aus seinem stielartigen Ansatz treten ringsherum und nur auf der obern Seite eine Stelle freilassend, die frischen wie bei den andern Arten beschaffenen zahlreichen Wurzelzasern hervor.

Auch bei dieser Art bildet das grundständige Laubblatt eine die Basis des Blüthenstengels umschliessende Scheide (*e*).

---

*) Dass man diese Art *G. stenopetala* nennt, dazu scheint ein hinreichender Grund nicht vorhanden zu sein. Persoon hat in Usteri's Annal. Stück 11. diese Art überhaupt, nicht eine Abart derselben, beschrieben und abgebildet, und so musste ihr auch bei Veränderung des Gattungsnamen der ihr beigelegte Speciesname verbleiben. Dass dieser letztere ein nicht ganz passender sei, kann man immerhin zugeben, es gilt aber auch von dem ihm substituirten, da unsere Art keineswegs auffallend schmale Blüthenblätter hat.

**) Warum sich bei dieser und der vorhergehenden Art immer nur eine trockene Hülle mit einem alten Wurzelbüschel findet, ergiebt sich aus der Entwicklungsgeschichte der Zwiebeln von selbst.

Dieselbe überzieht sowohl den grösseren wie auch den kleineren (*c'*) keulenförmigen Körper und wird durch diese Ausweitung, wodurch sie die Form von zwei Beuteln erhält, wenigstens über letzterem zu einem sehr dünnen, dicht anliegenden, leicht zu übersehenden und oft sich bald auflösenden Häutchen, während sie, so weit sie den Ueberzug des grössern Körpers bildet, ziemlich dick bleibt.

2. Halbirt man nun durch einen senkrechten Schnitt den Blüthenstengel, das Laubblatt und die beiden keulenförmigen Körper, so erkennt man, dass die beiden letztern zwei Knospen oder Zwiebeln sind. Wenden wir uns zunächst zu der grössern Knospe (Fig. 22, *d*). Sie ist offenbar die Achselbildung des grundständigen Laubblattes, steht aber nicht neben dem Blüthenstengel, sondern ist dergestalt in etwas schiefer Richtung abwärts nach unten gedrängt, dass der Scheitel der Knospe etwas tiefer, als die Basis des Blüthenstengels (so zu sagen unter das Niveau des letztern) zu stehen kommt. Die Stelle, wo die Wurzelzasern entspringen, ist auch hier als die Grundachse der ganzen Pflanze anzunehmen, aus welcher nach oben der Blüthenstengel hervorgeht, und deren appendiculärer Theil das grundständige Laubblatt ist. Die Knospe geht demnach auch hier aus dieser Grundachse hervor, indem sich letztere, wie man aus dem Verlaufe der zu ihr gehörigen Gefässbündel erkennt, unterhalb oder vielmehr an der Rückseite der Knospe bis zur Basis derselben (welche hier als Spitze des äusserlich einer Knolle gleichenden Körpers erscheint) hinzieht, und die Knospe auch an ihrer Rückenfläche mit derselben verschmilzt und nicht bloss, wie es der gewöhnliche Fall ist, an der Basis mit ihr (der Grundachse) zusammenhängt. Die Knospe besteht auch hier aus einem fleischigen Scheidenblatte, dem Nährblatt, das im Grunde seiner engen breitgedrückten Röhre die ganz jungen Laubblätter umschliesst; die Stellung des Scheidenblattes ist die gewöhnliche, indem es mit seiner Vor-

derseite dem untersten Laubblatte (dem Mutterblatte der Zwiebel) zugekehrt ist. Die Oberfläche des fleischigen Scheidenblattes ist mit der Innenfläche des grundständigen Laubblattes, in dessen Achsel die Knospe steht, grösstentheils innig verschmolzen; nur da, wo die spaltförmige Mündung des Kanals des Scheidenblattes sich findet, an einer eiförmigen Fläche, die nach oben schmaler wird, ist die Verwachsung nicht eingetreten (Fig. 22, *h—i*). Diese Stelle ist mit einer glänzenden Epidermis, welche in die Epidermis, die den Kanal des Nährblattes auskleidet, so wie nach oben in die des Blüthenstengels übergeht, überzogen, und vermittelst dieser freien Stelle ist die Communication der Knospe nach aussen freigelassen. Man findet diese Stelle leicht, wenn man das grundständige Blatt von da an, wo es sich von der Basis des Blüthenstengels abbiegt, vorsichtig wegpräparirt, da sie grade unterhalb des Mittelnervs des letztern liegt.

3. Was nun die andere, etwas kleinere Zwiebel anlangt, so könnte man bei flüchtiger Ansicht eines Durchschnittes geneigt sein anzunehmen, sie würde auch nur von der Scheide des grundständigen Laubblattes eingeschlossen; aber abgesehen von der Ungewöhnlichkeit eines solchen Vorkommens, widerlegt eine etwas genauere Untersuchung jene Annahme. Das Häutchen, welches, wie erwähnt, die Scheide jenes Blattes über dieser Knospe bildet, ist nämlich, falls es überhaupt noch nicht zerstört ist, gar nicht mit derselben verwachsen, sondern schält sich leicht ab, und darunter findet sich erst eine derbere Haut, von welcher diese kleinere Knospe ebenso eingeschlossen wird, wie es bei der grösseren dargestellt wurde. Es fragt sich nun, ob diese Haut auch zu einem Blatte gehört, wie bei der grössern Zwiebel. Bekanntlich finden sich unterhalb des Blüthenstandes zwei grössere Blätter (*folia floralia* 2 *opposita Koch syn.*). Sie sind einander nicht streng gegenüber gestellt, sondern eines steht immer etwas tiefer, als das andere; das

tiefer stehende alternirt mit dem grundständigen Laubblatt, und ist also überhaupt das zweite Laubblatt. Die kleinere Knospe wird nun von diesem zweiten Blatte grade so eingeschlossen, wie die grössere von dem grundständigen Laubblatt, und bei jener wiederholen sich dieselben Verschmelzungen des Blattes mit seiner Achselknospe, und die Communication derselben nach aussen wird hier gleichfalls dadurch vermittelt, dass das zweite Blatt, während es mit seinen Seitentheilen ganz mit dem Blüthenstengel verschmolzen ist, unterhalb seines Mittelnervs an einer äusserst schmalen Stelle mit demselben nicht verwachsen ist. Dadurch wird ein äusserst enger, von der Epidermis der Innenfläche des zweiten Blattes an der bezeichneten Stelle und von der Epidermis des Blüthenstengels ausgekleideter Kanal gebildet (Fig. 22, *k* — *h*), der nach unten in die unverwachsene Stelle auf dem Gipfel des fleischigen Scheidenblattes der Knospe (*c*), wo sich die spaltförmige Oeffnung der Röhre dieses Scheidenblattes findet, übergeht, und sich oben an der Stelle, wo sich das Laubblatt mit seiner Lamina von dem Blüthenstengel abbiegt, nach aussen mündet. Da die Länge des Blüthenstengels an verschiedenen Exemplaren bis zur bezeichneten Stelle zwischen 1 bis 3 Zoll differirt, so ist auch die Länge dieses Kanals verschieden; die Breite beträgt höchstens eine halbe Linie. Er lässt sich bei einiger Vorsicht in seinem ganzen Verlaufe blosslegen; auch erkennt man ihn auf dünnen Querschnitten des Blüthenstengels als ein enges, von dem Rücken des Blattes nach dem Stengel zu zusammengedrücktes Löchelchen (Fig. 24, *a*), das um so enger wird, je tiefer am Stengel die Schnitte gemacht werden. An abblühenden Exemplaren bildet sich durch Auflockerung des Zellgewebes in der Mitte des Blüthenstengels oft eine Röhre, mit dieser ist jener ausserhalb des Centrums desselben gelegene Kanal nicht zu verwechseln. Dieser ist auf dem Durchschnitt von einer Schicht dicht an einander stehender Zellen begränzt, während bei jener centralen Röhre eine solche scharfe Begrenzung nicht Statt hat.

4. Ausser diesen beiden Knospen oder jungen Zwiebeln findet sich an blühenden Pflanzen noch sehr häufig, man könnte wohl sagen, regelmässig, eine dritte in der Achsel des dritten Laubblattes (des zweiten oder obern *folium florale*). Oft sitzt dieselbe sehr tief (Fig. 21, *d*) und wird dann von der trockenen Hülle (Fig. 20, *d*) mit eingeschlossen, zuweilen rückt sie jedoch höher am Blüthenstengel hinauf, ja zuweilen findet sie sich ganz hoch oben, dicht unter dem Blüthenstande. Danach richtet sich auch die Länge des Kanals, der sich auch unterhalb des Mittelnervs des dritten Blattes findet. Aeusserlich erscheint sie als eine rundliche Anschwellung, welche bald dicht am Stengel sitzt, bald kürzer oder länger gestielt ist (Fig. 40). Unter ihren Ansatzpunkt bemerkt man gewöhnlich den mit dem Stengel verschmolzenen Scheidenrand des zweiten Blattes. In ihrem innern Bau (Fig. 43) weicht diese Knospe durchaus von dem der beiden untern nicht ab, besonders ist die Bildung des Kanals, welcher die Communication der Knospe nach aussen ermöglicht, ganz dieselbe, wie bei der Knospe in der Achsel des zweiten Blattes. In ihrem Umfange ist sie weit kleiner. Zuweilen findet eine förmliche Umwendung derselben Statt, so dass die Spitze derselben, wo sich der Spalt des Scheidenblattes findet, nach unten, die eigentliche Basis aber nach oben gewendet ist (Fig. 41). Es versteht sich von selbst, dass damit eine entsprechende Verlängerung der Gefässbündel, welche den Zusammenhang zwischen der Knospe und der Stengelachse vermitteln, Statt finden muss*). Das dritte Blatt erleidet, so weit es die Bedeckung der Knospe bildet, sehr

*) Vergleichungen dieser Zwiebeln mit der Lage mancher Keimknospen liegen hier besonders nah; der von dem erwähnten Gefässbündel durchzogene Achsentheil entspricht dem Funiculus. (Endlicher u. Unger Bot. p. 281).

häufig eine eigenthümliche Umwandlung auf seiner Aussenfläche; es stellt nämlich einen grünlichgelben krustigen Ueberzug dar. Seltener ist dies der Fall bei den untern Zwiebeln.

5. Mit der Fruchtreife stirbt das grundständige Blatt und der Blüthenstengel ab. So hört der organische Zusammenhang der Zwiebel in der Achsel des dritten Blattes mit dem Stengel, so wie der Zusammenhang der beiden grundständigen Zwiebeln mit einander auf. An der stielartigen Spitze der grössern Zwiebel bleiben die vertrockneten Wurzelzasern stehen, die kleinere in der Achsel des zweiten Blattes entstandene Zwiebel hat bei dieser Art, wie auch bei *G. arvensis* und *minima,* keine Wurzelzasern. Die Scheiden des untersten und zweiten Blattes wandeln sich in die trockenen Hüllen ihrer Zwiebeln um. Bis gegen das Ende des Sommers erleiden die Zwiebeln keine weitere auffallende Veränderung. Untersucht man um diese Zeit die Knospe, welche in dem Nährblatt der grössern Zwiebel noch eingeschlossen wird, so erkennt man schon ziemlich alle Theile der spätern vollkommen ausgewachsenen Pflanze. Das unterste Laubblatt (Fig. 23, *b*) hat eine niedrige Scheide und umfasst noch ganz das zweite, welches gleichfalls eine um den Stengel herumgehende Scheide (Fig. 23, *c*) hat. Die Internodien zwischen den einzelnen Blättern sind noch nicht entwickelt. Die Wurzelzasern, aus der Achse der jungen Pflanze entspringend, durchbrechen die Basis des fleischigen Scheidenblattes, und die Laubblätter strecken sich, treten mit ihrer Spitze aus dem Kanal des fleischigen Scheidenblattes, dessen Inhalt nach und nach resorbirt wird, und durchbrechen die trockene Hülle. In den Achseln der beiden untern Laubblätter bilden sich auch bei dieser Art schon sehr früh die Knospen, die, von den Scheiden jener Laubblätter überzogen, an den beiden Seiten des fleischigen Scheidenblattes hervorbrechen (Fig. 25, *f. g*). Auch hier tritt das erste Blatt der Knospe, das künftige fleischige Scheidenblatt als ein

ringförmiger niedriger Wulst auf, aus dem das zweite Blatt (das erste Laubblatt), noch hervorsieht (Fig. 36). Aber schon in der frühsten Periode ist die Stellung der jungen Knospen zu der Achse, aus der sie entspringen, eine andere als bei den übrigen Arten, indem die Theile derselben nicht parallel mit der Achse verlaufen und sich nicht nach oben aufrichten, sondern mit derselben einen stumpfen Winkel bilden, so dass die vom Scheidenblatt gebildete Höhlung (der spätere Kanal) nicht nach oben, sondern mehr seitwärts, fast nach unten gerichtet ist (Fig. 30). Indem die untere Seite der Knospe stärker auswächst und sich mehr streckt, als die obere, wird der Kanal, welcher sich nach und nach über die jungen Laubblätter erhebt, allmählich nach oben gewendet und endlich fast senkrecht (Fig. 33 u. 35). Indem hierbei die jungen Zwiebeln sich immer mehr vergrössern, hängen sie endlich, wenn die Blüthezeit wieder herankommt, am Grunde der ganzen Pflanze, wie oben beschrieben wurde, herab.

6. So entwickelt sich aus der grössern Zwiebel eine neue, blühende Pflanze. Die zweite, etwas kleinere Zwiebel weicht, wenn sie, was häufig ist, gleich wie jene, im ersten Jahre zur Blüthe kommt, nicht ab. Wenn sie aber nicht zur Blüthe kommt, oder die Blüthen, ähnlich wie zuweilen bei *Tulipa,* ganz rudimentär bleiben, so entwickelt sich bloss das grundständige Laubblatt (Fig. 35, *b*) vollständig, das zweite (*c*) und dritte (*d*) ist zwar vorhanden, doch bleiben sie ganz klein und häutig. Aber es finden sich auch in ihren Achseln in der Regel Anlagen zu Zwiebeln, die indess häufig verkümmern, während die Zwiebel (*e'*) in der Achsel des untersten Laubblattes zur vollständigen Ausbildung kommt. Solche Exemplare gleichen den noch nicht blühbaren, aber doch mit einem beblätterten Stengel versehenen Zwiebeln von *Lilium bulbiferum,* indem sie wie diese eine kurze, mit Blättern besetzte Achse treiben, deren Internodien aber sich nicht strecken, wie es bei der erwähnten Lilienart der Fall ist. — Die dritte, ganz kleine

Zwiebel treibt in den ersten Jahren nur ein einzelnes Blatt, bis sie allmählich blühbar wird.

7. An einer blühenden Pflanze haben wir dem Bisherigen zu Folge zu unterscheiden:

1) Die Hülle, welche hervorgegangen ist aus der Scheide eines Laubblattes, das zur Achse der im vorigen Jahre blühenden Pflanze gehörte.

2) Die Achse der diesjährigen blühenden Pflanze; zu ihr gehört das ursprünglich fleischige, zur Blüthezeit fast ausgesogene Scheiden- (Nähr-) blatt, dann einige Laubblätter.

3) Die jungen Zwiebeln. Es sind ihrer gewöhnlich drei vorhanden, immer aber zwei. Sie stehen in den Achseln der drei untern Laubblätter. Die, welche in der Achsel des untersten Laubblattes steht, kommt normal im nächsten Jahre zur Blüthe, gewöhnlich auch die in der Achsel des zweiten. Die in der Achsel des dritten kommt im folgenden Jahre noch nicht zur Blüthe. Jede Zwiebel besteht aus einer kurzen Grundachse, an der sich zunächst ein fleischiges Scheidenblatt findet, von welchem ein oder mehrere noch kleine Laubblätter eingeschlossen werden*).

---

*) Die *synops. fl. germ. et helv.* charakterisirt die erste Section von *Gagea*, zu welcher *G. prat.* allein gehört, durch: *radix composita e bulbis 3 horizontalibus, nudis neque tunica communi inclusis; ex his 2 hornotini et aphylli sunt, tertius biennis vero folio unico cauleque florigero instructus est* —, die zweite Section durch *rad. comp. e bulbis 2 erectis, tunica communi inclusis, inter quos caulis prodit. Bulbus alter fibris radicalibus instructus est, alter accessorius, anno insequente florens, iis caret.* Die Unterschiede sind in diesen Diagnosen da gesucht worden, wo streng genommen keine vorhanden sind; denn bei den Pflanzen beider Sectionen sind in der That ganz dieselben Theile vorhanden; nur die Lage derselben ist eine andere. Die *tunica comm.* der Sect. II. entspricht in der Hauptsache dem *bulbus tertius biennis* der Sect. I; nackt sind die beiden jungen Zwiebeln bei *G. pratens.* deshalb, weil sie in

Nachdem nun versucht worden ist, die Bildung der Zwiebeln bei den vier Arten einzeln zu schildern, bleibt noch übrig darzuthun, was allen vieren gemeinsam ist, und worin sie von einander abweichen. Es wird sich danach der Werth der Verschiedenheit für die Systematik am besten ermessen lassen. Um die erste Frage, nach dem Gemeinsamen, zu beantworten, ist es nöthig, auch dem Blüthenstand einige Aufmerksamkeit zu schenken.

Am deutlichsten lässt sich derselbe bei *G. minima*, ehe die Blüthen aufgebrochen sind, erkennen. Nehmen wir den einfachsten Fall, der vorkommt, den nämlich, dass nur eine einzige Blüthe vorhanden ist, so finden wir, dass der Stiel derselben vor dem fünften Blatte — es ist schmal lanzettlich und hat ungefähr die Länge des Blüthenstiels — der ganzen Pflanze

---

Folge ihres eigenthümlichen Wachsthumes zur Zeit der Blüthe ihre Hülle (d. h. die krustig gewordene Basis des untersten Laubblattes, welches zur Grundachse der im verwichenen Jahre blühenden Pflanze gehörte,) und das Nährblatt, (welches zur Achse der diesjährigen blühenden Pflanze gehört) bereits durchbrochen haben. — Wenn es bei Sect. II. heisst: *bulb. alt. fibris radic. instructus est, alter acc. anno inseq. florens iis caret*, so ist dagegen zu bemerken einmal, dass die zur Blüthezeit noch frischen Wurzeln aus den jungen Zwiebeln überhaupt nicht, sondern aus der Achse der blühenden Pflanze entspringen; dann, dass gewöhnlich beide junge Zwiebeln im nächsten Jahre blühen, vorzugsweise aber die, unter (nicht aber aus) welcher die Wurzelzasern hervorbrechen. Der Blüthenstengel hat bei der Sect. I. ganz denselben Ursprung, wie bei der zweiten Sect. und nimmt dort wie hier dieselbe Stellung zu den jungen Zwiebeln ein. Blattlos im gewöhnlichen Sprachgebrauch (der aber sehr unrichtig ist, weil die jungen Zwiebeln der Hauptmasse nach aus Blattgebilden bestehen) sind übrigens die jungen Zwiebeln bei allen Arten, und deshalb bildet der *bulbus solidus caulem basi ambiens folium solitarium agens* in der Diagnose der Sect. III. keinen richtigen Gegensatz zu den *bulbis aphyllis* der Sect. I.; denn die entwickelten Laubblätter gehören bei allen Arten zur Achse der blühenden Pflanze, nicht zu den jungen Zwiebeln. Nur das Laubblatt, nicht die Zwiebel, umgibt in der Sect. III. mit seiner Scheide die Basis des Blüthenstengels.

(ich zähle: 1. das fleischige Scheiden- oder Nährblatt, 2. das unterste Laubblatt, in dessen Achsel die junge Hauptzwiebel steht, 3. das verkümmerte Blatt, 4. das erste sogenannte *folium florale*, 5. das zweite *fol. florale*) steht. Diese Blüthe ist eine terminale; denn ihr Stiel bildet die unmittelbare Fortsetzung des Blüthenstengels. An der Basis dieses Blüthenstiels, an der von dem fünften Blatte (Tab. IV. Fig. V, *A*) abgewendeten Seite, finden sich zwei andere, lineal-lanzettliche grüne Blättchen (Vorblätter); sie sind kleiner, als das fünfte und unter sich selbst ungleich: eines ist etwas grösser (ich will es das Blatt *a*1. nennen), als das andere (*a*2). Aus diesem einfachsten Falle lassen sich nun die complicirteren Fälle herleiten.

In der Achsel von *a*1. tritt nun die zweite Blüthe des Blüthenstandes hervor; sind ihrer drei, so steht die dritte in der Achsel von *a*2. In diesem Falle hat man demnach Blüthen zweier Ordnungen: einmal die erste terminale Blüthe, und dann die beiden andern in den Achseln von Bl. a1. und Bl. *a*2. Der Blüthenstiel in der Achsel von Bl. *a*1. (ich will ihn den Blüthenstiel *a*1. nennen) ist länger, als der in der Achsel von Bl. *a*2. (Blüthenstiel *a*2). An der Basis der Blüthenstiele zweiter Ordnung findet man nun wieder Bracteen (Bracteolen oder Vorblätter) und zwar an sehr kräftigen Exemplaren wieder je zwei an einem, und in der Achsel einer jeden Bractee wieder eine Blüthe, mithin vier Blüthen dritter Ordnung, so dass dann die Gesammtzahl aller in einem Blüthenstande auf sieben steigt. Die Stiele dieser vier Blüthen dritter Ordnung sind abermals von verschiedener Länge und zwar in folgendem Verhältnisse: der eine und zwar der längste Blüthenstiel vor *a*1, ist länger, als der längste vor *a*2; jener mag *α*1, dieser *α*2 heissen; der kürzere (*α*3) vor *a*1 ist etwas kürzer, als *α*2, aber länger als der kürzere vor *a*2. Diesen letzteren will ich *α*4 nennen. Die längst gestielte Blüthe blüht zuerst auf, die kürzeste zuletzt: also erst die terminale Blüthe, dann *a*1, *a*2, *α*1, *α*2, *α*3, *α*4. — Entwickelt sich *α*4 nicht, so ist der Blüthenstand 6blüthig, und schlägt *α*3 auch noch fehl, 5blüthig. Es ist für den letzten Fall festzuhalten, dass die beiden Blüthen dritter Ordnung, die dann noch übrig sind, nicht etwa zusammen zu einem Blüthenstiele zweiter Ordnung, sondern dass vielmehr dann die eine, die länger gestielte, zu *a*1 und die andere zu *a*2 gehört. Ist die Zahl der Blüthen auf vier gesunken, so ist dann noch *α*2 fehlgeschlagen. Die sterilen Bracteen bleiben oft, oft schlagen auch sie fehl; zuweilen sind auch nur Blüthenrudimente in ihren Achseln. Kurz, es treten hier sehr viele Abänderungen ein, die sich indess, wenn man das gesetzmässige Verhalten erkannt hat, leicht erklären lassen. Mehr als sieben Blüthen zählte ich übrigens nicht, sollten noch mehr vorkommen, so werden die hinzukommenden Blüthen vierter Ordnung sein. Nach der Bezeichnung Schimper's, wie ich dieselbe aus einer Abhandlung des Herrn Prof. Wydler, *Linnaea XVII. p.* 153 ff. kenne, wären die Fälle, wo drei und sieben Blüthen vorhanden sind, zu den Dichasien zu rechnen, welche in den Fällen, wo 4, 5 und 6 da sind, zu Schraubeln übergingen. Wenn die Blüthen sich erst geöffnet haben, dann lässt sich übrigens das Mitgetheilte kaum noch an dem Blüthenstande wieder erkennen*).

Auch bei *G. pratensis* steht die erste Blüthe vor dem fünften Blatte (nur selten und nur ausnahmsweise fand ich sie vor dem vierten, in dessen Achsel dann gewöhnlich sich keine Zwiebel entwickelt); jenes fünfte Blatt alternirt, wenn auch, besonders zur Blüthezeit, nicht ganz streng, mit dem vierten Blatt (dem obern *folio florali*); es ist schmal lanzettlich

*) Es rücken nämlich die Bracteolen an ihren Blüthenstielen in die Höhe; daher erscheint der Blüthenstand dieser Art ästig; bei *G. lutea* und *pratensis* ist dies nicht der Fall, daher ist der Blüthenstand mehr doldenartig. Bei *G. arvensis* kommen beide Modificationen vor.

und etwas kürzer, als der Stiel der ersten Blüthe. Bei dieser Art ist der Blüthenstand ziemlich armblüthig; es sind gewöhnlich nur zwei, wo dann oft schon die zweite Bractee zweiter Ordnung (= dem zweiten Vorblatt erster Ordnung) geschwunden ist, oder drei Blüthen vorhanden; fünf Blüthen sind schon selten. Die Zusammensetzung ist auch hier die, dass, wenn drei Blüthen da sind, eine die terminale, die andern zwei aber der zweiten Ordnung angehören; sind ihrer fünf, so gehören die zwei noch hinzutretenden der dritten Ordnung an.

Gagea lutea scheint sich in dieser Hinsicht von den beiden vorerwähnten Arten zu unterscheiden, indem es hier bei einer oberflächlichen Betrachtung den Anschein gewinnen könnte, als wenn die erste Blüthe vor dem dritten Blatt (dem untern *folio florali*) stände. Sieht man aber genauer zu, so findet man am Grunde des ersten Blüthenstieles ein äusserst kurzes, kaum eine halbe Linie langes, abgestutztes, ziemlich fleischiges (nicht häutiges) Schüppchen. Dieses entspricht ganz sicher dem fünften Blatte von *G. minima* und *pratensis*, indem es genau dieselbe Stellung, wie letzteres in diesen Arten, hat; zuweilen wächst dieses Schüppchen auch zu einem schmalen Blättchen aus. Also auch hier steht die erste Blüthe vor dem fünften Blattgebilde, das aber regelmässig anders gestaltet (*folium florale heteromorphum*) ist, als die ihnen zunächst voraufgehenden. Die Zahl der Blüthen steigt von eins bis höchstens sieben; im letztern Falle sind eine terminale Blüthe, und 2 Blüthen zweiter, 2 Blüthen dritter und 2 Blüthen vierter Ordnung zu unterscheiden *). Sämmtliche Bracteen sind in der Regel gleichfalls nur ganz kleine Schuppen; seltener wachsen auch sie, aber bloss vor den Blüthen zweiter Ordnung zu

*) Das Genauere will ich bei der Erklärung der Figuren von Tab. IV, wo ich einige Grundrisse der Blüthenstände von *Gagea* mitgetheilt habe, angeben.

kleinen lanzettlichen Blättchen aus. — *G. pusilla* fand ich im Blüthenstand mit *G. lutea* übereinstimmend.

Bei *Gagea arvensis* steht in normalen Fällen die erste Blüthe ebenfalls vor dem fünften Blatte; dieses ist hier das obere *folium florale*, welches sehr lang ist und den Blüthenstiel gewöhnlich überragt*). Der Blüthenstand ist wie der der vorigen Art gebildet, aber es sind die Bracteen hier blattartig und oft ziemlich lang; erst die zu Blüthen höherer Ordnungen gehörigen werden klein. Man zählt oft bis zu zehn Blüthen. Bei dieser Art kommen indess häufig Unregelmässigkeiten vor, durch welche das geschilderte Verhalten getrübt wird. Dahin zu rechnen ist das Auftreten von Zwiebeln im Blüthenstande, dann das Hervorbrechen eines, ja zweier dem Hauptblüthenstande gleichgebildeten, später als dieser sich entwickelnden Blüthenstände aus der Achsel des vierten Blattes, an denen gewöhnlich gleich vor dem untersten Blatte wieder die erste Blüthe steht; (auf solche Fälle scheinen die Diagnosen durch die *pedunc. ramosos* hinzudeuten; denn streng genommen sind die Blüthenstiele hier ebenso einfach, wie bei den andern Arten). Auch treten oft mehr Blätter unterhalb des Hauptblüthenstandes auf, wo dann die erste Blüthe desselben oberhalb des sechsten oder siebenten Blattes zu stehen kommt**). — Einblüthige Exemplare, die nicht gar selten vorkommen, haben gewöhnlich noch zwei ziemlich grosse Vorblätter, von denen das eine etwas höher am Blüthenstengel steht als das

*) Bei *Gagea arv.* ist das dritte Laubblatt weit breiter, als das erste und zweite, ebenso bei *G. minima*; bei *G. lutea* dagegen ist das erste breiter, als das zweite und dritte; ebenso, doch nicht so deutlich, ist es bei *G. pratensis*.

**) Auch in anderer Hinsicht findet man an dieser Art häufig Abnormitäten: die Zahl der Blüthenblätter wächst, mehrere Blüthen verschmelzen zu einer und was dergleichen mehr ist. — In der Achsel des vierten Blattes stehen statt eines Blüthenstandes oft, von einem Stiel getragen, traubig gehäufte *bulbi adventitii* (Tab. IV. Fig. 19).

andere; bei den andern Arten ist dies, wenn sie einblüthig werden, nicht so deutlich*).

Wir haben nun die Thatsachen gewonnen zur Beantwortung der Frage, welche Blätter ursprünglich bei den verschiedenen Arten eine und dieselbe Bedeutung haben. Das Nährblatt, das mit ihm alternirende unterste Laubblatt, in dessen Achseln die, wenn nicht einzige, wie bei *G. lutea* und *pusilla*, so doch grösste junge Zwiebel steht, und dann das fünfte, vor welchem in den normalen Fällen die erste Blüthe steht, so sehr verschieden es auch in den verschiedenen Arten gebildet ist, ergeben sich bald als bei allen Arten identisch. Ausser diesen kommen nun bei den untersuchten Arten noch zwei Blätter, das dritte und vierte in der Reihenfolge von unten nach oben, vor. Das dritte bringt bei *Gagea lutea* in seiner Achsel keine Zwiebel hervor, sondern bleibt steril und rückt hoch oben an den Stengel hinauf; bei *G. pratensis* bringt es in seiner Achsel eine Zwiebel; diese, den Ansatzpunkt des Blattes bezeichnend, steht ganz unten am Stengel; die freie Lamina biegt sich aber erst weit oben vom Stengel ab**); bei *G. minima* bleibt das dritte Blatt, indem es

---

*) *G. bohemica* und *saxatilis*, welche gewöhnlich, keineswegs ausschliesslich, einblüthig vorkommen, verhalten sich wie *G. arvensis*. Bei ihnen pflegen die *folia floralia* (das vierte und fünfte Bl. oder das 3. u. 4. Laubbl.) etwas von einander wegzurücken, wie es auch die beiden sterilen Bracteen (Vorblätter) thun. Es kommen also bei diesen Arten keineswegs neue Blattgebilde hinzu, die andern Arten fehlten, wie man aus der Diagnose (*G. boh. foliis caulinis alternis*, und *G. arvensis: foliis caulinis nullis*) schliessen könnte.

**) In den frühesten Zuständen ist zwischen den Ansatzpunkten des dritten Blattes bei *G. prat.* und *arv.* kaum ein Unterschied; aber dort streckt sich die Stelle des Stengels, wo die Scheide jenes Blattes mit ihm verwachsen ist, auffallend, und es rückt die Lamina desselben weit hinauf, wodurch der Anfangs ganz kurze Kanal unter dem Mittelnerv des Blattes so lang wird. Dieses Blatt bildet übrigens in seinen frühesten Stadien nicht solche Oehrchen, wie sie bei *G. arv.* beschrieben sind, sondern umschliesst mit seiner Scheide den Stengel. Man

in seiner Achsel eine Zwiebel bringt, ganz klein und steht tief unten am Stengel; eben so ist es bei *G. arvensis*, nur dass es hier vollkommen auswächst und bloss mit seinem untersten Seitenrande mit dem Stengel verwächst. Das vierte Blatt ist bei *G. lutea* das zweite Blatt dicht unter dem Blüthenstande, eben so bei *G. pratensis*, wo es aber gewöhnlich in seiner Achsel eine Zwiebel (die dritte) trägt; bei *G. arvensis* und *minima* ist es aber nicht das zweite, sondern das erste dicht unter dem Blüthenstande. Genau genommen beruht also in der Stellung — ob oben oder unten am Stengel — und der Bildung des dritten Blattes eine Hauptverschiedenheit der Arten.

Ausgehend von dem Factum, dass bei *G. lutea* das dritte Blatt dem Blüthenstengel, keineswegs der Grundachse angehört, halte ich es also für das allein Naturgemässe, dieses dritte Blatt auch bei den andern Arten als aus dem Blüthenstengel hervorgegangen zu betrachten; es ist hier bloss sehr tief an demselben hinabgerückt. Dafür spricht ausser dieser Analogie noch der Umstand, dass die aus der Grundachse hervortretenden Wurzelzasern immer nur auf der Seite stehen, wo das zweite Blatt (das erste Laubblatt) sich findet, und bei der Trennung der beiden untern Zwiebeln immer nur an der der grössern, welche aus der Achsel des letztgenannten Blattes hervorbricht, haften bleiben. Dass sich in der Achsel des dritten Blattes eine Zwiebel bildet, kann natürlich nicht als Beweis dafür angesehen werden, dass dieses Blatt noch zur Grundachse gehört; denn auch in der Achsel des vierten Blattes, das doch ganz bestimmt dem Stengel angehört, finden wir bei *G. pratens.* eine Zwiebel. Es könnte vielleicht Manchem ganz gleichgültig erscheinen, ob man das vierte Blatt zur

---

erkennt, wie bereits bemerkt wurde, den verwachsenen Rand dieser Scheide später noch an dem Blüthenstengel gewöhnlich dicht unter der dritten Zwiebel.

Grundachse oder zum Blüthenstengel rechnet; allein man wird anderer Meinung sein müssen, wenn man bedenkt, dass nur durch die Annahme, dass bloss ein Laubblatt an der Grundachse steht, sich *G. arvensis, minima* u. a. an alle andern dieser Gattung zunächst stehenden Liliaceen, die, so weit ich sie untersuchte, immer die Hauptknospe in der Achsel des obersten Blattes der Grundachse tragen, anschliessen; bei jeder andern Annahme würden sich die genannten Arten in dieser Hinsicht von denselben entfernen, was um so sonderbarer scheinen müsste, als doch *G. lutea* und *pusilla* sich in Bezug auf das Vorkommen der Hauptzwiebel ganz so wie die nahestehenden Gattungen, z. B. *Tulipa* und *Fritillaria**) verhalten.

*) In Koch's Synops. ist die Gattung *Gagea* von *Fritillaria* weggerückt; diese steht unter der *Tribus Tulipeae,* jene unter der *tr. Asphodeleae.* Gewiss sind beide Gattungen mit Unrecht in zwei verschiedene Abtheilungen gebracht worden. Sie haben in ihrem Blüthenstande sehr viel Uebereinstimmendes; denn auch bei *Fr. Meleagris* wird der Blüthenstengel durch eine Blüthe abgeschlossen, und in den Arten, wo mehrere Blüthen an einem Stengel vorkommen, ist der Blüthenstand ganz ähnlich, wie bei *Gagea* gebaut; nur bleibt eine Bracteole regelmässig steril. *Fr. imperialis,* die anscheinend in ihrem Blüthenstande von *Fr. Meleagris,* wo auch oft mehrere Blüthen auftreten, und von *pyrenaica* abweicht, ergiebt, in frühern Zuständen untersucht, sich als ganz nach demselben Typus gebaut, wie diese Arten, und die sogenannte *coma* der Kaiserkrone ist höchst wahrscheinlich weiter nichts, als ein Bündel von lauter sterilen Bracteolen, zwischen denen sich später die Achse gewöhnlich entwickelt. Auch bei *Lilium* findet sich, wie man in früheren Stadien sieht, derselbe Blüthenstand, wie bei *Fr. pyrenaica.* — Es lassen sich in Bezug auf die Blüthenstände die Liliaceen in solche mit einer terminalen Blüthe, wie *Gagea, Fritillaria, Tulipa* (die man mit den einblüthigen Gageen vergleichen kann) *Erythronium,* und in solche mit lateralen Blüthen, wie *Ornithogalum, Scilla, Hyacinthus* u. a. unterscheiden. — *Gagea* steht auch insofern nahe bei *Frit.*, als auch dort am Grunde der Perigonblätter Nectarien stehen. Keineswegs fehlen sie, wie manche Schriftsteller angeben. Sie zeigen bei den einzelnen Arten kleine Modificationen; so sind sie bei *G. lutea* ziemlich kreisförmig, bei *G. minima* verlängern sie sich nach oben in einen feinen Spalt. Wenn bei *G. lutea* die Samen zahlreich zur Entwicklung kommen, so sind sie auch etwas plattgedrückt; die Samenschale bei

Demnach unterscheide ich bei den Gagea-Arten: *A*) an der Grundachse: 1) ein Nährblatt, 2) ein Laubblatt, als Mutterblatt der Hauptzwiebel; *B*) an dem Blüthenstengel aber, welcher die Grundachse abschliesst (terminal ist), als drittes und viertes Blattgebilde zwei Laubblätter, welche bei einigen Arten in ihren Achseln Zwiebeln haben, bei andern nicht, und endlich das zunächst unter der ersten Blüthe stehende Blatt.

Es erhellt wohl zur Genüge, dass die Diagnosen der Arten in dieser Gattung, wenn sie dieselben wirklich charakterisiren und ihr Verhalten zu einander treu abspiegeln, nicht bloss Unterscheidungsmerkmale liefern sollen, eine gründliche Umgestaltung erleiden müssen.

Wenn man die Gagea-Arten nach dem Bau ihrer Zwiebeln mit einigen Allium-Arten vergleicht, so ist klar, dass bei jenen das Nährblatt nicht, wie bei *A. ursinum*, der blosse Scheidentheil eines Laubblattes, sondern ein ganzes Scheidenblatt ist; dass dem letzteren nicht, wie bei *A. Moly*, ein oder zwei dünnhäutige Scheidenblätter voraufgehen, sondern dass es vielmehr das erste Blattgebilde der Nebenachse ist, wie bei *A. vineale*, von dessen Zwiebel, so wie von der vieler andern Laucharten, sich die von *G.* wieder dadurch unterscheidet, dass dort erst auf das Nährblatt ein dünnhäutiges Scheidenblatt und darauf mehrere Laubblätter folgen, während hier gleich nach demselben das einzige Laubblatt der Grundachse auftritt. Die beiden Blätter der sogenannten Spatha bei den Alliumarten, die häufig mit einander verwachsen, möchten wohl dem ersten und zweiten Stengelblatte, die ich als das dritte und vierte bezeichnet habe, bei *Gagea* entsprechen. — Die Reihenfolge bei dem Oeffnen der Blüthen ist bei *A. ursinum*

---

dieser Art ist lichtbraun, wie das auch die *Synops. fl. g. et helv.* angiebt. Kurz, die Unterschiede, durch welche man die *Tulipeae* und *Asphodeleae* getrennt hat, sind sehr unzuverlässig.

und *A. Moly* dieselbe wie bei den Gagea-Arten*). Bei jenen beiden Arten blüht zuerst eine an der Peripherie des Blüthenstandes stehende Blüthe auf; bei andern Arten, z. B. *A. Schoenoprasum* und *A. rotundum*, bei welchem letztern die Bracteen an der Basis der Blüthenstiele besonders deutlich sind, öffnet sich zuerst eine mehr im Centrum der Inflorescenz stehende Blume.

Nebenzwiebeln in tiefern Blattachseln stehend, als die Hauptzwiebel, können natürlich bei *Gagea* nicht vorkommen, da es an solchen Blattachseln fehlt, es müsste denn, was nicht geschieht, gleich in der Achsel des Nährblattes eine solche Zwiebel auftreten; dagegen treten sie in manchen Arten regelmässig, z. B. bei *G. pratensis*, in höhern Blattachseln (aber regelmässig ohne alle Beizwiebeln) auf, als die Hauptzwiebel, wo sie wieder bei *Allium* fehlen. Man könnte die Nebenzwiebeln auch mit den Zwiebeln in den Achseln der Stengelblätter mancher Lilienarten in Vergleich stellen, hier aber finden sich die Zwiebeln meist erst hoch oben am Stengel, und die Mutterblätter, weil sie keine Scheide bilden, werden nicht, wie bei *Gagea*, zur Hülle der in ihrer Achsel gebildeten Zwiebeln. *Bulbi adventitii* treten, wie erwähnt, bei manchen Gagea-Arten häufiger, als bei andern auf; bei *G. arvensis* sind sie eine ganz gewöhnliche Erscheinung, bei *G. prat.* dagegen selten. Das ist auch so bei verschiedenen Allium-Arten.

TULIPA GESNERIANA *L.*

Wenn man eine blühbare Zwiebel gegen Ende des Herbstes untersucht, so zeigt sich Folgendes. Sie ist gewöhnlich von einigen ganz dünnen braunen Häuten umschlossen; nach

---

*) Auch Herr Prof. Wydler zählt in der angeführten Abhandlung p. 188 unter den Monokotyledonen mit vorwaltendem Schraubeltypus die Gattung *Allium* mit auf.

Wegnahme derselben erscheint der ganz vertrocknete braune Stumpf des an seinem Grunde mit vertrockneten Wurzelzasern versehenen Blüthenstengels (Tab. V. Fig. 1, *a*) vom vorigen Frühjahre. Zwischen ihm und der frischen Zwiebel findet sich noch eine dünne vertrocknete braune Hülle (*b*), welche an ihrem Grunde so wie am obern Rande häufig zerrissen ist. Dieselbe ist auf ihrer Innenseite, besonders unten am Grunde, wo sie mit der Basis des trockenen Blüthenstengels zusammenhängt, mit zahlreichen, langen und glänzenden Haaren besetzt.

Am Grunde der frischen Zwiebel, an der von dem alten Blüthenstengel abgewendeten Seite zeigen sich in einem Halbkreise, (nicht wie bei den meisten Allium-Arten, wo die Wurzelzasern ringsherum in der Peripherie eines Kreises an der Zwiebel entspringen,) der nach dem letztgenannten Theile (Fig. 3, *a*) zu offen ist, die ersten Anfänge der Wurzelzasern (Fig. 3, *c*) in Form niedriger Anschwellungen.

Die frische Zwiebel wird gewöhnlich durch vier (Fig. 4, *c. d. e. f*), seltener fünf fleischige Scheidenblätter mit ziemlich enger Mündung gebildet. Sie stehen spiralig. Je weiter nach innen zu, desto kürzer werden sie. In der Achsel des innersten (*f*), welches die Basis des Blüthenstengels (*g*) umschliesst, steht die noch ziemlich kleine neue Hauptzwiebel ((Fig. 4, *h*. Fig. 7 u. 8, *h*), deren äusserstes Blatt mit der Rückseite vor dem Blüthenstengel steht. — Auf einem senkrechten Durchschnitt durch sämmtliche Theile der Zwiebel ersieht man, dass die jungen Wurzeln (Fig. 4, *i*) auf derselben Seite sich bilden, wo die junge Hauptzwiebel steht, und dass letztere an der Seite des frischen Blüthenstengels sich findet, die von dem vertrockneten Blüthenstengel (*a*) des verwichenen Frühlings weggewendet ist. Es stehen also die verschiedenen Jahrgänge ebenso wie bei *Gagea lutea* hinter einander. Die Wurzelentwicklung ist insofern eigenthümlich, als sich der Theil (das

Internodium) der Grundachse zwischen dem bereits vertrockneten, auf der Innenseite behaarten (*b*) und dem ersten noch frischen Scheidenblatte (*c*) einseitig unter der Stelle, wo die junge Hauptzwiebel steht, vordrängt, und dass aus dem Innern dieses Achsentheils die zahlreichen Wurzelzasern (*i*) hervorbrechen, ohne also die frischen Scheidenblätter zu durchbohren.

Indem die Wurzelzasern sich mehr und mehr verlängern, wird auch der Inhalt der fleischigen Scheidenblätter und zwar zunächst auf deren Innenseite resorbirt; der Blüthenstengel*) wächst mehr aus, so auch die junge Hauptzwiebel, und zur Zeit der Blüthe, im Frühjahr, ist letztere schon verhältnissmässig gross (Fig. 9, *h*). Untersucht man sie dann, so erkennt man, dass das äussere Blatt (Vorblatt) auf der Innenseite schon mit deutlichen, circa 1 Linie langen, durchsichtigen, ungegliederten Haaren — vorzugsweise da, wo dasselbe gegen den Blüthenstengel zwei Ecken (wie die Vorblätter der Gräser u. a. Pfl.) bildet, und am Grunde — besetzt ist. Dieses Vorblatt (Fig. 10, *b*) ist ziemlich dünnwandig, und bald nach der Blüthezeit, wo sich die innern Scheidenblätter immer mehr vergrössern und fleischiger werden, vertrocknet es allmählich und wird, wie die zur Grundachse des nun gleichfalls vertrocknenden Blüthenstengels gehörenden Scheidenblätter, zu einer dünnen Haut. Ausser der Hauptzwiebel finden sich noch Nebenzwiebeln, (deren Vorblatt gleichfalls auf der Innenfläche behaart ist,) in den Achseln des Vorblattes und der fleischigen Scheidenblätter, oft auch noch Beizwiebeln. Die Zwiebel in der Achsel des vorletzten Scheidenblattes gelangt häufig mit der Hauptzwiebel in demselben Jahre zur Blüthe; die andern erst später.

---

*) Die beiden untern Laubblätter an demselben möchten wohl den beiden untersten *foliis floralibus* bei *Gagea lutea* entsprechen; das eine, oder die zwei obern den Bracteen.

An der niedrigen, ziemlich breiten Grundachse finden wir also gewöhnlich fünf Scheidenblätter; das unterste vertrocknet bald, die innern dienen als Nahrungsbehälter. Von der Zwiebel der meisten Allium-Arten und der Gattung *Gagea* unterscheidet sich demnach die Tulpenzwiebel dadurch, dass an der Grundachse nur Scheiden-, keine Laubblätter auftreten; mit der mancher Allium-Arten, z. B. *A. Scorodoprasum,* stimmt sie darin überein, dass das äusserste Blatt (Vorblatt) bald vertrocknet, aber ein solches dünnhäutiges Scheidenblatt, wie bei diesen Arten nach dem Nährblatte folgt, findet sich bei der Tulpe nicht.

Mit *Tulipa Gesneriana* stimmt im Wesentlichen *T. praecox* (*Duc van Toll*) überein.

TULIPA SILVESTRIS *L.*

Diese Art hat in Bezug auf die Zwiebelbildung grosse Aehnlichkeit mit *T. Gesneriana*; doch ist dort die Zwiebel kleiner, und die Stelle, aus welcher die Wurzelzasern hervortreten, ist nicht so halbkreisförmig, sondern mehr rund und tritt dabei mehr in Form eines kurzen Kegels nach unten hervor. Die Zwiebel ist von den häutigen, trockenen Schalen oft mehrerer Jahrgänge, wie man das an den zwei bis drei alten trockenen Blüthenstengelresten erkennt, umgeben. Das trockene Vorblatt ist gleichfalls auf seiner Innenfläche, wenn schon oft weniger auffallend, mit Haaren besetzt. Die Zahl der frischen Scheidenblätter, welche auch sehr bald ausgesogen werden, indem sie meist schon zur Blüthezeit ganz dünn sind, während dann die junge Zwiebel schon sehr ausgebildet ist, ohne dass indess schon die Blüthe für das nächste Jahr in ihrem Innern erkannt werden könnte, ist sehr gering; gewöhnlich findet man nur eines oder zwei. Bei *T. Gesneriana* mag die Vermehzung der Scheidenblätter auch wohl durch die Kultur herbeigeführt werden. Stengelblätter finden sich in der Regel zwei oder drei bei *T. silvestris*.

Bietet demnach bei *T. silv.* in vielen Beziehungen der Bau der blühbaren Zwiebel wenig Eigenthümliches, so ist dies doch der Fall bei den nicht blühbaren Zwiebeln, an welchen man häufig sogenannte Ausläufer findet. So weit meine Beobachtungen reichen, treten diese nur an solchen Zwiebeln auf, welche erst ein einziges Laubblatt haben; an blühenden Pflanzen oder an solchen, die zwei von einer deutlichen Stengelachse getragene Blätter besitzen, nahm ich sie nicht wahr. Bei Pflanzen von letzterer Beschaffenheit findet man regelmässig in dem zusammengerollten Grunde des obersten Laubblattes auch die verkümmerte, ganz klein gebliebene Blüthe.

Eine mit einem einzigen Laubblatt versehene Zwiebel hat nun bei unserer Art folgende Zusammensetzung. Nach Wegnahme von einer oder mehreren trockenen Häuten, von denen die innerste gleichfalls auf der Innenseite mit Haaren besetzt ist, findet man ein einziges frisches fleischiges Scheidenblatt (Tab. V. Fig. 12, *a*), aus dessen enger Mündung der ziemlich drehrunde Stiel (*b*) des einzelnen Laubblattes heraustritt. An dem Grunde dieses Scheidenblattes tritt der Ausläufer (*d*), dasselbe durchbohrend, als ein in seinem Verlauf gleich stark bleibender, ungefähr eine Linie im Durchmesser haltender — daher mit den weit dünnern, auch an einer andern Stelle hervorbrechenden Wurzelzasern nicht zu verwechselnder — mehrere Zoll langer, runder Körper hervor. Auf seiner Aussenfläche ist er glatt, seine Spitze endet plötzlich kegelförmig. Entfernt man, ohne den Ausläufer zu verletzen, das von ihm durchbohrte fleischige Scheidenblatt, in dessen Achsel man eine grosse Knospe (sie besteht aus einem Vorblatt, das bald abtrocknet, aus einem fleischigen Scheidenblatt und dem Rudimente eines Laubblattes) findet (Fig. 13, *a'*), so erkennt man, dass der Ausläufer (*d*) mit dem Laubblatte (*b*) selbst in der innigsten Verbindung steht, indem seine Epidermis unmittelbar in die der Aussenseite des Blattes übergeht.

Durchschneidet man den Ausläufer senkrecht, so erkennt man auf dem hierdurch gewonnenen Durchschnitte ein enges, rundes Loch, und spaltet man ihn der Länge nach von oben nach unten in zwei Hälften (Fig. 14, *d*), so gewahrt man, dass er von einem, nicht streng im Centrum, sondern mehr der Oberseite des Ausläufers zu gelegenen, engen Kanal, der nach unten blind endet, durchzogen ist. In dem blinden Ende (Fig. 15) findet sich, dasselbe ganz ausfüllend, eine zarte, 1—2‴ lange walzenförmige Knospe (*e*), auf die ich später zurückkomme.

Es fragt sich nun, wie sich dieser Ausläufer zu dem Laubblatte verhält. Bei genauer Untersuchung ergiebt sich, dass er nicht etwa von dem durch den Mittelnerv charakterisirten Rücken des Laubblattes — es macht dasselbe oft verschiedene Drehungen, daher ist das Verhältniss nicht gleich deutlich —, sondern von der vordern oder Scheidenseite desselben seinen Ursprung nimmt, und dass der Kanal, welcher besonders über der kleinen Knospe mit zarten Härchen ausgekleidet ist, im Innern des Ausläufers unmittelbar sich in den Kanal (Fig. 12, *c*) fortsetzt, der durch den stielartigen Grundtheil des Blattes, dessen Ränder hier eng zusammengerollt und verwachsen sind, hindurch geht. Der Kanal im Innern dieses Blattstiels wird zwar oft ganz eng, indem sich die Rück- und Vorderseite des Blattes dicht aneinander legen, aber er fehlt nicht ganz, wie man bei oberflächlicher Ansicht glauben könnte, und mündet frei nach aussen. So steht also auch hier die Knospe in der Spitze des Ausläufers nicht in einer organisch verschlossenen Höhlung, sondern es ist ihr die Communication nach aussen freigelassen. Die untere, stärkere Wand des Ausläufers wird offenbar mit durch einen langvorgezogenen Achsentheil gebildet, indem das Knöspchen auf diesem hinauswächst; man erkennt dieses an einem zarten Gefässbündel, welches aus der Grundachse der Zwiebel an der bezeichneten Stelle in den Ausläufer übergeht und sich in die ganz kurze Achse des Knöspchens fortsetzt. Dieser Ausläufer ist also den Ausläufern bei andern Pflanzen, z. B. bei der Erdbeere, nicht gleichzusetzen; bei dieser wird er allein durch einen Achsentheil gebildet, bei *T. silvestris* dagegen wird er durch eine äusserst enge Aussackung oder Ausstülpung der Blattsubstanz, und zwar an der Vorderseite des Blattes, an der aber auch die Achse, aus der dieses Blatt entspringt, sich betheiligt, indem sie sich fadenförmig verlängert, dargestellt.

Dass das erste Blatt des Knöspchens mit dem Laubblatte alterniren werde, lässt sich aus dem Bisherigen schon schliessen. Dies wird auch durch die ersten Zustände des Ausläufers, ehe derselbe das fleischige Scheidenblatt durchbohrt hat, deutlich und erhält noch durch Folgendes seine Bestätigung. Man findet, und wohl kaum seltner als diese Ausläuferbildung, dass sich in dem Grunde der Scheide des einzelnen Laubblattes die Knospe sofort ausgebildet hat (Fig. 20). Sie ist dann, während die Knospe in der Achsel des fleischigen Scheidenblattes entweder ganz fehlt, oder doch sehr viel kleiner ist, als in dem Falle, wo sich der Ausläufer gebildet hat, verhältnissmässig gross. Das erste Scheidenblatt dieser Knospe (Fig. 21, *e*) alternirt, wenn schon nicht ganz streng, da die Blattgebilde mehr spiralig stehen, mit dem Laubblatte (*b*) und schliesst in seinem Grunde das zarte Rudiment eines Blattes (*f*) ein. Diese Knospe ist also hier unmittelbar in der Scheide des Laubblattes gebildet und nicht aus derselben durch einen Ausläufer hinausgerückt worden; die Identität derselben mit der Knospe in der Spitze des Ausläufers giebt sich noch kund durch einen kleinen Fortsatz (*g*) aussen am Grunde der Scheidenseite des Laubblattes, der offenbar die erste Andeutung zur Bildung des Ausläufers ist und der äussersten Spitze desselben entspricht. Diese Knospe und auch die in der Spitze des Ausläufers ist also die terminale Knospe der noch nicht blühbaren Zwiebel, und bei den blühenden Pflanzen, wo der Blüthenstengel, an dem die Laubblätter stehen, die Fortsetzung der Grundachse bildet, kann sich natürlich keine terminale Zwiebel, weder sitzend noch von einem Ausläufer getragen, entwickeln.

Die Knospe in der Spitze des Ausläufers, welcher oft spannenlang wird, (schon gegen Ende des Februar in milden Jahren findet man ihn in einer Länge von 2 — 3″), ist, wie angegeben, ursprünglich walzenförmig, und die Spitze des Ausläufers ist daher ursprünglich auch nicht stärker, als dessen andere Stellen. Bald aber schwillt die Knospe an und wird eiförmig (so ist es schon Anfangs Mai) und dehnt die Spitze des Ausläufers angemessen aus, so dass dieselbe keulenförmig (Fig. 17) erscheint, während er in seinem übrigen Verlauf die ursprüngliche Dimension behält und allmählich abstirbt; der Ausläufer bedeckt sich auf seiner Aussenfläche an dieser angeschwollenen Stelle mit dicht gestellten, ganz niedrigen, dem unbewaffneten Auge kaum sichtbaren, durchscheinenden Papillen, welche wohl zur Ernährung der jungen Knospe dienen mögen (Fig. 18 u. 19, *a*). Das äusserste Ende (*g*) des Ausläufers wächst auch etwas stärker aus, so dass nun die Knospe oder Zwiebel zuletzt ganz die gewöhnliche Gestalt bekommt. Ihre äussere Hülle wird also von dem ausgedehnten Kanal (*d*) gebildet; auf diese Hülle folgt ein fleischiges Scheidenblatt (*e*), und dieses schliesst in seinem Grunde ein noch ganz kleines Blatt (*f*) ein. Man ersieht daraus, dass die Zusammensetzung der Zwiebel sich ganz gleich bleibt, mag sie in der unveränderten Scheide des Laubblattes sitzen bleiben oder sich in dem Ausläufer bilden. Auch die fernere Entwicklung ist in beiden Fällen gleich. Im Mai haben die Zwiebeln ihre Reife erlangt; gegen den Herbst beginnen sie aufs neue die Vegetation (Fig. 19, *b* u. *c*).

Dann bildet sich das im Grunde des fleischigen Scheidenblattes befindliche Blattgebilde wieder zu einem Laubblatte (*f*) aus, und in der Achsel des fleischigen Scheidenblattes (*i*), so wie in der Scheide des Laubblattes (*k*) bilden sich wieder Knospen; an der letztgenannten Stelle entweder eine sitzende Knospe oder ein Ausläufer. Aus der kurzen Grundachse treibt ein Büschel von Wurzeln hervor. Es scheint, dass solche Zwiebeln oft viele Jahre hindurch diese Bildung wiederholen, ohne zur Blüthe zu gelangen; denn man trifft in Grasgärten zuweilen grosse Rasen von solchen Zwiebeln mit einem einzelnen Laubblatte an und dazwischen keine einzige oder nur sehr wenige, die zur Blüthe kommen.

Was Dauer und Zusammensetzung betrifft, so möchte die Zwiebel von ***Erythronium Dens-canis L.*** der der Tulpen nicht gar fern stehen. So viel Mühe ich mir gab, mir frische Exemplare dieser Pflanze zu verschaffen, so ist mir das doch nicht gelungen. Es sind, wenn ich mich bei der Untersuchung einer trockenen, gepressten Pflanze nicht irrte, nur wenige, circa 3 Scheidenblätter vorhanden, von denen die innern, den Blüthenstengel zunächst umgebenden niedriger sind, als das äussere. Das erste Blatt der jungen Hauptzwiebel ist zur Blüthezeit ziemlich gross und fleischig. Es scheint mit seiner Rückseite der Basis des Blüthenstengels in ähnlicher Weise, wie bei ***Gagea lutea***, anzuwachsen.

FRITILLARIA IMPERIALIS *L.*

Die bekanntlich sehr starke, etwas breit gedrückte Zwiebel dieser Pflanze hat zur Blüthezeit (Tab. VI. Fig. 8, 9) an ihrem Grunde starke, meist verästelte Wurzelzasern. Die nicht zahlreichen breiten Schuppenblätter, welche die Zwiebel bilden, sind sehr fleischig und saftig. Sie sind in ihren untern Theilen (Fig. 10, *b*) mehr oder weniger mit einander verwachsen; eine gänzliche Verschmelzung aller zu einem Körper findet aber nicht statt. Der obere freie Rand dieser Schuppenblätter ist im Gegensatz zu der untern fleischigen Partie ursprünglich sehr dünnhäutig. Dieser dünnhäutige Rand verwest aber bald und hinterlässt so eine Narbe. In der Achsel des obersten Schuppenblattes vor dem Blüthenstengel steht die junge Hauptzwiebel (*c*). Sie wird von 5 — 7 noch unverwachsenen Schuppenblättern gebildet. Das erste derselben ist an seiner dem Blüthenstengel zugewendeten Rückseite ziemlich flach und zweikantig (Vorblatt; Fig. 2, *a*. Fig. 3).

Im Herbste findet man im Centrum der Zwiebel gewöhnlich noch einen kurzen trockenen Stumpf des Blüthenstengels vom letztverwichenen Frühlinge (Fig. 1, *a*); er lässt sich leicht ausziehen, und häufig bleibt dann ein Theil der Grundachse an ihm hängen, so dass dann die Zwiebel durchbohrt erscheint. Dagegen stehen die Schuppenblätter der ältern Zwiebel, die mit dem alten Blüthenstengel zu einer Achse gehörten, mit der von ihnen umschlossenen jungen Zwiebel noch in organischem Zusammenhange. Aus der Grundachse dieser jungen Zwiebel (Fig. 4, *c*) entspringen um diese Zeit frische Wurzelzasern (*d*), sie durchbohren die Schuppenblätter (*b*) der ältern Zwiebel und treten rings aus deren untern Hälfte (Fig. 1) hervor. Die Wurzelzasern vom verwichenen Frühjahr, welche mit dem verdorrten Blüthenstengel zu einer Grundachse gehörten, sind gänzlich abgestorben. Die junge Zwiebel (Fig. 1 *c* u. Fig. 2) enthält zur Herbstzeit schon alle Theile der im nächsten Frühjahre blühenden Pflanze: die Schuppenblätter ihrer Grundachse sind schon stärker geworden; sie schliessen in ihrer Mitte den an seiner Basis blattlosen, weiter oben aber mit Blättern und Blüthenknospen reichlich besetzten, noch ganz kurzen und dicken Blüthenstengel (Fig. 6, *a*) ein. Bereits ist auch in der Achsel, den das oberste Schuppenblatt der Grundachse mit dem letztern bildet, das Knöspchen (*a*) der Hauptzwiebel, welche in dem zweitfolgenden Frühlinge zur Blüthe gelangen wird, sichtbar; auch in der Achsel, welche das vorletzte Blatt mit dem Blüthenstengel bildet, findet sich oft eine Knospe. Sie bringt zuweilen zu gleicher Zeit mit der Hauptknospe Blüthen, so dass zwei Blüthenstengel an einer Pflanze vereinigt sind. Oft aber bedarf sie mehrerer Jahre, ehe sie blühbar wird, und sie wird dann natürlich, da die Grundachse, welche die beiden Knospen ursprünglich vereinigte, bald aufgelöst ist, von der Hauptknospe ganz getrennt.

Die Zusammensetzung der ganzen Zwiebel lässt sich am besten kurz vor der Blüthezeit, zu Ende des Märzes, erkennen. Es sind dann die fleischigen Schalen, die zu der Grundachse des vorjährigen Blüthenstengels gehören, noch vorhanden, und die Theile an der Grundachse des diesjährigen Blüthenstengels sind folgende: das ziemlich fleischige Vorblatt (Fig. 7, *b*), ein mit ihm alternirendes, gleichfalls ziemlich fleischiges zweites Schuppenblatt (*c*); dann kommen circa 6 durchweg dünnhäutige niedrige Schuppenblätter (*d*). Alle diese Blattgebilde, die nicht mit einander verwachsen sind, verwesen nach der Blüthezeit fast gänzlich. Auf sie folgen 4 — 6 Blätter (*e*), deren Basilartheil, wie oben angegeben wurde, sehr fleischig ist, während der obere Theil, die Lamina, ganz dünnhäutig und dabei weiss ist. Dieser Laminartheil ist an den äussern am kürzesten, an den innersten am längsten, oft 4—5 Zoll messend. Die Basilartheile sind schon mit einander verwachsen, am wenigsten noch die innersten. Nach der Blüthezeit verwesen die Laminartheile sehr schnell und veranlassen so die Narben an dem Oberrande der bleibenden Basilartheile.

Bei der raschen Entwicklung der Kaiserkrone im Frühling werden auch die in den Schuppenblättern der ältern Zwiebel aufgespeicherten Nahrungsstoffe schnell verbraucht, und bei der äusserst zarten Beschaffenheit, welche die Oberhaut jener Schuppenblätter hat, verschwinden sie gleich nach der

Blüthezeit gänzlich und bilden keineswegs, wie viele andere Zwiebeln, eine trockene Schale. — Während und gleich nach der Blüthe wachsen die Schuppenblätter der nun blühenden Zwiebel völlig aus, und so ist, indem auch die Knospe am Grunde des Blüthenstengels grösser wird, die Zwiebel wieder in demselben Zustande, wie ich sie im Anfange beschrieben habe.

FRITILLARIA MELEAGRIS *L.*

Die reife Zwiebel dieser Art, wie sie während des Ruhezustandes im Sommer beschaffen ist, besteht aus zwei fleischigen, niedrigen, aber verhältnissmässig ziemlich breiten Schuppenblättern (Tab. VI. Fig. 11 u. 12); es ist zu dieser Zeit nicht zu unterscheiden, welches von ihnen das äussere, welches das innere sei, indem sie sich mit ihren dicken Seitenrändern gegenseitig nur berühren, ohne dass die Ränder des einen über die des andern hinübergriffen. Auch findet keine Verschmelzung derselben an den Seitenrändern statt, sondern sie lassen sich, da auch ihr Zusammenhang mit der sehr niedrigen Grundachse ein ganz geringer ist, sehr leicht von einander trennen. Das eine derselben (*a*) hat übrigens einen grössern Umfang, als das andere (*b*). In der Höhlung, welche sie zusammen in der Mitte der Zwiebel bilden, findet man den vertrockneten Rest des Blüthenstengels (*c*) vom letzten Frühjahre und neben diesem gewöhnlich zwei junge Zwiebeln von unter sich ziemlich gleichen Dimensionen, seltener nur eine.

Aus der Grundachse der jungen Zwiebel brechen im Herbste die zahlreichen, meist einfachen, mit Härchen besetzten, fadenförmigen Wurzelzasern hervor; sie durchbohren die Basis der beiden fleischigen Schuppenblätter der ältern Zwiebeln oder treten durch die von den Seitenrändern derselben gebildeten Spalten heraus. Beide junge Zwiebeln pflegen im nächsten Frühling zur Blüthe zu kommen (Fig. 13). Was die

Zusammensetzung derselben zur Blüthezeit betrifft, so ist Folgendes zu bemerken.

An der Grundachse derselben zählt man vier bis fünf Schuppenblätter. Das äusserste (Fig. 15, *d*) oder unterste, mit dem Rücken gegen den vertrockneten Rest des vorjährigen Blüthenstengels (*c*) gewendet, hat zwei nur wenig hervortretende Kiele, manchmal hat es eine schmale kurze Lamina; das zweite (*e*), (und wenn fünf Blätter an der Grundachse stehen, auch das dritte (*f*)) ist ziemlich kurz und häutig. Die beiden innersten (*g. h*) — also das dritte und vierte, oder vierte und fünfte — sind dagegen weit länger, und der Ansatz zu einer Lamina ist bei ihnen weit deutlicher, als bei der Kaiserkrone, indem sie in eine oft ziemlich lange und grüngefärbte Spitze auslaufen. Dies ist besonders dann der Fall, wenn man die Zwiebeln, um sie in Töpfen zu treiben, nicht tief eingelegt hat; stehen sie tiefer im Boden, so gleichen sie mehr denen der Kaiserkrone. Der untere Theil dieser beiden Blätter ist sehr dick und fleischig. — Seltner finden sich drei oder vier Blätter mit fleischiger Basis. Alle sind dann unverwachsen und die beiden innern immer die grössern.

In der Achsel des vorletzten Schuppenblattes fand ich zur Blüthezeit keine Knospe, dagegen in der des obersten oft zwei (Fig. 16, *l. l*); keine von beiden stand aber streng vor der Mittellinie dieses Blattes, sondern links und rechts von derselben, unter den Seitenrändern des Blattes. Auch wenn nur eine Knospe da war, so stand sie unter dem einen Rande des Blattes, nicht mitten vor ihm. Ich wage es nicht zu entscheiden, ob sich die Hauptknospe gar nicht entwickelt und statt derselben zwei (oder eine) seitliche Beiknospen sich ausbilden; oder ob die eine von den beiden Knospen eigentlich in die Achsel des vorletzten Blattes gehört und nur durch ein eigenthümliches Wachsthum des obersten Blattes unter einen Seitenrand desselben zu stehen kommt, wobei auch die Hauptknospe aus der gewöhnlichen Stellung herausgetreten wäre; letzteres hat die meiste Wahrscheinlichkeit für sich. Die jungen Knospen haben übrigens zu dem Blüthenstengel das gewöhnliche Stellungsverhältniss, indem das erste Blatt ihm mit dem Rücken zugewendet ist.

Nach der Blüthe vergehen allmählich die beiden Schuppenblätter der ältern Zwiebel, die im Ganzen der Verwesung länger widersteht, als bei ***Fritillaria imperialis.*** Auch die äussern (2 oder 3) Schuppenblätter der jungen Zwiebel (Fig. 15, *d. e. f*) verwesen; nur die beiden innern (*g. h*) dauern mit ihrer fleischigen Basis aus, während der obere Theil, die Andeutung einer Lamina, gleichfalls abstirbt. Aus dem vorletzten Blatte bildet sich das grössere Nährblatt.

Der hauptsächlichste Unterschied dieser Art und der Kaiserkrone dürfte also darin bestehen, dass bei jener in der Regel nur zwei, bei dieser sich aber mehrere Blätter zu Nährblättern ausbilden, welche bei dieser Art theilweise mit einander verschmelzen, bei jener nicht. Die Fritillarienzwiebel unterscheidet sich aber, abgesehen von minder wichtigen Punkten, vorzugsweise durch Folgendes von der Zwiebel bei ***Tulipa, Gagea*** und den meisten Allium-Arten. Bei ***Fritill.*** überdauern von den Blättern, welche mit dem Blüthenstengel zu einer Grundachse gehören, wenigstens einige diesen letztern, indem sie zu Nährblättern werden, und erst mit der Ausbildung des nächstfolgenden Blüthenstengels (und der zu seiner Grundachse gehörigen Zwiebel) werden sie ausgesogen; aber bei den letztgenannten Gattungen gehen die Nährblätter zugleich mit dem Blüthenstengel, welcher mit ihnen zu einer Achse gehört, zu Grunde und noch früher als derselbe. Daher kommt es denn, dass im Herbste bei ***Fritillaria*** der trockene Blüthenstengel vom verwichenen Frühlinge noch von einer fleischigen Zwiebel umgeben wird, während derselbe Theil bei ***Tulipa, Gagea*** und den meisten Allium-Arten dann nur von trockenen Häuten umschlossen ist und neben der frischen Zwiebel steht. Bei *Tulipa, Gagea* und *Allium* gehört die Zwiebel, welche sich zu jener Zeit auf der höchsten Stufe der Ausbildung findet, zu der Grundachse, deren terminaler Blüthenstengel die Blüthen im nächsten Frühjahr trägt; bei *Fritillaria* ist aber die Zwiebel, die im nächsten Frühjahr blüht, noch klein, und die zu der Achse gehörige, welche im vorigen Frühjahr geblüht hat, ist dann vollständig ausgebildet.

ORNITHOGALUM UMBELLATUM *L.*

Die blühbare Zwiebel zeigt, zur Herbstzeit untersucht, zu äusserst nur sehr geringe, ungemein dünnhäutige, vertrocknete Schalenreste. Die frische Zwiebel (Tab. III. Fig. 11) selbst wird aus fleischigen Schuppen gebildet, aus deren Basis zahlreiche, mit zarten Härchen besetzte Wurzelzasern hervordringen. An dem obern Rande aller Schuppen erkennt man deutlich eine Narbe. Sie sind in der Weise unter einander verwachsen, dass die Innen- oder Oberseite der Ränder einer Schuppe mit der Aussenfläche der zunächst darunter stehenden Schuppen — bald weiter oben, bald weiter unten — verschmilzt, während die Mittelfläche der Innenseite der je äussern Schuppe (und natürlich auch die entsprechende Stelle der Rückseite der davorstehenden innern Schuppe) unverwachsen bleibt und eine glänzende Epidermis bis hinab zum Ansatzpunkte behält.

Die oberste oder innerste, an ihrer Spitze gleichfalls benarbte Schuppe (Fig. 12, *b*) bildet mit dem kurzen vertrockneten Stumpfe des Blüthenstengels (*a*) vom letztverwichenen Frühjahr eine Achsel, indem sie denselben mit ihrer Basis auf eine kurze Strecke umschliesst. In dieser Achsel steht die junge, noch nicht ausgebildete Zwiebel (*c*), welche im nächsten Frühjahr zur Blüthe gelangt; aus der Grundachse derselben nehmen die beschriebenen Wurzelzasern, sich unter dem ältern Achsentheile hinziehend, ihren Ursprung. Das erste Blatt (*c*) der jungen Zwiebel ist ein blosses Schuppenblatt, welches diese nicht mehr gänzlich umschliesst. Es steht mit seiner Rückenfläche vor dem alten Blüthenstengel, ist ziemlich dünnhäutig und an seinem obersten Rande, bald mehr, bald minder rasch, in eine kurze pfriemliche Spitze, ähnlich wie die grundständigen Laubblätter von *Gagea*, zusammengezogen (Fig. 14, *a. b. c*). Zuweilen finden sich zwei solcher Schuppenblätter. Die sämmtlichen übrigen Blätter (Fig. 13, *d*) der jungen Zwiebel sind mit einer vollkommenen Lamina versehen, und die äussern von ihnen, obschon sie noch im Knospenzustande sind, bereits ganz grün gefärbt. Zwischen jenem ersten Schuppenblatte und diesen Laubblättern finden sich keine Uebergänge. Die Basis dieser ist etwas scheidenartig erweitert (Fig. 15), und sie beginnen schon an dieser Stelle in der erwähnten Weise mit einander zu verschmelzen. Das innerste dieser Blätter umschliesst den Blüthenstengel, dessen Blumen schon ganz deutlich zu erkennen sind, und an seiner Basis steht ein ganz zartes Knöspchen (Fig. 16, *c*), welches im zweitfolgenden Frühling — vom Herbst an gerechnet, also erst nach circa achtzehn Monaten — zur Blüthe kommen wird. Man kann mithin an einer solchen Zwiebel drei verschiedene Achsen unterscheiden: die erste und älteste, an welcher die noch frischen benarbten Zwiebelschuppen stehen und die durch den Blüthenstengelrest vom letztverwichenen Frühjahr terminirt wird; in ihrem obersten Blattwinkel steht die zweite, an deren Grundachse das Schuppenblatt und die Laubblätter stehen und die durch den Blüthenstengel, dessen Blüthen im nächstfolgenden Frühjahr zur vollständigen Entwicklung gelangen, abgeschlossen wird; aus dieser zweiten entspringt endlich die dritte Achse, deren Blätter noch ganz rudimentär sind.

Im Frühjahr sprossen zuerst die Laubblätter, dann der Blüthenstand der zweiten Grundachse hervor. Nach vollendeter Blüthe verwelken und verwesen die Laminartheile jener Laubblätter allmählich; die Basilartheile derselben bilden jetzt — fleischig und höher geworden — die frische Zwiebel und sind nun zu (den oben beschriebenen) benarbten Schuppen geworden; die Schuppen oder Basilartheile der Blätter, welche an der vorhin als ersten bezeichneten Grundachse entspringen, haben sich aber allmählich in dünne Häutchen umgewandelt.

Ausser der Hauptzwiebel in der Achsel des obersten Blattes der Grundachse, finden sich in der der untern auch Nebenzwiebeln (Fig. 12, *e. e*). Diese bestehen entweder zuäusserst aus einem niedrigen, weissen, ziemlich fleischigen Scheidenblatte, welches mehrere junge Laubblätter umschliesst (Fig. 24), oder bloss aus Laubblättern (Fig. 26); letztere pflegen mehr in den Achseln der untern Schuppen, jene mehr in den der obern zu stehen. So ists wenigstens häufig bei den nicht blühbaren Zwiebeln; bei den blühbaren ist fast an jeder Nebenzwiebel das erste Blatt gleich ein Laubblatt, was, wie auch die innern, eine geschlossene Scheide hat. Diese Bildung von zahlreichen Nebenzwiebeln trägt sicherlich zur baldigen Aussaugung der Schuppenblätter der Mutterzwiebel bei. Bei den nicht blühenden Zwiebeln ist die neue Hauptzwiebel übrigens terminal. Es folgt bei ihnen auf die innerste, an ihrer Spitze benarbte Schuppe (Fig. 18, *a*) entweder sofort ein vollständiges grünes Blatt (*b*), oder es tritt auch hier zuerst ein ebensolches dünnhäutiges Schuppenblatt (Vorblatt), wie an der Hauptzwiebel der blühenden Pflanze, auf (Fig. 19, *b*), welches dann die grünen Blätter (*c*) umschliesst. Die Lamina (Fig. 22, *a*) des innersten grünen Blattes ist regelmässig fast stielrund, es hat gleichfalls eine geschlossene Scheide (*b*), in deren Grunde sich wieder ein kleines Knöspchen findet. — Die Verwachsung der Schuppen ist übrigens bei den jüngern Zwiebeln ziemlich gering und meist nur auf den unteren Theil derselben beschränkt.

In Bezug auf die Dauer ihrer Theile stimmt die Zwiebel dieser Pflanze offenbar mit der von *Fritillaria* überein. Sie unterscheidet sich aber von letzterer durch die Bildung dieser Theile, indem bei *Ornithog. umbell.* an der Grundachse mit Ausnahme des Vorblattes lauter Laubblätter auftreten, während es bei *Frit.* nur Schuppenblätter sind. Eine Annäherung der Zwiebel der *Frit. Meleagris* in Betreff dieses Punktes an die von *O. umbell.* zeigt sich aber schon darin, dass die Schuppenblätter jener Art häufig einen Ansatz zu einer Lamina haben, und dass bei *Fritill.* ebenso wie bei *Orn. umb.* immer der obere Theil der Blätter, die zu Nahrungsspeichern werden, abstirbt, was bei *Gagea* und *Tulipa* nicht der Fall ist. In der Form der Schuppen, welche als Nährblätter dienen, herrscht zwischen *Fritillaria* und *Ornithogalum* ein auffallender Unterschied.

ORNITHOGALUM NUTANS *L.*

Die Zwiebel dieser Pflanze hat zwar im Ganzen die gewöhnliche eiförmige Gestalt; doch ist sie an ihrer Basis nur wenig zusammengezogen, indem die ebene, glatte Grundfläche ihrer Grundachse einen verhältnissmässig grössern Umfang, als bei andern Zwiebeln, hat. Die zahlreichen, mit feinen Härchen dicht besetzten Wurzelzasern brechen aus der Basis der Zwiebelschalen ringsherum hervor.

Zur Blüthezeit erkennt man Folgendes. Abgestorbene, sehr dünne und mürbe lichtbraune Häute hüllen die Zwiebel ein. Die zunächst unter dieser dünnen Schicht trockener Häute stehenden weissen Zwiebelschalen sind zur Blüthezeit auch schon ziemlich ausgesogen, daher fast durchscheinend; auf sie folgt eine Schicht noch derber und saftiger Schalen. An grössern Zwiebeln, die schon mehrere Jahre hintereinander geblüht haben, bemerkt man, dass die zwar noch festen, aber doch bereits ausgesogenen Schalen diesseits (nach aussen zu) eines in ein dünnes Häutchen umgewandelten Blüthenstengelstumpfes, die noch saftigen dagegen, circa vier bis sechs, jenseits desselben, zwischen ihm und dem Reste eines zweiten Blüthenstengels — des vorjährigen — stehen.

Die Schalen, von denen die innern die äussern ein wenig überragen, haben sämmtlich an ihrem obern Rande eine Narbe (Tab. III. Fig. 2). Dieser narbige Rand läuft nicht ununterbrochen ringsherum, sondern wird durch eine tiefe Spalte bis auf eine niedrige Stelle, an welcher die Spaltenränder wieder in einander übergehen (eine ganz niedrige Scheide bildend) getrennt. Die Spaltenränder sind unversehrt; sie sind an den äussern Schalen auseinander gedrängt, bei den innern rücken sie näher an einander, und der eine Rand greift oft über den andern.

In der Achsel, welche die innerste narbige Schale mit dem vorjährigen Blüthenstengel bildet, stehen die vier bis sechs spiralig geordneten frischen Laubblätter, aus deren Mitte der diesjährige Blüthenstengel hervorragt. Das äusserste jener Blätter steht, wie gewöhnlich, mit seiner Rückenfläche vor dem Reste des vorjährigen Blüthenstengels, und es unterscheidet sich in keiner Weise von den andern Laubblättern. Am Grunde des diesjährigen Blüthenstengels, in der Achsel des innersten Laubblattes steht das noch kleine Knöspchen (Fig. 5, *c*), welches im nächsten Jahre die Blüthen bringt. In den Achseln der untern Schalen findet man häufig Neben- und auch Beizwiebeln.

Nach der Blüthezeit stirbt der Blüthenstengel bis auf einen kleinen Stumpf ab, ebenso die Laminartheile der Laubblätter, deren Basilartheile als Nährblätter stehen bleiben. Bis zum Herbst wird die junge Zwiebel, die im nächsten Frühjahr blüht, ziemlich gross (Fig. 4, *c. d*).

Die ganz jungen Zwiebeln haben stielrunde Blätter*), deren rings geschlossene, durch eine feine Querspalte sich öffnende Scheide fleischig ist (Fig. 6). Im Grunde dieser Scheide findet sich das junge (terminale) Knöspchen (*b*).

Bei dieser Art entstehen also die fleischigen Schuppen grade so wie bei *O. umbellatum* aus den Basilartheilen von Laubblättern; aber sie verwachsen nicht, wie bei der letzten Art mit einander. Ein anderer Unterschied zwischen beiden Arten besteht darin, dass dort das erste Blatt einer neuen Achse den nachfolgenden gleichgestaltet ist, während es bei *O. umbell.* eine dünnhäutige Schuppe darstellt. Doch nicht bloss die Form der einzelnen Theile ist bei den Zwiebeln beider Arten eine andere, sondern auch die ganze Oekonomie derselben; denn zur Blüthezeit sind bei *Orn. umbell.* (wie auch bei *Fritillaria imperialis*) die Schuppen, welche zu dem vom nächstvorjährigen Blüthenstengel begrenzten Theile der Grundachse gehören, bereits ausgesogen, aber bei *Orn. nutans* sind die entsprechenden Schuppen noch ganz frisch und saftig, und erst die, welche zu dem Theile der Grundachse gehören, welcher durch den zweitvorjährigen Blüthenstengel abgeschlossen wurde, sind ausgesogen; zeigen dabei aber noch keine Spuren von Verwesung; erst die noch ein Jahr älteren Schuppen verwesen und bilden die mürben Häute. Von solchen, den beiden zuletzt bezeichneten Jahresproducten bei *O. nutans* entsprechenden Theilen findet sich nichts bei *O. umbellatum* und *Fritillaria*.

Bekanntlich zählte man früher zu der Gattung *Ornithogalum* auch die Gagea-Arten; jetzt, wo diese beiden Gattungen allgemein angenommen sind, pflegen doch noch manche

---

*) Die ganze Lamina hat dieselbe Bildung angenommen, wie sie die grundständigen Blätter der Gagea-Arten nur an der pfriemlichen Spitze zeigen.

Botaniker sie nahe bei einander zu stellen*). Das ist aber sicherlich nicht naturgemäss; denn nicht bloss im Bau ihrer Blüthe — bei *Orn.* sind die Antheren auf ihrer Rückseite mit den Staubfaden verbunden (*dorsifixae*), bei *Gag.* an ihrem Grunde (*basifixae*) — unterscheiden sich beide Gattungen, sondern auch in der Bildung ihrer Zwiebel und ihres Blüthenstandes; denn, was diesen letzteren betrifft, so wird die Stengelachse bei *G.* durch eine Endblüthe begrenzt, bei *Orn.* aber ist die Stengelachse unbegrenzt, indem sämmtliche Blüthenstiele lateral sind und die Blüthen sich centripetal entwickeln. Andere Unterschiede im Blüthenstande ergeben sich leicht aus dem, was über den Blüthenstand von *Gagea* bereits mitgetheilt worden ist. Ich will aber hier noch auf einen Unterschied anderer Art aufmerksam machen. Bei *Orn.* stäuben nämlich die drei Antheren, welche zu den vor den innern Perigonblättern stehenden, breitern und höhern Staubblättern gehören, zuerst, nach ihnen die den äussern Perigonblättern opponirten. Bei den von mir untersuchten Gagea-Arten ist es umgekehrt; die den innern Perigonblättern opponirten Staubgefässe sind, was sich besonders gut im Knospenzustande bei *G. minima* erkennen lässt, etwas kürzer, und ihre Antheren stäuben später, als die vor den äussern Perigonblättern stehenden**).

---

*) Anders verfährt z. B. Endlicher in der Anordnung der Gattungen, man vergl. Enchirid. bot. p. 82.

**) Die Form der Antheren vor und nach dem Ausstreuen des Blüthenstaubes ist hier, wie auch sonst gewöhnlich, eine ganz andere. In der *synops. fl. germ. et helv.* werden die Antheren von *Gagea lutea: oblongae*, genannt (im Gegensatz zu *G. pusilla*: *antheris subrotundis*). Dieses Merkmal dürfte trügerisch sein; bei *G. lut.* nämlich sind die Antheren vor dem Ausstreuen des Blüthenstaubes, wie bei den andern Arten, lineal und vierkantig. — Uebrigens eignen sich die meist grossen Antheren der Liliaceen besonders gut, um das hygroskopische Verhalten der Antherenwände kennen zu lernen; wenn sie schon ganz ver-

Es könnte dies vielleicht als eine unbedeutende Nota angesehen werden; jedoch geschähe das mit Unrecht. R. Brown (vermischte bot. Schriften II, 532) hat bereits darauf aufmerksam gemacht, „dass das frühere Aufblühen (die frühere Entwicklung), sowohl bei ähnlichen Theilen in derselben Blüthe, als bei verschiedenen Blüthen desselben Blüthenstandes, in der Regel von einer grössern Vollkommenheit dieser Blüthentheile und augenscheinlich von einer grössern Kraft begleitet ist, den gewöhnlichen Ursachen der Verkümmerung oder Tilgung zu widerstehen," und sich dahin ausgesprochen, dass selbst bei der Aufstellung natürlicher Familien die Reihenfolge des Aufspringens der Antheren zu berücksichtigen sei. Er sagt an jener Stelle: „Es finden sich bei den gewöhnlich sechsmännigen Junceen die Staubfäden der dreimännigen Arten stets den drei äussern Blättchen der Blüthendecke gegenüber, während bei den Restiaceen, Asphodeleen und, wie ich glaube, bei einem grossen Theil der Liliaceen mit regelmässigen Blumen, wo bei gewissen Arten eine ähnliche Verminderung vorkommt, die Staubgefässe der dreimännigen Arten den innern Blättchen oder Abschnitten der Blüthendecke gegenüber stehen. In beiden Fällen aber ist die grössere Vollkommenheit dieser Staubgefässe in den auf die kleinste Zahl zurückgeführten Gattungen oder Arten da, wo keine Verminderung stattfindet, durch das frühere Bersten ihrer Staubbeutel angedeutet, so dass dieses Umstands wegen die Folge der Verminderung oder Verkümmerung der Staubgefässe in irgend einer natürlichen Familie durch eine Untersuchung der Gattungen, wo die Zahl vollständig ist, mit einiger Sicherheit vorausgesagt werden kann." Man vergl. auch *prodr. fl. N. Holl. p.* 113 und 130

---

trocknet, ja mehrere Jahre alt sind, so nehmen sie, ähnlich wie die trockenen Moosblätter, ins Wasser gelegt bald ihre frühere Form und Grösse wieder an.

ed. Norimb. — Immerhin wird man also auch bei den Liliaceen auf die Reihenfolge im Aufbersten der Antheren zu achten haben, um daraus mindestens Fingerzeige über die nähere oder entferntere Verwandtschaft der Gattungen unter einander oder auch über die Annäherung einzelner Liliaceen-Gattungen an eine andere natürliche Familie zu entnehmen. Ich will daher bei dieser Gelegenheit das Resultat einiger Beobachtungen, die dieses Verhältniss bei Liliaceen und andern Monokotyledonen betreffen, mittheilen.

Unter den Liliaceen schliessen sich in Bezug hierauf, obgleich im Knospenzustande die den äussern Perigonblättern opponirten Staubgefässe etwas kürzer, als die drei andern, sind, *Fritillaria imperialis* und *Meleagris* an *Gagea* an; auch bei *Lilium Martagon* öffnen sich die Antheren, die den äussern Blüthentheilen opponirt sind, früher, als die vor den innern stehenden, aber die Intervalle sind sehr gering. Ebenso wie bei *Gagea* ist es aber auch bei *Muscari racemosum, botryoides* und *moschatum*. — Wie *Orn. umbell.* und *nutans* verhalten sich die Allium-Arten, wenigstens die von mir untersuchten: *A. Moly, ursinum, Scorodoprasum, rotundum, fallax* und *Schoenoprasum;* ferner *Anthericum ramos.* und *Liliago,* und *Agapanthus umbellatus.*

Wie bei *Gagea* ist es auch bei *Narcissus Tazetta* und *Alstroemeria Pelegrina;* bei *Narc.* gehören die erststäubenden Antheren zu den höher eingefügten, bei *Alstr.* zu den längern Staubfäden; ferner bei *Convallaria majalis.* Bei *Butomus umbellatus* stäuben zuerst die paarweise den äussern Perigontheilen opponirten Antheren (aber die zu je einem Paare gehörigen nicht gleichzeitig), dann die drei, welche vor den innern Blüthenblättern stehen; bei *Alisma Plantago* fehlen die drei letzteren. — Bei *Commelyna coelestis* sind von den drei normal gebildeten Antheren zwei den beiden (innern), paarigen Kelchblättern und die dritte dem unpaaren (äussern) Kronblatte opponirt; die letztere stäubt von allen dreien zuletzt.

Schliesslich will ich hier noch auf einen Unterschied in der Knospenlage der Perigontheile der Liliaceen aufmerksam machen. Bei *Ornithogalum nutans* und *umbellatum*, bei *Anthericum* u. a. steht das unpaare Blatt des äussern Kreises, wie bei den Orchideen und vielen andern Monokotyledonen, vor der Bractee, so auch das unpaare Fruchtblatt; das unpaare Blatt des innern Blüthenkreises (dem Labellum der Orchideen entsprechend) steht demgemäss vor der Stengelachse. Bei *Lilium Martagon* fand ich es anders; hier steht nämlich das unpaare Blatt des äussern Blüthenkreises wegwärts von der Bractee (die nicht mit der Bracteole zu verwechseln ist), und so auch das unpaare Fruchtfach; das unpaare, in der Knospenlage innerste Blatt des zweiten Kreises aber vor der Bractee. Ebenso fand ich es bei *Allium ursinum*. Hier ist auch das unpaare Blatt des innern Kreises dem äussern Blatt der Blüthenscheide (*spatha*) zugewendet. Vor diesem äussern Blatt ist eine Bractee geschwunden, die mit dem obern oder innern Blatte der Spatha alterniren würde. Berücksichtigt man diese Verhältnisse, so wie den Bau der Blüthenstände, so wird, wie ich glaube, es nicht schwer sein, eine naturgemässe Anordnung der Liliaceen-Gattungen zu gewinnen.

HYACINTHUS ORIENTALIS *L.*, MUSCARI RACEMOSUM *Mill.* und BOTRYODES *Mill.*, SCILLA AMOENA *L.*

Die Beschreibung der Zwiebeln der genannten Pflanzen bezieht sich auf ihren Zustand während der Blüthe. Die Zwiebel von *H. orientalis* wird zu äusserst von zahlreichen, sehr breiten, aber nicht eine ringsgeschlossene Scheide darstellenden Schuppen gebildet, die an ihrem Rande abgestorben sind und in Folge dessen eine Narbe zeigen. Auch von denen (Tab. V. Fig. 22, *a*), welche diesseits oder unterhalb des kurzen Restes des vorjährigen Blüthenstengels stehen, sind viele noch nicht ausgesogen, sondern noch derb und saftig; ja häufig findet sich zwischen den Schuppen noch der Rest eines zweitvorjährigen Blüthenstengels, und einzelne Schuppen diesseits oder ausserhalb desselben sind noch fleischig. Oberhalb des vorjährigen Blüthenstengels (Fig. 23, *e*) finden sich zunächst einige weisse breite Schuppenblätter (*b*). Es sind ihrer drei bis sechs; die äussern von ihnen sind zur Blüthezeit an ihrer Spitze zuweilen schon etwas abgestorben. Alle sind in ihren untern Theilen fleischig, nur an ihrem obern Rande sind sie an einer schmalen Stelle dünnhäutig.

Auf diese Schuppenblätter folgen unmittelbar mehrere vollkommene frische Laubblätter (*c*), ungefähr 5—12 an der Zahl. Sie haben keine geschlossene Scheide und stehen spiralig.

In der Achsel, welche das innerste Laubblatt mit dem diesjährigen Blüthenstengel*) bildet, steht die Hauptknospe (Fig. 24, *f*), welche im nächsten Jahre wieder Blüthen bringt. Ihre äussern Theile sind wieder mehrere Schuppenblätter, von denen das äusserste mit seiner Rückseite vor dem Blüthen-

*) An dem Blüthenstengel von *Hyacinthus, Muscari* und *Ornithogalum* kommen nur Bracteen vor. Bei *Fritillaria, Lilium, Tulipa* und *Gagea* treten unterhalb der Bracteen an dem Blüthenstengel auch noch andere Blattgebilde, in grösserer oder geringerer Zahl, auf. Bei nicht blühenden Exemplaren von *Hyacinthus* ist die Hauptknospe immer terminal, bei *Fritillaria* und *Lilium* (auch bei *Tulipa* und *Gagea*, doch hier weniger anschaulich) treten beblätterte Achsentheile auf, die sich, ohne Blüthen zu bringen, aus der Grundachse erheben. Es sind gleichsam die Vorläufer künftiger, wirklich mit Blüthen versehener Stengel, und neben ihnen bilden sich laterale Hauptknospen. Die Hauptknospe wird bei diesen Liliaceen nur dann terminal, wenn sich nicht einmal ein solcher blüthenloser Stengel bildet, wie das bei ganz jungen, nur mit einem Laubblatte, das unmittelbar der Grundachse entspringt, versehenen Zwiebeln der Fall ist. Analoge Erscheinungen finden sich bei *Orchis*, bei *Dentaria* u. a. Bei *Allium* kommen keine solche blüthenlosen Stengel vor.

stengel steht. Die auf diese Scheidenblätter nach innen zu folgenden Laubblätter sind noch sehr klein. Oft steht auch in der Achsel des vorletzten Laubblattes eine der Hauptknospe in der Grösse nicht nachstehende zweite Knospe. In solchen Fällen bekommt die Pflanze im nächsten Frühjahr zwei Blüthenstengel, von denen jeder, weil jeder einer eignen Achse angehört, von einer besonderen Blattrosette umgeben wird. Hiermit ist ein anderer Fall nicht zu verwechseln, der nämlich, wo aus dem Centrum einer Blattrosette zwei Blüthenstengel dicht neben einander hervortreten; man wird dann gewöhnlich finden, dass der zweite, später sich entwickelnde mit der jungen Hauptknospe zusammen in der Achsel des obersten Laubblattes und zwar zunächst vor diesem steht.

Nach der Blüthezeit strecken sich die Basilartheile der diesjährigen Laubblätter und werden breiter und fleischiger, und die Lamina derselben stirbt in einer bestimmten Linie ab. Auch die diesjährigen Wurzelzasern und der unterste Theil der Grundachse sterben ab und lösen sich leicht von den noch vegetirenden Theilen der Zwiebel. Bis zum Herbste ist die junge Zwiebel schon ziemlich herangewachsen, und man erkennt in ihr schon den jungen Blüthenstengel; im Herbste treiben dann wieder frische Wurzelzasern hervor.

An der Grundachse einer Zwiebel, welche schon mehrere Jahre hinter einander geblüht hat, findet man demnach, die äussersten abgestorbenen und absterbenden Schuppen nicht gerechnet, gewöhnlich die Bildungen von zwei frühern Jahren (I. u. II.), von diesem Jahre (III.) und die Anfänge für das nächste Jahr (IV.). Die diesjährige Pflanze (III.) hat zu ihrer Blüthezeit noch nicht einmal den Inhalt sämmtlicher Nährblätter, welche an dem zweitvorjährigen Achsentheil (I.), geschweige derer am nächstvorjährigen (II.) resorbirt. Hierin weicht die Hyacinthenzwiebel von der des *Ornithogal. nutans* ab, wo zur Blüthezeit die Schuppen des zweitvorjährigen Achsentheils ausgesogen sind. — An jedem Jahrgange der Grundachse treten bei der Hyacinthe erst mehrere Schuppenblätter, (die auch als Nährblätter dienen und später, wo die Spitze abgestorben ist, von den Schuppen, welche aus den Basilartheilen der Laubblätter entstanden sind, nicht unterschieden werden können), dann mehrere Laubblätter auf, während bei *Orn. nutans* nur Laubblätter da sind; in jenem Punkte gleicht die Hyacinthe wieder mehr dem *Orn. umbellatum*, wo wenigstens das erste Blatt einer neuen Achse ein Schuppenblatt ist. Der Achsentheil II. der Grundachse ist die Nebenachse von I.; III. die Nebenachse von II.; IV. endlich von III.

Die einfachen Wurzelzasern brechen nicht aus der Achse der blühenden Pflanze hervor, wie bei *Gagea, Fritillaria* u. a., sondern aus einem ältern Theile der Grundachse.

Die Nebenzwiebeln finden sich vorzugsweise in den Achseln der untern Schuppen und bestehen, ganz wie die Hauptzwiebel, zu äusserst aus einem oder mehrern Schuppenblättern, die ein oder mehrere Laubblätter umschliessen.

Muscari racemosum (Fig. 25—30) und *botryodes* schliessen sich in allen wesentlichen Punkten genau an *H. orientalis* an. Bei ersterem sind an der Grundachse eines Jahrganges zwei bis sechs Schuppen- und fünf bis sechs Laubblätter. Die Hauptknospe in der Achsel des obersten Blattes ist ganz schmal (Fig. 28), die Stellung derselben die gewöhnliche. Das oberste Blatt vor dem Blüthenstengel verkümmert häufig zu einem dünnhäutigen Schüppchen. Bei *M. botryodes* finden sich in der Regel nur zwei Laubblätter, seltener drei. Im ersten Falle steht die junge Hauptzwiebel, die im nächsten Jahre zur Blüthe kommt, in der Achsel des zweiten, oder, was häufiger ist, es findet sich ein drittes, aber zu einem kurzen und dünnhäutigen Schüppchen verkümmertes Blatt, in dessen Achsel vor dem Blüthenstengel die Hauptknospe steht; im zweiten Falle steht sie regelmässig vor dem dritten Laubblatt, seltner ist wieder ein Blatt, das vierte, zu einem Schüppchen verkümmert, welches dann die Hauptknospe umschliesst. Ich beobachtete an manchen Zwiebeln die kurzen Reste von fünf Blüthenstengeln, so dass also mit dem diesjährigen nicht weniger, als sechs Jahrgänge, zur Bildung einer Zwiebel beitrugen. Die Nebenzwiebeln stehen auf einem ziemlich dicken Stiel (Fig. 29); bei *M. racem.*, wo auch noch häufig Beizwiebeln vorkommen, pflegen sie fast sitzend zu sein (Fig. 30). — Die Laubblätter an jüngern Zwiebeln sind, wie bei *Ornithogalum nutans*, stielrund; sie, wie auch die sie umgebenden Schuppenblätter, haben eine niedrige geschlossene Scheide.

Auch *Scilla amoena* stimmt im Bau ihrer Zwiebel mit *Hyacinth. orientalis* überein. Die obersten, zunächst unter dem Blüthenstengel stehenden Blätter verkümmern sehr häufig zu lanzettlichen häutigen Schuppen. Gewöhnlich finden sich zwei Blüthenstengel, und das Verhältniss derselben zu einander pflegt dann folgendes zu sein. Auf das oberste, vollkommen ausgebildete Laubblatt folgt ein verkümmertes Blatt (Fig. 31, *a*); dieses umfasst mit seinen Rändern oder wenigstens mit einem die beiden Blüthenstengel (*b*. *d*). Die Achsel, die es mit dem zunächst vor ihm stehenden Blüthenstengel (*b*) bildet, ist steril. Zwischen diesem Blüthenstengel und dem zweiten und obersten (*d*) steht ein noch kürzeres Schuppenblatt (*c*), welches den letzteren (Fig. 32, *d*) an seiner Basis umfasst und in seiner Achsel die junge Hauptknospe (Fig. 33) umschliesst. Sind drei Blüthenstengel vorhanden, so steht der untere gewöhnlich noch in der Achsel eines vollkommenen Laubblattes, die beiden andern aber, wie vorhin beschrieben, vor zwei verkümmerten Blättern. Immer aber fand ich die Hauptknospe in der Achsel des obersten Blattes und in der gewöhnlichen Stellung. Es erhellt, dass noch manche Modificationen möglich sind, indem bald mehr, bald weniger Blätter als Schuppenblätter auftreten können.

Die jüngern Zwiebeln haben bei dieser Pflanze an ihren Schuppen- und Laubblättern geschlossene Scheiden; gewöhnlich ist eine Wurzelzaser rübenartig verdickt, während die übrigen fädlich sind; diese, wie jene, sind mit zarten Härchen besetzt. An jüngern Zwiebeln von *Ornithogalum nutans* tritt eine solche Verdickung einer Wurzelzaser an jüngern Zwiebeln gleichfalls häufig auf. Zur Aufspeicherung von Nahrungsstoffen dient eine solche stärkere Zaser nicht; denn sie stirbt so bald ab, wie die normal gebildeten.

LILIUM CANDIDUM *L.*, L. MARTAGON und L. BULBIFERUM *L.*

Die Zwiebel der erstgenannten Species hat, wenn man sie im Herbste untersucht, folgende Zusammensetzung. Zu äusserst finden sich eiförmige, etwas fleischige Schuppen, die an ihrer Spitze eine Narbe haben (Tab. VI. Fig. 18, *b*). Die Zahl derselben beträgt ungefähr sechs bis sechzehn. Vor der obersten dieser Schuppen findet man an stärkeren Zwiebeln den abgestorbenen Rest des Blüthenstengels (*a*) vom letztverwichenen Sommer. Auf die mit Narben versehenen Schuppen folgen sodann nach innen zu, ohne dass ein Uebergang stattfände, mehrere (sechs bis zwanzig) zugespitzte Schuppenblätter (*c*), die noch ganz unversehrt sind. Auf sie folgen, wieder ohne Uebergänge, mehrere (sechs bis sechzehn) ausgebildete Laubblätter (*d*), die wie die Schuppenblätter spiralig stehen. Diese Laubblätter umschliessen in ihrem Centrum den noch unentwickelten mit Blättern reichbesetzten Stengel (Fig. 19, *a*); an schwächern Exemplaren hat er noch keine Blüthen, an stärkern finden sich solche an ihm. In der Achsel, welche das oberste oder innerste Laubblatt der Grundachse mit dem Stengel bildet, findet man die Anfänge einer Knospe in der Form von kleinen fleischigen Schuppen oder Zäpfchen (Fig. 19, *c*), bei denen sich schon die spiralige Stellung kund giebt. Die grössern derselben, als die äussern, stehen zunächst an dem Blüthenstengel, ohne indess die kleinern irgend wie zu umschliessen (Fig. 20).

Aus den Laubblättern der Grundachse werden im nächsten Jahre durch Absterben ihrer Lamina die Eingangs beschriebenen benarbten Schuppen. Grade wie bei der Hyacinthe finden sich demnach auch bei der weissen Lilie an einem Jahrgange zu äusserst mehrere Schuppenblätter, auf die dann mehrere Laubblätter folgen. Dort aber sind die Schuppenblätter, insbesondere aber die Basilartheile der Laubblätter sehr breit, hier weit schmaler; daher umschliessen die äussern Schuppen der Hyacinthe die innern genau und bilden so eine ziemlich feste Zwiebel; bei der Lilie dagegen decken nur die äussern Schuppen die innern (*imbricatim*) und lassen sich, mit ihrem Ansatzpunkte auf eine schmale Stelle der Grundachse beschränkt, leicht von einander abbiegen. Bei der Hyacinthe sind an ältern Zwiebeln immer mehr Jahrgänge vereinigt, als bei ***Lilium candidum,*** wo, wie bei der Kaiserkrone, deren nur zwei, die junge Knospe nicht mit gerechnet, an einer Zwiebel vereinigt sind. Ob letzteres indess constant sei, wage ich nicht zu behaupten. In der Entfaltung ihrer Theile weicht die Lilienzwiebel gleichfalls auffallend von der der Hyacinthe ab, indem nämlich bei jener schon im Herbste die Laubblätter sich ausbilden, welche an dem Theil der Achse stehen, der im nächsten Jahre durch den Blüthenstengel abgeschlossen wird; während bei der Hyacinthe dieselben Blätter erst im Frühjahr zugleich mit dem Blüthenstengel sich entfalten.

Die verästelten Wurzelzasern brechen aus dem untern, ältern Theile der Grundachse hervor.

Die Zwiebeln von ***L. Martagon*** und ***bulbiferum*** stimmen im Ganzen sehr mit einander überein; die Schuppen der erstern Art sind schmaler und länger (Fig. 25), als bei letzterer (Fig. 21); daher nimmt die ganze Zwiebel dort eine etwas schlankere Form, als hier an. Von *Lilium cand.* unterscheiden sich beide auffallend dadurch, dass an ihrer ziemlich hohen Grundachse lauter Schuppenblätter und keine Laubblätter stehen.

An einer mittelgrossen blühbaren Zwiebel von *L. Mart.* zählte ich an funfzig Schuppenblätter; die alleräussersten waren dünnhäutig und trocken, waren aber nicht, wie die Scheidenblätter der Tulpenzwiebel, in braune Häute verwandelt, sondern waren noch gelblich. An einer solchen Zwiebel findet man häufig die Reste oder wenigstens die Narben von drei frühern Blüthenstielen (Fig. 27, *f. f. f*), so dass also zur Blüthezeit mindestens vier verschiedene Jahrgänge in der Grundachse vereinigt sind; es finden sich aber auch nicht selten vier und fünf Blüthenstengelreste. Bei *L. bulbiferum*, von welchem ich wildgewachsene Exemplare untersuchte, da an den cultivirten mancherlei Unregelmässigkeiten einzutreten pflegen, fand ich in der Regel nur einen oder zwei alte Blüthenstengel. Die Hauptknospe steht in der Achsel des obersten Schuppenblattes (Fig. 23, *c*). In den Achseln der untern Schuppenblätter kommen auch Nebenknospen vor. Manchmal gelangt eine derselben schon in dem nächsten Jahre mit der Hauptknospe zur Blüthe. Der Blüthenstengel einer solchen Nebenzwiebel ist dann in Bezug auf s e i n e Achse so gut terminal, wie der der Hauptzwiebel, und hat an s e i n e r Grundachse mehrere Schuppenblätter, in der Achsel des obersten Schuppenblattes aber wieder eine Hauptknospe. Die beiden Zwiebeln führen jede, so zu sagen, ihre besondere Wirthschaft, werden aber durch die Wurzeln der Grundachse gemeinschaftlich ernährt, bis die Grundachse bis zu der Stelle abgestorben ist, wo die untere Zwiebel aufsitzt. Da werden beide von einander getrennt. — Die Wurzelzasern nehmen übrigens ziemlich weit oben an der Grundachse, oft dicht unter dem diesjährigen Blüthenstengel, ihren Ursprung, sich etwas unter dem Parenchym derselben verbergend.

Aus dem untern Theile des Stengels, er mag Blüthen bringen oder steril sein, noch unterhalb des ersten dünnhäutigen Blattes, brechen ringsherum, in eine Spirallinie von einigen Windungen geordnet, zahlreiche Wurzelzasern (Fig. 23, *d.* 25, *d.* 27, *d*) hervor, dass also zweierlei Wurzeln, hier und an dem untern Theil der Grundachse, da sind. Bei *Lilium candidum* sind am Blüthenstengel keine Wurzelzasern zu finden, wie sie sich überhaupt an keinem bisher beschriebenen Zwiebelgewächse zeigten.

Jüngere Zwiebeln von *L. Martagon* und *bulbiferum* haben auch an ihrer Grundachse, aus welcher sich dann kein mit entwickelten Internodien versehener Stengel erhebt, inmitten der Schuppenblätter, nur ein Laubblatt. Die Hauptknospe (Nebenknospen finden sich dann überhaupt nicht, oder nur selten) ist dann terminal und wird von der etwas erweiterten Basis jenes Laubblattes (Fig. 28, *b*) umfasst.

Die Zwiebelchen in den Achseln der Stengelblätter bei *Lilium bulbiferum* werden von einigen Schuppenblättern, die dicht aufeinander liegen, gebildet (Fig. 24).

ANTHERICUM LILIAGO *L.* A. RAMOSUM *L.* HEMEROCALLIS FULVA *L.* ALOE MARGARITIFERA *L.* AGAPANTHUS UMBELLATUS *Herit.*

Da ich bei allen von mir untersuchten Liliaceen, welche eine Zwiebel haben, fand, dass der Blüthenstengel terminal sei, so schien es mir nicht unwichtig, zu erfahren, ob es auch bei andern zu jener Familie gehörigen Pflanzen der Fall sei. Anhangsweise will ich daher in Bezug darauf einige Arten, die keine Zwiebelbildung haben, kurz beschreiben.

Anth. Lil. und *ramos.* Die etwas schief aufsteigende Grundachse trägt oft noch die Reste von Blüthenstengeln früherer Jahre. Die noch frischen Wurzelzasern brechen aus den obern Theilen der Grundachse hervor. Untersucht man die Pflanzen gegen das Ende des Sommers, so findet man in der Achsel, die das oberste Laubblatt mit dem Blüthenstengel bildet, die Hauptknospe. Das äusserste Blatt derselben ist lanzettförmig, gegen zwei Zoll lang und hat zwei kantig hervortretende Nerven, mit denen es gegen die Basis der Stengelachse gerichtet ist. Mit seiner etwas erweiterten, indess keine geschlossene Scheide bildenden Basis umfasst es die übrigen, noch kleinen Blätter der Knospe. Im November findet man jenes erste Blatt (Vorblatt) schon ganz vertrocknet. In den Achseln der untern Blätter stehen gewöhnlich sehr kleine Nebenknospen. Im Frühjahr findet man an der Knospe acht bis zehn breite Schuppenblätter, auf sie folgen wieder die Laubblätter, die nach innen immer grösser werden und den Blüthenstengel umgeben. Die Blätter stehen spiralig. Die Schuppenblätter und die äussern Laubblätter sterben bald ab.

Hemerocallis fulva. Zur Blüthezeit finden sich an der Grundachse zehn bis zwanzig Laubblätter, welche streng mit einander alterniren. Alle sind an ihrer Basis ziemlich dünnhäutig und bilden keine geschlossene Scheide; die äussern sind bereits im Absterben begriffen. In der Achsel des innersten Blattes steht die Hauptknospe, deren erstes Blatt auf seiner dem Blüthenstengel zugewendeten Rückseite zweikantig ist. Zuweilen ist es ziemlich lang, bis $^3/_4$ Fuss, in andern Fällen misst es kaum 2 Zoll. Es umfasst die dicht zusammenschliessenden innern Blätter der Knospe. In der Achsel des vorletzten Blattes findet man häufig eine Nebenknospe; diese ist aber zur Blüthezeit noch sehr klein, indem sie kaum die Höhe von 1—2 Linien hat*).

---

*) Der Blüthenstand dieser Pflanze möchte in der Entfaltung seiner Blüthen grosse Aehnlichkeit mit *Allium ursinum* haben, und die

Aloe margaritifera. Die dicke, fleischige, senkrechte Grundachse zeigt in ihrem untern Verlauf Narben und Reste abgestorbener Blätter, abgestorbene und noch frische Wurzelzasern. An ältern Exemplaren findet man, dass zu jedem Blatte auch ein Blüthenstengel gehört. Mit seiner niedrigen, ringsgeschlossenen Scheide umfasst nämlich ein Blatt einen Blüthenstengel; in der Achsel, die es mit demselben bildet, bricht abermals ein Blatt hervor, welches mit seiner Rückenfläche, die eine flache Vertiefung, analog den Vorblättern, hat, gegen den Blüthenstengel gerichtet ist. Dieses umfasst wieder mit seiner Scheide einen Blüthenstengel, und abermals bricht ein Blatt aus der neuen Achsel hervor und so fort. Zur Zeit, wo sich ein Blüthenstengel entwickelt hat, ist auch das über ihm stehende Blatt, das zu der nächsten Nebenachse gehört, vollkommen ausgebildet, und der Blüthenstengel scheint oft lateral zu sein, was er in Wahrheit nicht ist. Häufig entwickelt sich ein Blüthenstengel gar nicht, sondern bleibt ganz kurz, zwischen den Blättern sitzen, wo er endlich vertrocknet. An solchen ältern Exemplaren steht also ein jedes Blatt in der Achsel des nächst vorhergehenden und an einer freilich äusserst kurzen Nebenachse, die wieder durch einen Blüthenstengel terminirt wird. Jede Nebenachse hat dann nur e i n vollständiges Blatt an ihrem Grundtheile, und die Grundachse der ganzen Pflanze muss, so weit sich an ihr jenes Verhältniss findet, betrachtet werden als die Summe von Nebenachsen so vieler Ordnungen, als Blüthenstengel aus ihr hervorgebro-

---

beiden untersten Bracteen unter dem terminalen Blüthenstande entsprechen vielleicht den beiden Scheidenblättern der Allium-Arten. Offenbar sind zwei Schraubeln vorhanden; die Blüthen der einen entfalten sich von rechts nach links, die der andern von links nach rechts. Die Vorblätter sind entwickelt. Ausser dem terminalen Blüthenstande findet sich noch ein lateraler in der Achsel des unterhalb der ersten Bractee des terminalen Blüthenstandes stehenden Blattes.

chen sind, oder, was hier dasselbe ist, als Blätter an ihr stehen. Wollte man hier das Blatt, welches in der Achsel, die das nächstvorhergehende mit dem Blüthenstengel bildet, als Vorblatt bezeichnen, so träte der sonderbare Fall ein, dass dieses Vorblatt gleich wieder, als überhaupt das einzige, mit seiner Scheide einen Blüthenstengel umschliesst. Es tritt bei dieser Pflanze kaum ein Stillstand in der Vegetation ein.

An jüngern, nicht blühenden Exemplaren entwickeln sich natürlich die Blätter über einander an ein und derselben Achse.

Agapanthus umbell. An dem obern Ende der horizontalen, mit fleischigen Wurzelzasern besetzten, dicken Grundachse finden sich zahlreiche — circa sechzehn bis vierundzwanzig — in zwei Reihen geordnete Laubblätter, deren Scheiden, obschon sie ziemlich häutig sind, wegen ihrer bedeutenden Zahl einen zwiebelähnlichen Körper bilden. In den Achseln der obern oder innern Blätter findet man die jüngern Knospen, die um so mehr an Grösse zunehmen, je weiter nach innen ihre Mutterblätter stehen. Die Hauptknospe fand ich an den wenigen von mir untersuchten Exemplaren in der Achsel des drittletzten Blattes. Sie war von einem häutigen Scheidenblatte, dessen Rückseite nach dem Centrum der Pflanze zugewendet war, umgeben, auf welches das erste noch kurze Laubblatt folgte. Die beiden letzten oder obersten Blätter hatten keine geschlossene Scheiden. In der Achsel des vorletzten Blattes war eine ganz kleine Knospe, die mit der Rückseite ihres äussersten Blattes unmittelbar vor dem Blüthenstengel stand, weil das letzte Blatt die Basis des letzteren nicht ganz umgab. Auch in der Achsel des innersten, ziemlich kurzen Blattes fand sich eine Knospe, die aber noch kleiner war. Dieses Verhalten erinnert in mancher Beziehung an einige Gagea-Arten, bei denen auch oberhalb der Hauptknospe noch kleinere Knospen vorkommen.

So sehen wir demnach auch bei diesen Arten, dass der

Blüthenstengel constant terminal ist, und es steht zu erwarten, dass dem so auch bei allen übrigen Liliaceen sein werde. Sollte man auch Bedenken tragen, dies mit in den Familiencharakter aufzunehmen, so ist es doch sehr zu empfehlen, dass man bei allen hierher gehörigen Pflanzen auf den betreffenden Punkt die gehörige Aufmerksamkeit verwendet.

II. IRIDEAE.

TIGRIDIA PAVONIA *Juss.*

Die Grundachse dieser Pflanze hat eine äusserst geringe Höhe und einen ganz unbedeutenden Umfang. An blühenden Exemplaren trägt dieselbe circa sieben bis neun alternirende Blätter, deren Basis ziemlich breit ist, aber keine geschlossene Scheide bildet. Die äussern oder untern sind bald kürzere bald längere Schuppenblätter; die innern und zwar die Mehrzahl sind Laubblätter. Ausser den alleruntersten, die gewöhnlich bald vertrocknen, haben alle eine fleischige Basis. Nach der Blüthezeit sterben sie bis auf die Basis ab (Tab. VII. Fig. 33*b*); diese bleibt länger fleischig, vertrocknet aber besonders bei den äussern dann auch. Mit Ausnahme der alleruntersten pflegt in der Achsel eines jeden Blattes eine Knospe zu stehen (*c*); doch findet man auch manchmal in den Achseln eines oder einiger der obern Blätter keine Knospe. Die Knospen oder jungen Zwiebeln sind nach der Blüthezeit ziemlich gross, die grösste ist die, welche in der Achsel des obersten Laubblattes vor dem Blüthenstengel steht. Das erste Blatt einer jeden jungen Zwiebel ist ein weisses Scheidenblatt, und seine breite concave Rückenfläche hat zwei flügelartig hervortretende Kiele (Fig. 36, *b* im Durchschnitt); besonders eigenthümlich, wie wohl bei wenigen Pflanzen, ist aber das erste Blatt der obersten oder Hauptzwiebel. Bei ihm sind nämlich die erwähnten Kiele ((Fig. 35, *b. b*) nicht nach aussen von einander weg abgebogen, sondern nach einander zu, und ihre Ränder berühren sich oder der eine greift über den andern hinüber. In der hierdurch gebildeten Höhle wird die Basis des Blüthenstengels (*a*) eingeschlossen. Auf einem Querdurchschnitt erscheint es, als ob ein solches Blatt zugleich auf seiner Vorder- und Rückseite eine (ungeschlossene) Scheidenhöhle bildete. Von dem äussersten Scheidenblatte (bei den untern Zwiebeln ist auch oft das zweite noch ein Scheidenblatt) werden Laubblätter umschlossen, von denen die ersten zwei sich gleich entwickeln, dann aber, nach der Blüthezeit der Mutterzwiebel, bis auf ihre fleischige Basis absterben. Aus der Grundachse der jungen Zwiebeln, besonders der untern, brechen oft gegen den Herbst rübenförmige Wurzelzasern hervor, während die Wurzeln der Mutterzwiebel fadenförmig und etwas verästelt sind. Jene dicken Wurzelzasern entsprechen ganz eben solchen Gebilden bei *Crocus* und sind auch hier keineswegs als Niederlagen von Nahrungsstoffen zu betrachten. Sie sterben auch im Herbste wieder ab, und im nächsten Frühjahre, wo die Hauptachse der Mutterzwiebel und alle an ihr befindlichen Blätter gänzlich abgestorben sind und verwesen, und wo dann jede an ihr gebildete neue Zwiebel selbstständig geworden ist, brechen aus der Grundachse einer jeden wieder fadenförmige Wurzelzasern hervor.

IRIS PERSICA *L.* und IRIS XIPHIUM *L.*

Iris persica. An der blühenden Zwiebel, an deren Basis sich oft ein kleiner trockener Stumpf als Ueberrest des vorjährigen Achsentheils zeigt, findet man zu äusserst mehrere ganz dünne, trockene Schalen. Auf sie folgen circa fünf an ihrer Basis bis zu einer Höhe von einem bis anderthalb Zoll ziemlich (*b*) fleischige (Tab. V. Fig. 34, *a*), von da ab an ihrem obern Rande bereits ganz vertrocknete und mit einer am Oberrande herumgehenden Narbe versehene Schuppen. Dann kommen circa sieben bis neun, an ihrer Spitze noch unversehrte, breite fleischige Schuppenblätter.

Was die Höhe der letzteren anlangt, so ist zu bemerken, dass die untern allmählich an Länge abnehmen, und diese Abnahme erstreckt sich vom ersten bis ungefähr auf das vierte oder fünfte; dann nehmen sie, und zwar in stärkerer Progression wieder zu, so dass das oberste unter allen das grösste ist. Die obern werden dabei dünner und häutiger. In den Achseln der untern von diesen an der Spitze unversehrten Schuppenblätter (auch in den Achseln der tiefer stehenden Blattgebilde entwickeln sich, wenn schon nicht so regelmässig, Knospen) findet man Knospen, und die Grösse derselben steht in der Regel im umgekehrten Verhältnisse zu der Grösse der Mutterblätter, indem die grösste Knospe in der Achsel des kleinsten Schuppenblattes (des dritten, vierten oder fünften) steht. In der Achsel des nächst folgenden wieder etwas grössern Schuppenblattes findet sich gewöhnlich auch noch eine, aber ziemlich kleine Knospe; die Achseln der drei oder vier obern Schuppenblätter sind leer.

So weit die Achse mit den bisher erwähnten Blattgebilden, welche ziemlich streng alterniren und keine geschlossene Scheide haben, besetzt ist, ist sie ganz kurz; aus ihr brechen die eben nicht zahlreichen, sich etwas verästelnden Wurzelzasern, den Grund der Blätter durchbohrend, heraus. Aus dieser Grundachse erhebt sich als unmittelbare Fortsetzung derselben ein ziemlich kurzer Stengel (er misst $^3/_4$—$1^1/_2$ Zoll), welcher die durch sehr kurze, wenn schon deutlich erkennbare Internodien getrennten vier bis sechs Laubblätter trägt; oberhalb derselben stehen zwei dünnhäutige Blätter, welche die terminale Endblüthe umfassen. Nicht selten stehen auch in der Achsel des letzten und vorletzten Laubblattes Blüthen;

am Grunde ihres Stieles findet sich ein häutiges Vorblatt, der Hauptachse mit der Rückseite zugekehrt, und an der Spitze desselben, ganz wie bei der terminalen Blüthe, noch zwei häutige Blätter. Diese Blüthen bleiben oft rudimentär oder fehlen gänzlich.

Aus den oben erwähnten axillären Knospen bilden sich die Zwiebeln aus, von denen aber nur die grössten im nächsten Jahre zur Blüthe kommen. Diese Knospen sind folgendermassen zusammengesetzt. Das äusserste Blatt derselben hat wie gewöhnlich zwei Rückenkiele, mit ihm zusammen sind zu äusserst gewöhnlich drei ziemlich häutige Schuppenblätter. Dann kommen drei bis fünf Laubblätter, welche nach der Blüthezeit der Mutterzwiebel sich entwickeln, und später an ihrer Lamina vertrocknen, während ihre fleischige Basis bleibt; auf sie folgen Schuppenblätter.

Folgendes ist also die Anordnung der Blattgebilde an einer Achse dieser Iris:

1) circa drei häutige Schuppenblätter, welche bald vertrocknen und zu Zwiebelhüllen werden;
2) circa fünf Laubblätter, deren Lamina abstirbt, deren Basis aber zur Bildung der Zwiebel mitbeiträgt;
3) circa sieben bis neun Schuppenblätter, die gleichfalls die Zwiebel mitbilden und in deren Achseln sich vorzugsweise wieder Knospen (Zwiebeln) bilden;
4) wieder vier bis sechs Laubblätter, die am Blüthenstengel stehen;
5) zwei häutige Blätter, welche die Blüthenscheide der Endblüthe bilden.

Die Uebergänge von 1 zu 2 sind ziemlich allmählich, ebenso von 2 zu 3, weniger von 3 zu 4.

Indem sich die neuen Zwiebeln ausbilden, wird die Mutterzwiebel allmählich ausgesogen, und jene bedürfen, wenn sie ausgebildet sind, der letzteren nicht mehr; sie stirbt gänzlich ab. Die reife Zwiebel wird also durch Blattgebilde (abgesehen von den axillären Knospen) dargestellt, die einer einzigen Achse angehören.

Nur auf einige Unterschiede dieser Zwiebel von denen anderer Pflanzen will ich hier aufmerksam machen. Von der Tulpenzwiebel unterscheidet sie sich dadurch, dass sie an ihrer Grundachse auch Laubblätter (No. 2) trägt, von der Zwiebel der Hyacinthe, der Ornithogala- und Lilien-Arten durch die kürzere Dauer ihrer Theile, von der Zwiebel der *Tigridia pavonia* besonders dadurch, dass die Hauptzwiebel nicht unmittelbar an der Basis des Blüthenstengels steht, indem an der Basis des letztern erst noch mehrere andere Blätter stehen.

Iris Xiphium (*I. anglica*) hat im Zwiebelbau grosse Aehnlichkeit mit *I. persica.* Im Zustande der Ruhe (Spätsommer und Herbst) sind an derselben die fleischigen (die alleräussersten sind ganz trocken und dünnhäutig) Scheidenblätter (die übrigens keine geschlossene Scheide haben und daher vielleicht richtiger als breite Schuppenblätter zu bezeichnen wären) an ihrer Spitze nicht abgestorben (Tab. V. Fig. 37. 38); auch sind die Ränder derselben nicht aus einander gedrängt, sondern der eine Rand greift über den andern etwas hinüber (Fig. 39). Durch diese Merkmale kann man die Zwiebeln dieser Art gleich von denen der *I. persica,* mit denen sie in der Grösse übereinstimmen, unterscheiden *).

Im Frühjahr wachsen oberhalb der Scheidenblätter, welche sich auch in der Weise etwas strecken, dass das oberste von ihnen — es ist wie die nächst unter ihm stehenden weit dünnhäutiger, als die untern, welche die eigentlichen Nährblätter bilden, und deren Inhalt allmählich resorbirt wird — das längste wird, nach und nach mehrere (circa 8—10) sich rück-

*) Die Aussenfläche der Schuppenblätter ist bei *I. Xiphium* glatt, bei *I. persica* mit kleinen Grübchen versehen.

wärts überbiegende Laubblätter hervor, von denen einige wenige tief unten an der Basis des Blüthenstengels, die andern aber, durch ziemlich lange Internodien getrennt, auf den übrigen Verlauf des fusshohen Blüthenstengels vertheilt sind, der durch eine Blüthe, neben welcher eine zweite hervorbricht, abgeschlossen wird. Knospen finden sich nur in den Achseln der Scheiden-, nicht der Laubblätter; die untern sind kleiner, die obern grösser. An den wenigen cultivirten Exemplaren, welche ich untersuchte, beobachtete ich zwei Modificationen der Knospen oder jungen Zwiebeln. Die in der Achsel des obersten Scheidenblattes stehende grösste (Fig. 40) ist zur Blüthezeit der Mutterpflanze (Anfangs Juni) äusserlich aus lauter Scheidenblättern gebildet. Das erste, die gewöhnliche Stellung einnehmend, ist ganz dünnhäutig, und wird später zu einer braunen Haut; ebenso beschaffen ist das zweite (Fig. 40. 41, *a. b*); das dritte (*c*) und die nächstfolgenden sind sehr fleischig. Laubblätter sind im Innern noch nicht zu erkennen. Die in den Achseln des vorletzten und drittletzten stehenden Zwiebeln (Fig. 42) sind zu äusserst von 1 oder 2 ziemlich hohen, dünnhäutigen Scheidenblättern (*a* u. *b*) gebildet, auf sie folgen 1—3 Laubblätter (*c*), deren runde (ähnlich wie die des Blattes bei den nichtblühenden Zwiebeln von ***Ornithogalum nutans*** beschaffene) Lamina zur Blüthezeit der Mutterpflanze bereits ausgewachsen ist. Auf diese Laubblätter folgen dann niedrige fleischige Scheidenblätter. Diese letzte Modification schliesst sich näher an die Knospenbildung von ***I. persica*** an.

Die untersten Knospen kommen gewöhnlich nicht zur Ausbildung. Nach der Blüthezeit sterben auch hier alle Theile der Mutterpflanze ab.

III. AMARYLLIDEAE.

GALANTHUS NIVALIS *L.*

Zur Blüthezeit untersucht, zeigt die Zwiebel des Schneeglöckchens folgende Theile. Zuäusserst finden sich einige wenige ganz dünne und vertrocknete braune Häutchen. Nach Entfernung derselben kommt zunächst eine noch frische, ziemlich fleischige, auf der Innenseite aber schon locker werdende, ringsgeschlossene weisse Scheide, ungefähr einen halben Zoll lang (Tab. VII. Fig. 22, *a*). An ihrem Oberrande zeigt sie eine ringsherumgehende Narbe; rings aus ihrer Basis hervor dringen die frischen Wurzelzasern. Aus der Mündung dieser Scheide ragt ein langes Scheidenblatt (*e*), das den Blüthenstengel (*h*) und zwei Laubblätter (*f. g*) umschliesst, hervor, gewöhnlich — nicht immer — auch noch ein zweites, kürzeres Scheidenblatt (*m*) einer Nebenzwiebel, aus dessen Mündung die Spitze von einem oder zwei Laubblättern (*n*), aber kein Blüthenstengel hervorsieht. Auch sieht man aus der Scheidenmündung noch die äussersten abgestorbenen Spitzen zweier Zwiebelschuppen (*b. c*) ein wenig hervortreten. Entfernt man nun die Scheide gänzlich, so kommt, abgesehen von der Nebenzwiebel, eine zweite gleichfalls geschlossene Scheide (Fig. 23, *b*) zum Vorschein, an der aber nicht der ganze Rand, sondern nur eine schmale, aus demselben etwas hervortretende Stelle eine Narbe hat. Auch diese Scheide umschliesst die Basis der blühenden Pflanze.

Nach Wegnahme der zweiten Scheide erscheint eine breite, ziemlich dicke und fleischige Schuppe (Fig. 24, *c*), die an ihrem obern Rande eine Narbe hat. Sie ist an die Basis des an seinem Rande oft ringsum gleich hohen, oft aber auch mit einem kurzen Ansatze zu einer Lamina versehenen Scheidenblattes, welches die beiden Laubblätter und den Blüthenstengel umschliesst, angedrückt. Zwischen diesem Scheidenblatte und jener Schuppe findet man an Zwiebeln, die nicht zum ersten Male blühen, den Rest des Blüthenstengels (*d*) vom vorigen Jahre. Die beiden geschlossenen Scheiden, die Schuppe und der Blüthenstengel sind Bildungen des vorigen Jahrganges.

Die Theile der diesjährigen Pflanze sind nun folgende:

1) Das bereits beschriebene, weit hinaufreichende Scheidenblatt (*e*); in seiner Achsel findet man die ersten Andeutungen zu einer Knospe, aus welcher im nächsten Jahre die Nebenzwiebel wird.

2) Das äussere Laubblatt (Fig. 22, *f*. Fig. 25, *f*). Es hat eine geschlossene Scheide und ist mit der Rückseite seiner Lamina dem vorjährigen Blüthenstengel zugewendet und ist sonach auch der fleischigen Schuppe (*c*) opponirt, welche vor dem Blüthenstengel steht. Schon aus diesen Stellungsverhältnissen kann man folgern, dass das dem ersten Laubblatte voraufgehende und dasselbe umschliessende Scheidenblatt (*e*) mit jener Schuppe (*c*), dem obersten Blattgebilde des letztverwichenen Jahrganges, alternirt. Dies wird auch durch den Fall bestätigt, wo sich eine kleine Lamina an dem Scheidenblatte (*e*) ausbildet; sie steht dann an der Seite der Scheidenmündung, welche von dem vorjährigen Blüthenstengel und der vor ihm stehenden Schuppe abgewendet ist.

3) Das zweite, innere Laubblatt (Fig. 22, *g*. Fig. 25, *g*. Fig. 26, *g*). Es hat keine geschlossene Scheide, sondern seine fleischige Basis ist nur etwas verbreitet. In dem Winkel, welchen dasselbe mit dem Blüthenstengel (*h*) bildet, findet sich nichts. Wohl aber steht an der von diesem Blatte abgewendeten Seite des Blüthenstengels eine junge Knospe (Fig. 26, *i*).

Es fragt sich nun, welche Stellung diese Knospe zu den ihm zunächst stehenden Theilen, der Laminarseite des ersten oder untersten Laubblattes (*f*) und dem diesjährigen Blüthenstengel (*h*), einnimmt. Was die Stellung des ersten Blattes — offenbar ist dasselbe ein Scheidenblatt — der Knospe betrifft, so bleibt sie in dem Falle unsicher, wenn dasselbe einen ringsum gleichhohen Rand hat (Fig. 29, *i*). Zeigt sich aber an dem Scheidenrande ein kleiner Ansatz zu einer Lamina (Fig. 28, *i*), so erkennt man sofort, dass es mit seiner Rückseite von dem Blüthenstengel (*h*) ab- und dem ersten Laubblatte zugekehrt ist. Wollte man nun annehmen, diese junge Knospe stände in der Achsel des ersten (vorletzten) Laubblattes, so würde die Stellung derselben eine ganz ungewöhnliche sein, indem dann das erste Knospenblatt vor das Mutterblatt zu stehen käme, während es sonst doch bei den Monokotyledonen (und auch bei den Dikotyledonen) meist vor der Achse steht und mit dem Mutterblatte alternirt. Eine solche Stellung dieser Knospe müsste bei dem Schneeglöckchen um so mehr auffallen, da doch die Nebenzwiebel zu ihrem Mutterblatte ganz die normale Stellung einnimmt. Dazu kommt endlich noch, dass von den untersten Seitenrändern des obern Laubblattes (Fig. 26, *g*) eine, wenn schon äusserst niedrige, Leiste ausgeht, die rings um die Knospe herumläuft, durch welche angedeutet ist, dass die Knospe nicht das Achselgebilde des untern Laubblattes sein könne; ja, manchmal umfasst das oberste Laubblatt mit seinen untersten Rändern das Knöspchen, wenngleich nur ganz wenig. Dieses zusammengenommen, berechtigt sicher zu dem Schlusse, dass das erste Blatt (*i*) der Knospe als das auf das obere Laubblatt (*g*), mit welchem es auch alternirt, folgende, dass ferner diese Knospe als eine terminale, der Blüthenstengel (*h*) aber als in der Achsel des obersten Laubblattes (*g*) stehend zu betrachten ist.

Verfolgt man nun die Umbildung der Zwiebel weiter, so gewahrt man, dass das Scheidenblatt (*e*) der diesjährigen Pflanze in seinem obern Verlauf abstirbt und verwest, während seine

Basis als Nahrungsbehälter stehen bleibt. Es wird also daraus der Theil, der oben als rings geschlossene Scheide (*a*) mit ringsherumlaufender Narbe bezeichnet wurde, und aus dessen Achsel eine Nebenzwiebel hervorbricht. Das erste Laubblatt verliert nur seine Lamina und wird so zur Scheide (*b*), die bloss an einer schmalen Stelle ihrer Mündung eine Narbe hat; die Lamina des zweiten Laubblattes stirbt gleichfalls ab, seine Basis aber bleibt und stellt eine fleischige Schuppe (*c*) dar. Die entsprechenden Theile des vorigen Jahrganges werden gänzlich ausgesogen und zu trockenen Häuten umgewandelt.

Die Zusammensetzung der Schneeglöckchen-Zwiebel ist insofern ganz einfach, als zur Blüthezeit nur noch die Basilarstücken des nächstvorjährigen Jahrgangs frisch, die Theile früherer Jahrgänge aber gänzlich abgestorben sind. In diesem Punkte gleicht, sie der Zwiebel von *Ornithogalum umbellatum*. Von dieser, wie von der aller andern im Voraufgehenden beschriebenen Liliaceen und Irideen weicht sie aber durch die Stellung der Hauptknospe und auch in andern Punkten auffallend ab. Nichtblühende Pflanzen haben gewöhnlich auch zwei Laubblätter, die von einem Scheidenblatte zusammengehalten werden. Bei ihnen hat auch das zweite Laubblatt (Fig. 30, *a*) eine geschlossene Scheide (*b*), in welcher die junge Knospe (*c*), deren erstes Blatt mit diesem zweiten Laubblatte alternirt, eingeschlossen ist.

Die Scheide (*spatha*), aus welcher die Blüthe heraustritt, ist ursprünglich aus zwei Blättern gebildet, die aber später mit einander verwachsen (Fig. 31. 32).

LEUCOJUM VERNUM *L.*

Untersucht man die Zwiebel eines stärkeren, blühbaren Exemplars, so sieht man nach Wegnahme der dünnen, gänzlich abgestorbenen Häute schon äusserlich, dass sie aus einer ziemlich grossen Anzahl fleischiger, wenn schon nicht sehr dicker Schalen zusammengesetzt ist. Die äussern von ihnen sind immer tiefer an ihrem oberen Rande abgestorben, als die innern (Tab. VII. Fig. 1, *a*).

Die einfachen, mit feinen Härchen spärlich bekleideten Wurzelzasern entspringen dicht unterhalb der äussersten Zwiebelschale aus der Basis der Grundachse; oft dringen sie, wenigstens viele, aus der Basis der äussersten Zwiebelschale hervor, und man kann ihren Verlauf weit hinauf in der Grundachse bis zu dem Theile derselben, aus welchem die diesjährigen Blätter entspringen, verfolgen.

Schält man die Zwiebelschalen nach einander ab, so findet man sie an ältern Zwiebeln von zweierlei Beschaffenheit: einige (die Mehrzahl) sind ringsgeschlossene Scheiden, andere stellen breite Schuppen dar, und vor diesen letztern steht regelmässig der Rest eines ältern Blüthenstengels, der mit einer Schuppe eine Länge hat. Die geschlossenen Scheiden weichen in sofern wieder von einander ab, als man (an den inneren wenigstens) bald eine an ihrem Scheidenrande ringsherum laufende, bald eine nur auf einen kleinen Theil desselben beschränkte Narbe erkennt.

An Exemplaren, welche zum ersten Male blühen, zählt man acht bis zwölf geschlossene, noch frische Schalen; da mehrere Schalen bereits in dünne Häutchen umgewandelt sind, so kann man mit Sicherheit annehmen, dass die Theile, welche an der Grundachse einer solchen Zwiebel noch vereinigt sind, die Produkte von mindestens vier Jahren sind. An andern Zwiebeln zählt man die Ueberbleibsel von einem bis vier Blüthenstengeln. Die Zahl der geschlossenen Scheiden von einem Blüthenstengel bis zum nächsten ist bald drei, bald vier.

Die noch unversehrten, diesjährigen Theile einer blühenden Pflanze sind der Reihe nach folgende:

1) Ein oder zwei hohe weisse Scheidenblätter, mit mehr

oder minder deutlichem Ansatze zu einer kurzen Lamina (Fig. 1, *b*).

2) Ein oder zwei Laubblätter, die eine ringsgeschlossene, gegen einen halben Zoll hohe Scheide haben (Fig. 2, *c*).

3) Ein Laubblatt ohne Scheide (Fig. 4, *d*). Vor ihm steht der Blüthenstengel (*e*). Auch hier ist die Achsel, welche dieses Blatt mit dem Blüthenstengel bildet, leer. Im Fall, dass zwei Blüthenstengel vorhanden sind, steht der hinzugekommene (Fig. 9, *e'*) neben dem andern (*e*) in der Achsel eines meist langen sehr schmalen häutigen Blattes (*d'*).

Das Stellungsverhältniss der Knospe, welche im nächsten Jahre die Blüthe bringt, zu dem diesjährigen Blüthenstengel ist, dass das erste Blatt derselben (Fig. 4, *f*) mit seiner Vorder- oder Oberseite ihm (*e*) zugewendet ist, also mit dem scheidenlosen Laubblatte (*d*) auf der entgegengesetzten Seite des Blüthenstengels alternirt; von der Basis des letztbezeichneten Laubblattes läuft eine ganz niedrige Leiste, wie eine Andeutung zu einer Scheide, rings um die Knospe. Was die Beschaffenheit des ersten Blattes der Knospe betrifft, so ist Folgendes zu bemerken. Entweder ist es ein Scheidenblatt, das im nächsten Jahre erst auswächst (Fig. 5 u. 8, *f*), oder es ist ein Laubblatt mit niedriger geschlossener Scheide (und erst das zweite, innere ist ein Scheidenblatt); dann bleibt es entweder unausgebildet (Fig. 6), oder es ist schon dieses Jahr zur Blüthezeit vollkommen ausgebildet (Fig. 3, *f*), und seine Lamina stirbt nach der Blüthezeit mit der der andern diesjährigen Laubblätter (siehe oben nr. 2) ab. Aus diesen Laubblättern werden die geschlossenen Zwiebelscheiden mit der nur auf einen Theil der Scheidenmündung beschränkten Narbe; aus dem Laubblatt (nr. 3) vor oder dicht unter dem Blüthenstengel wird eine Zwiebelschuppe, und aus den diesjährigen Scheidenblättern (nr. 1) werden, indem der obere Theil derselben abstirbt, die mit einer ringsherumlaufenden Narbe versehenen Zwiebelscheiden. Aus dem, was hier über die frischen Blattgebilde mitgetheilt ist, wird man leicht die verschiedenen Combinationen in der Reihenfolge der ältern Theile einer Zwiebel herleiten können.

Eine interessante Zwiebelbildung, welche nur selten vorkommen dürfte, da ich sie unter den vielen von mir untersuchten Exemplaren nur an einem einzigen fand, will ich hier noch beschreiben (Fig. 10). Es waren an der Grundachse einer Zwiebel, ungerechnet die vertrockneten Schalen, die Produkte dreier Jahrgänge vereinigt; aber die Ansatzpunkte der Schalen des ältesten und untersten Jahrganges waren durch einen entwickelten, einen Zoll langen, cylindrischen, glatten Achsentheil (Fig. 11, *f*. 12, *f*), den jene Schalen (Fig. 10, *b*) umhüllten, von den Ansatzpunkten der vorjährigen Schalen (Fig. 10. 11, *d*) getrennt; es stellte diese Zwiebel so zu sagen zwei Stockwerke dar, indem die vorjährigen Schalen zusammen eine Zwiebel bildeten, die über der von den ältesten Theilen gebildeten Zwiebel stand. Die vorjährigen Theile umschlossen ganz normal die diesjährigen Scheiden- und Laubblätter. Eine Blüthe fand ich nicht. Sowohl aus der Basis des zweitvorjährigen, wie aus der des nächstvorjährigen Jahrganges entsprangen frische Wurzelzasern; die des letzten (Fig. 10. Fig. 11, *c*) waren theilweise dicht an dem entwickelten Achsentheil, also unterhalb der innersten Schalen der untern Zwiebel hinabgestiegen und hatten sich mit ihren Spitzen, da sie sich nicht genug nach unten hatten verlängern können, wieder nach oben gewendet.

Das Uebereinstimmende in der Bildung der Zwiebel von *Leucojum* mit der von *Galanthus* beruht auf der Stellung der Knospe zu dem Blüthenstengel, welcher dort wie hier als ein axillärer zu betrachten ist. Dann ist auch die Reihenfolge der Blattgebilde an der Grundachse bei beiden im Wesentlichen gleich; nur herrscht bei *Leucojum vern.* eine grössere Mannigfaltigkeit, wie aus dem Obigen hervorgeht. So habe ich z. B. nie bei *Galanthus* gefunden, dass das erste Blatt oberhalb des diesjährigen Blüthenstengels ein vollständiges, mit den dem letztgenannten Theile unmittelbar voraufgehenden Blättern sich zugleich ausbildendes Laubblatt gewesen wäre. —

Der Hauptunterschied zwischen den Zwiebeln beider Pflanzen beruht sicherlich darauf, dass bei *Galanthus* die Grundtheile der nächstvorjährigen Blätter bereits durch die diesjährigen Theile ausgesogen werden, und dass die Grundachse frühere frische Theile, als die, welche Träger dieser vorjährigen Blätter sind, nicht enthält, während bei *Leucojum* die Grundachse die Blattgebilde, wenigstens ihre als Nahrungsbehälter stehen bleibenden Grundtheile, mehrerer Jahre trägt. In diesem Punkte stimmt diese Zwiebel mit der von *Ornithogalum nutans*, *Hyacinthus orient.*, *Muscari racem.* und *botryod.* überein. — Bei *Leucoj.* kommen in den Achseln der untern, ältern Schuppen auch Nebenknospen vor; aber durchaus nicht so regelmässig, wie dies an den blühbaren Zwiebeln von *Galanthus* der Fall ist. Diese letztere Pflanze pflegt daher auch oft dichte Rasen zu bilden, was man bei *Leucoj.* wenigstens in der freien Natur nicht bemerkt.

Mit *Leucoj. vern.* stimmt in allen wesentlichen Punkten die Zwiebel von *Narcissus Pseudo-Narcissus* überein. Zuweilen verkümmert das oberste Laubblatt (es sind deren häufig vier), welches vor dem Blüthenstengel steht, zu einer kurzen, kaum einen Zoll langen bleichen Schuppe. Das erste Blatt der Knospe ist gewöhnlich ein Scheidenblatt.

An noch nicht blühbare Zwiebeln von *Leucojum* haben sämmtliche Laubblätter geschlossene Scheiden, und in der Scheide des obersten Laubblattes findet sich die junge, terminale Knospe, deren erstes Blatt normal mit dem letzteren alternirt.

AMARYLLIS FORMOSISSIMA *L.*

Die Zwiebel dieser Prachtpflanze wird von zwei oder drei äusserst dünnen, braungefärbten Häuten bedeckt. Auf sie folgen sehr zahlreiche frische, weisse Theile, die sämmtlich an ihrem Oberrande abgestorben sind. Je weiter nach innen, desto höher hinauf sind sie noch frisch und desto saftiger und fleischiger sind sie.

Man unterscheidet leicht zwei Arten von Zwiebelschalen; die einen bilden ringsgeschlossene Scheiden, oder wenn die Scheide nicht ganz geschlossen ist, so sind sie doch so breit, dass die Seitenränder einander berühren; die andern dagegen haben keine geschlossene Scheide und sind weit schmaler, so dass sie lanzettliche, am Oberrande abgestorbene Schuppen darstellen. Je vor einer solchen Schuppe steht der Rest eines Blüthenstengels, oder, indem die Blüthe nicht zur Ausbildung gekommen ist, ein von einer verkümmerten Blüthe begrenzter, ganz niedriger, abgestorbener Blüthenstengel. Nach je drei oder vier Schalen der ersten Art kommt eine der zweiten Art, und vor ihr ein Blüthenstengelrest; an stärkern Zwiebeln zählte ich unterhalb des Stengels der eben entwickelten Blüthe bereits vier ältere abgestorbene Blüthenstengel, ebenso viele Schuppen und circa 13—15 breite ringsherum gehende Schalen. An jüngern Zwiebeln, die noch wenig geblüht haben, oder zum ersten Male eine Blüthe bringen, ist es natürlich anders; an ihnen sind dann nach aussen lauter breite Schalen.

Zur Blüthezeit sind bekanntlich in der Regel alle Blätter abgestorben; bald nach derselben brechen frische Blätter hervor. Sie gehören aber nicht zu der Achse unterhalb des letzten Blüthenstengels, sondern zu der oberhalb desselben. An ihnen lassen sich die Form, so wie die Stellungsverhältnisse erkennen.

Das erste Blatt oberhalb des Blüthenstengels (Tab. VII.

Fig. 13, *a*), der zuletzt die Blüthe trug, hat eine meist hohe Scheide (*b*), aber auch eine vollkommen ausgebildete Lamina. Mit der Rückseite der letztern ist es dem Blüthenstengel und so auch der Oberseite des Blattes (*f*), welches vor dem letztern steht, zugekehrt. Demnach sind das erste Blatt oberhalb des Blüthenstengels und das unterhalb desselben einander in demselben Sinne opponirt, wie ein Staubfaden einem Blüthenblatte opponirt ist (Fig. II). Hierin unterscheidet sich diese Pflanze auffallend von *Galanthus* und *Leucojum* (Fig. III), wo die entsprechenden Blätter (*d. b*) mit einander alterniren.

Das zweite Blatt (Fig. 13, *c*) alternirt regelmässig mit dem ersten, ebenso das dritte (*d*) mit dem zweiten; auch diese haben eine geschlossene Scheide; seltener ist sie tief gespalten. Vor dem vierten (Fig. 14, *f*. 15, *f*) findet man in der Regel die junge Blüthenknospe; es ist dann ohne Scheide und an seiner Basis überhaupt nicht scheidig erweitert. Seine Lamina ist wie die der vorhergehenden Blätter vollkommen entwickelt. Steht die Blüthenknospe erst vor dem fünften Blatte, so hat das vierte eine ebensolche Scheide, wie das erste, zweite, dritte, und das fünfte ist dann so beschaffen, wie eben das vierte beschrieben worden ist. Oberhalb dieser zunächst zur Entwicklung kommenden Blüthenknospe (Fig. 16, *a*) findet man wieder mehrere Blätter (Fig. 14. 15. 16, *b*. *c*), dann abermals eine Blüthenknospe, ja, oberhalb dieser letztern kann man nochmals die kleinen Blätter und eine dritte Blüthenknospe unterscheiden. Es wiederholt sich hier Alles, was von den Blättern, die unterhalb der ersten Knospe stehen, bemerkt worden ist, nur sind hier natürlich die Theile nach innen immer kleiner und noch rudimentär.

Man könnte nach den angegebenen Stellungsverhältnissen der Blätter geneigt sein, anzunehmen, dass das erste Blatt oberhalb eines Blüthenstengels und mit diesem ersten Blatte auch die zunächst auf dasselbe folgenden Blätter einer Achse angehörten, die in der Achsel stünde, welche das vorletzte Blatt unterhalb des Blüthenstengels mit dem letztgenannten Theile bildet, so dass dieser Blüthenstengel terminal wäre. Gegen eine solche Annahme spricht aber, dass auch hier, wie bei *Galanthus* und *Leucojum*, jenes vorletzte Blatt mit seiner geschlossenen Scheide keineswegs unmittelbar die Basis des Blüthenstengels, sondern das zunächst vor ihm stehende, scheidenlose Blatt (Fig. 13, *f*)* mit umschliesst. Dieses scheidenlose Blatt bekäme dann bei *Amaryllis form.* eine ganz andere Bedeutung als bei *Galanthus* und *Leucojum.* Es gehörte bei jener Art zu dem kurzen Achsentheil, der durch den Blüthenstengel abgeschlossen würde, während es bei *Gal.* und *Leuc.* noch zur Grundachse und zu einer Reihe mit dem zunächst oberhalb des Blüthenstengels stehenden Blatte gehört. Da aber die scheidenlosen Blätter bei *Am.* und *Leucoj.* und *Gal.* ganz übereinstimmen, so ist es in jedem Falle naturgemäss, anzunehmen, dass auch bei *Amaryllis* der Blüthenstengel in der Achsel des scheidenlosen Blattes (*f*) steht, also lateral sei. Immer aber bleibt die Stellung des ersten Blattes (*b*) oberhalb des Blüthenstengels zu dem scheidenlosen Blatte unterhalb desselben eine eigenthümliche, und, wie erwähnt, von der bei *Leucoj.* und *Gal.* abweichende.

Ausser diesem Punkte unterscheidet sich die *Amaryllis*-Zwiebel von der der beiden genannten Gattungen dadurch, dass nur Laubblätter, keine bloss aus einer Scheide bestehenden Blätter an der Grundachse stehen. Was die Dauer betrifft, so stimmt *Amaryllis form.* mit *Leuc.* überein. Die Grundachse bei jener ist höher, als bei *Leuc.*, und die Wurzelzasern, die ganz einfach und mit Härchen besetzt sind, wie bei *Leuc.* und *Gal.*, brechen an blühbaren Zwiebeln aus einem ältern Theile der Grundachse hervor und lassen sich keineswegs, wie bei *Leucojum* bis hinauf zu dem Theile derselben verfolgen, aus welchem der frische Blüthenstengel entspringt.

Die Blüthenscheide (*spatha*) ist zweiblättrig (Fig. 17); das erste oder unterste Blatt (*d*) alternirt mit dem scheidenlosen Laubblatte, aus dessen Achsel der Blüthenstengel entspringt. Dies erkennt man am deutlichsten an noch ganz jungen Blüthenknospen. Das unpaare innerste Blatt des äussern Blüthenkreises steht vor dem zweiten, innern Blatte (*e*) der Blüthenscheide. Am Grunde des Blüthenstiels (innerhalb der Blüthenscheiden) findet man in der Regel ein dünnes häutiges Blättchen. Es ist eine sterile Bractee.

CRINUM SPEC. *)

Das von mir untersuchte, ziemlich starke Exemplar zeigte Folgendes:

Zahlreiche Wurzelzasern, die häufig verästelt waren, drangen aus dem untern Theile der dicken Grundachse (Tab. VII. Fig. 19, *c*) hervor; die untern (*a*) gingen bereits in Verwesung über, und von vielen waren nur die Oberhaut und das mittelständige Gefässbündel übrig. Die obern, noch frischen Zasern (*b*) waren ziemlich fleischig. Sie traten aus solchen Stellen der Grundachse hervor, die früher Blätter getragen hatten, jetzt aber, nachdem diese letztern an dieser Stelle gänzlich verwest waren, frei von solchen waren; und zwischen den obersten Wurzelzasern und den untersten bereits abgestorbenen, aber noch vorhandenen Blättern war wohl ein Zwischenraum von einem halben Zoll.

Die Grundachse war in ihren untern Theilen gleichfalls im Absterben begriffen. Bei einem senkrechten Durchschnitt

---

*) Ich erhielt das Exemplar aus einem Handelsgarten unter dem Namen *Cr. asiaticum*; doch passte die zu dieser Art bei Linné *syst. veget.* gegebene Diagnose nicht; mehr dagegen die von *Cr. zeylanicum*. Die gegen eine Elle langen Blätter waren am Rande mit kleinen Zähnchen versehen („*denticulato-scabra*" *L.*); die Blüthen eigneten sich nicht mehr zu einer genauen Untersuchung.

(Fig. 19) ergab es sich, dass die Wurzelzasern ihren innern Ursprung, wie bei ***Amaryllis form.***, aus einem ältern Theile der Achse nahmen. Es zeigte sich hier also der Anfang zu einer Art von Stammbildung, wie dieselbe bei ***Yucca gloriosa*** in einem weit vollkommnern Maasse eintritt.

Die untern Blätter (Fig. 18, *a*) waren bis auf eine kurze, kaum 2—3 Zoll hohe Basis gänzlich verwest. Die äussersten dieser Blattreste waren auch schon völlig vertrocknet; sie waren von ungemein zahlreichen Spiralgefässen durchzogen, was man schon erkannte, wenn man sie von einander zog; die beiden äussersten Scheiden waren ringsgeschlossen; nach Entfernung derselben zeigte sich eine dritte Blattbasis, die keine solche geschlossene Scheide hatte, sondern deren Seitenränder bis auf ihre Ansatzstellen von einander getrennt waren und eine gegen einen Zoll breite Spalte bildeten. In der Achsel, welche dieses Blatt mit den innern Blättern bildete, fand sich ein nicht zur völligen Entwicklung gekommener, von einem kurzen Stengel getragener Blüthenstand. Das Ganze war ungefähr $^3/_4$ Zoll lang, liess aber die Bildung der einzelnen Theile noch recht gut erkennen. Die Spatha bestand auch hier aus zwei Blättern, von denen das äussere (es umfasst das innere mit beiden Seitenrändern) ganz regelmässig mit dem dritten Blatte der Grundachse alternirte.

Hinter dem Blüthenstengel oder auf der Seite desselben, die von dem dritten Blatte abgewendet war, stand ein häutiges, kaum 1 Zoll hohes und $^1/_2$ Zoll breites Schuppenblatt, welches mit zwei stärkern Randnerven, wie die Vorblätter der Gräser u. a., versehen war. Es war mit seiner Rückseite dem Blüthenstengel zugekehrt, also dem dritten Blatte opponirt, indem es mit seiner Rückenfläche, wenn der Blüthenstengel nicht dagewesen wäre, unmittelbar vor die Ober- oder Innenfläche des dritten Blattes zu liegen gekommen wäre. Das auf dieses Schuppenblatt folgende, fünfte Blatt war wenigstens so weit erhalten, dass man an dem Oberrande der ringsgeschlossenen Scheide die Stelle, wo die Lamina gesessen hatte, noch gut erkennen konnte. Es alternirte mit dem vierten oder Schuppenblatte, und wurde noch von den Seitenrändern des dritten Blattes ganz deutlich umfasst (Fig. I., wozu die Erklärung der Abbildungen zu vergleichen ist). Dieser Umstand ist insofern von Bedeutung, als daraus mit Gewissheit hervorgeht, dass der Blüthenstengel hier gleichfalls lateral ist, und dass der Achsentheil, an welchem das Schuppenblatt und das fünfte Blatt stehen, die unmittelbare Fortsetzung der Achse ist, an welcher sich das dritte findet. Konnten bei *Amaryll. form.* über diese Verhältnisse noch einige Bedenken erhoben werden, so schwinden diese bei *Crinum* gänzlich.

Das sechste, siebente und achte Laubblatt (Fig. 18, *d*) (mit ihm begannen die noch völlig erhaltenen Blätter) hatten gleichfalls ganz geschlossene Scheiden; das neunte (*e*), dem oben beschriebenen dritten entsprechend, hatte keine geschlossene Scheide, und in seiner Achsel stand der Blüthenstengel (*g*), dessen Blüthenstand erst vor kurzem verwelkt war. Hinter diesem Blüthenstengel stand wieder ein Schuppenblatt (gleich dem vierten), in der bereits beschriebenen Stellung. Dieses als das zehnte gezählt, war das elfte (*f*) ein vollkommenes Laubblatt (= dem fünften); es war wie die folgenden vier mit einer geschlossenen Scheide versehen. Weil diese Blätter noch nicht ganz ausgewachsen waren, so waren die Scheiden noch verhältnissmässig kurz. Die nächsten innern waren noch so klein, dass das neunzehnte in der ganzen Reihe kaum einen Zoll mass. Es war, wie das dritte und neunte, beschaffen und vor ihm stand ein ganz junger Blüthenstengel. Alle Stellungsverhältnisse wiederholten sich hier in der beschriebenen Weise, traten aber bei der Kleinheit der betreffenden Theile noch anschaulicher hervor (Fig. 20 zu vergl. die Erklärung der Abbildung). Die nachfolgenden Theile waren noch ganz rudimentär, und einen Blüthenstand konnte ich nicht mehr zwischen ihnen entdecken.

Von *Amaryllis* unterscheidet sich der Zwiebelbau dieser Crinumart ausser den bereits erwähnten Punkten auffallend dadurch, dass das erste Blatt (Fig. 20, *b*), welches auf einen Blüthenstengel (*a*) folgt, kein mit einer geschlossenen Scheide versehenes Laubblatt, sondern ein niedrig bleibendes Schuppenblatt ist (ein Unterschied, der an einen analogen zwischen *Ornithogalum nutans* und *umbell.* erinnert). Scheidenblätter, wie sie bei *Galanthus, Leucojum* und *Narcissus* auftreten, findet man bei *Crinum* so wenig wie bei *Amaryllis.* Es ist dies ein analoger Unterschied, wie zwischen nordischen Bäumen, deren Knospen in unvollkommene Blätter eingehüllt sind, und zwischen südlichen, deren Knospen nur Laubblätter haben. In den Stellungsverhältnissen des nächst dem Blüthenstengel ersten Blattes stimmt *Crinum* im Wesentlichen mit *Amaryllis* überein, entfernt sich also hierin gleichfalls von den genannten drei andern Amaryllideen-Gattungen.

Wäre nicht zu besorgen, dass die ganze Oekonomie von *Amaryllis form.* und *Crinum* in unsern Gewächshäusern durch die Cultur etwas verändert wäre, so könnte man als Unterschied zwischen beiden auch das hervorheben, dass bei *Am.* die Laubblätter unterhalb des Blüthenstengels zur Zeit der Blüthe an ihrer Spitze bereits gänzlich abgestorben sind, und erst nachher die Blätter unterhalb des nächstfolgenden (noch unentwickelten) Blüthenstengels hervorbrechen, während bei *Crinum* eine solche Unterbrechung der Vegetation nicht Statt hat. Damit hängt auch zusammen, dass bei *Crinum* auffallend verdickte Nährblätter nicht vorkommen.

Schon aus dem ganz geringfügigen Material, was mir zu Gebote stand, geht hervor, dass aus der genauern Untersuchung der Zwiebel bei den Amaryllideen manches wichtige Merkmal zur Unterscheidung der Arten und Gattungen gewonnen werden kann.

Im Gegensatze zu den sämmtlichen Liliaceen, deren Zwiebel ich untersuchen konnte, kommen den hier besprochenen Amaryllideen laterale Blüthenstengel und terminale Hauptknospen zu. Es schien mir nun von einiger Wichtigkeit zu ermitteln, ob die nicht mit Zwiebeln versehenen Amaryllideen, welche zu der von dem Herrn Professor Endlicher mit dem Namen der *Anomalae* bezeichneten Gruppe gehören, ebenso wie die eigentlichen *Amaryllideae* und *Narcisseae* laterale Blüthenstengel hätten. Zu diesem Behufe habe ich *Alstroemeria Pelegrina L.* untersucht, und Folgendes ist das Resultat meiner Untersuchung.

Die horizontale Grundachse, aus der die mehr oder minder knollenartig verdickten und an der Spitze verästelten Wurzelzasern hervorbrechen, ist mit niedrigen, breiten Schuppenblättern von ziemlich weicher und dünner Substanz besetzt, so dass dieselben leicht verwesen. Ein solches Schuppenblatt (Tab. VII. Fig. IV, 1) umfasst mit seinen Rändern den noch jungen Blüthenstengel (1*a*), welcher bekanntlich häufig steril ist, und in der Achsel, welche so das Schuppenblatt mit dem Blüthenstengel bildet, steht eine Knospe. Das äusserste Blatt (2) derselben kehrt seine Rückseite (nicht ganz genau die Mittellinie) dem voraufgehenden Blüthenstengel (1*a*) zu, und umfasst wiederum mit seinen Rändern einen Blüthenstengel (2*a*), so wie es auch in der mit diesem gebildeten Achsel eine neue Knospe (3) umschliesst, die dasselbe Verhalten, wie es eben geschildert wurde, wiederholt. Es ist also der Blüthenstengel hier terminal, die Hauptknospe axillär, und die Pflanze verhält sich in Bezug hierauf ganz wie *Aloe margaritifera;* bei dieser mit einer senkrechten Achse und mit vollständigen Blättern versehenen Pflanze ist aber Alles deutlicher. Bei *Alstroe-*

meria lässt sich das Geschilderte nur an der jungen Achse erkennen.

In der Achsel des zweiten Blattes (x) (das Blatt, welches die Hauptknospe umschliesst, als das erste gerechnet) an der Basis des Blüthenstengels bemerkt man häufig eine zweite, kleinere Knospe. Wenn sie sich ausbildet, so wird dadurch die Grundachse etwas verästelt.

Knollenbildungen.

COLCHICUM AUTUMNALE *L.*

(BULBOCODIUM VERNUM *L.* VERATRUM NIGRUM *L.* TOFIELDIA CALYCULATA *Wahlenberg.*)

Ohne Rücksicht zu nehmen auf die starke, bereits fertige Knolle (Tab. VIII. Fig. 3, *s*. Fig. 4, *s*) und auf die dunkelbraune (wie verkohlt aussehende) ziemlich dicke und lederartige Haut (Fig. 1, *a*. *b*. 2, *b*), welche die Pflanze beinahe so weit, als sie in die Erde steht, umgibt, will ich zunächst nur die Theile der frischen Pflanze beschreiben, wie man sie während ihrer Blüthezeit findet, die bei uns von der Mitte des August bis in den October dauert. Indem ich dann die Um- und Weiterbildung derselben darlege, wird sich auch die Beschaffenheit der Knolle und der dunkelbraunen Haut ergeben.

Die blühende Pflanze hängt an ihrer Basis auf einer kleinen, runden Stelle (Fig. 6, α) mit der Knolle zusammen. Die fadenförmigen Wurzelzasern, welche ganz unverästelt*) und

*) So verästelt, wie sie in Nees v. Esenbeck's *genera pl. fl. germ.* dargestellt sind, sah ich sie nie, und ich muss zweifeln, dass sie je so in der Natur vorkommen. Diese Zasern stellen in ihren zuerst entstandenen Theilen sehr bald hohle Röhren dar, in deren Mitte die zu einem Faden vereinigten Gefässbündel eingeschlossen, während sie nach der Spitze zu noch solide sind.

unbehaart sind (Fig. 1. 2. 3. 4. 5. 6. 25, *e*), treten in einem Büschel dicht neben einander und keineswegs so, wie bei den meisten Zwiebeln, an der Peripherie eines Kreises, dessen Mittelfläche frei davon bleibt, aus einer kurzen, dünnen, bald verwesenden Membran (Fig. 3. 4. 5. 6. 25, *f*) heraus, welche der Basis der blühenden Pflanze ringsum angewachsen ist. Einzelne Wurzelzasern wachsen oft aufwärts zwischen die ältern abgestorbenen Theile.

Von blattartigen Theilen finden sich folgende: 1) ein dünnes, zartes, daher bald verwesendes, kaum einen halben Zoll langes Scheidenblatt (Fig. 3. 4. 6. 25, *h*). Es umschliesst ganz fest die Basis der innern Blätter. Aus ihm ragt hervor 2) ein oft 4—5 Zoll langes, weisses zweites Scheidenblatt (*i* in dens. Fig.). Zwischen seinem Ansatze und dem des äussersten Scheidenblattes ist die Achse unentwickelt. Es ist mit seiner Rükkenfläche der Knolle zugewendet und stellt eine verhältnissmässig enge Röhre dar. Der Spalt an seinem Oberrande ist nicht tief. Es ist ziemlich dick und die Epidermis seiner Innen- (Ober-) Fläche schält sich leicht ab, so dass man bei einer oberflächlichen Betrachtung wohl meinen könnte, man habe es mit zwei dicht über einander liegenden Scheiden zu thun. Aus der Mündung dieses Scheidenblattes treten die Blüthen (Fig. 6, *q*), bald einzeln, bald zu 2, 3 oder 4, heraus. Spaltet man dieses Scheidenblatt, so findet man, dass von seinem untern Theile eingehüllt werden: 3) die noch nicht ausgewachsenen Laubblätter. Zwischen dem zweiten Scheidenblatt und dem äussersten oder untersten Laubblatt ist die Achse gleichfalls nicht entwickelt. Letzteres (Fig. 7 u. 25, *k*) alternirt mit ersterem und steht also mit seiner Rückenfläche von der Knolle abgewendet: mit seiner etwas eingerollten Lamina umschliesst es die innern Blätter und den untern Theil der engen Blüthenröhre; an seiner Basis bildet es eine nicht gar lange röhrige Scheide (Fig. 7, *α*). Präparirt man dasselbe an seinem Ansatze ringsherum ab und entfernt es gänzlich, so erkennt man, dass zwischen ihm und dem zweiten Laubblatte ein deutliches, wenn schon kaum 1—2 Linien hohes, verhältnissmässig dickes Internodium vorhanden ist (Fig. 8. 25, *n*). An diesem von einer glänzenden Epidermis überzogenen Achsentheile findet sich an der Seite nach dem Mittelnerv des ersten Laubblattes, doch nicht dicht über der Ansatzlinie desselben, sondern etwas höher hinauf gerückt in einer flachen Vertiefung eine ganz kleine, plattgedrückte, an ihrem Grunde rundliche, nach oben in eine stumpfe Spitze vorgezogene Knospe (Fig. 8. 9. 25, *o*). Ueber dieser Axillarknospe erhebt sich der noch unbedeutende wulstige Rand, welchen das Internodium, aus dem jene Knospe entspringt, unterhalb der Ansatzlinie des zweiten Laubblattes bildet, ein wenig.

Dieses zweite Laubblatt (Fig. 8. 17. 25, *l*) alternirt nicht streng mit dem ersten, indem der kleinere Divergenzwinkel beider circa 140—150° beträgt*). Auf den ersten Blick glaubt man, dass dieses zweite Laubblatt eine eben so gebildete Scheide, wie das erste, habe, weil die Spalte, welche die Seitenränder bilden (Fig. 8, *λ*), nicht bis zu der Ansatzlinie desselben (dem wulstigen obern Rande des ersten entwickelten Internodiums), herabläuft; versucht man aber das Blatt an der Stelle, wo es eine Scheide zu haben scheint, von der Stengelachse abzuziehen, so findet man, dass das nicht angeht, weil das Blatt unterhalb der erwähnten Spalte mit der Achse verwachsen ist. Diese Verwachsung erstreckt sich jedoch auf eine schmale Stelle nicht. Betrachtet man nämlich das zweite Blatt von seiner Rückseite, so gewahrt man bald, dass der Mittelnerv desselben bis zu dem wulstigen obern Rande des ersten Internodiums, also weit tiefer, als die von den Seitenrändern des

*) Dieser Divergenzwinkel liegt bald nach rechts, bald nach links von dem untern Laubblatte.

Blattes gebildete Spalte, herabläuft, und dass da, wo er aufhört, die Rückenfläche des Blattes eine freilich nur geringe Auftreibung (Fig. 17, α) erleidet. Macht man nun einen Schnitt im Verlaufe des Mittelnerves bis zu der Stelle dieser Auftreibung, so ergiebt es sich, dass dieselbe durch eine kleine Knospe (Fig. 18, α), die hier, also in der Achsel des zweiten Blattes, vorhanden ist, hervorgebracht wird. Unter dem Mittelnerv ist ein schmaler, enger Kanal (Fig. 18. 19, β), indem an dieser Stelle die Innenfläche des Blattes mit der darunter liegenden, von einer glänzenden Epidermis überzogenen Stengelfläche nicht verwächst. Dieser Kanal erinnert an eine ebensolche Bildung bei *Gagea pratensis,* und die Knospe, die sich bei der Herbstzeitlosen im Grunde des Kanals findet, ist gleichfalls nicht in einen organisch rings verschlossenen Raum eingesperrt, sondern es ist ihr die Communication nach aussen freigelassen. Die Knospe ist übrigens ganz ebenso gebaut, wie die in der Achsel des ersten Laubblattes, und hinter ihr ist die Stengelachse etwas angeschwollen und bildet so zu sagen ein kleines, ovales Polster (Fig. 20. 21, δ), auf oder vor dem die Knospe ruht. Dieses Polster entspricht der Anschwellung der Achse zwischen dem ersten und zweiten Laubblatte.

In der Achsel des dritten Blattes (Fig. 8, *m*) findet sich in seltenen Fällen eine dritte Knospe, ganz so gebildet, wie die zweite, vor einem ebensolchen, aber noch kleinern Polster und in einem ebensolchen, aber viel kürzern Kanal; weit häufiger aber steht in der Achsel dieses dritten Blattes, das dann natürlich keinen solchen Kanal bildet, die unterste, zuerst sich entfaltende Blüthe, welche von einem kurzen, aber ziemlich starken Stiele getragen wird. Ebenso ist es mit dem 4., 5. und 6. Blatte. Selten sind wohl mehr, als 4 Blüthen vorhanden; oft nur eine. Jede Blüthe steht in der Achsel eines Laubblattes. Die Internodien zwischen den Blättern, in deren Achseln die Blüthen stehen, sind äusserst kurz. Oft verkümmern die Blätter unterhalb der obersten Blüthen, selbst schon vor der zweiten Blüthe zu einer niedrigen Schuppe. Die (unbegrenzte) Stengelachse verkümmert oberhalb der obersten Blüthe und ist hier oft noch mit kleinen Blättchen und kleinen Blüthen (Fig. 25, *p*) besetzt. Die nicht blühbaren Pflanzen verhalten sich im Wesentlichen wie die blühenden, nur dass bloss zwei Laubblätter vorhanden zu sein pflegen, und dass die Achse schon oberhalb des zweiten aufhört. Nachdem im Herbste die über die Erde hervorragenden Theile der Blüthe verwelkt und zerstört worden sind, erleiden die uns hier allein interessirenden vegetativen Organe während des Winters keine auffallende Veränderung. Im Frühjahre wachsen dann die Achsentheile und Blätter allmählich aus.

Gegen das Ende des Mai, wo bei uns auch die Früchte (die Blätter erscheinen schon Anfangs April) über die Erde hervorgewachsen sind, ist die Knolle vom vorigen Herbst schon ganz zusammengeschrumpft, doch noch ziemlich zähe. An der jungen, nun fruchttragenden Pflanze ist das zweite, hohe Scheidenblatt (*i*) — das äussere, kürzere (*h*) verwest, wie bemerkt wurde, schon im Herbste gegen das Ende der Blüthezeit, so wie auch die Scheide (*f*), welche die Wurzelzasern an ihrem Ursprunge umschliesst, — in seinen obern Theilen bereits gänzlich aufgelöst, und nur ein geringer Rest desselben findet sich unten über dem untersten Laubblatte als dünnes braunes Häutchen. Es hat mithin dieses Scheidenblatt an der Bildung der bleibenden braunen Hülle keinen Antheil. Das unterste Laubblatt (*k*) überzieht mit seiner Scheide, die sich bedeutend — oft 4—10 Zoll — verlängert hat, alle innern Theile. Das unterste entwickelte Stengelglied (Fig. 10. 11, *n*) hat sich verlängert und verdickt und schon ganz die Gestalt angenommen, die wir an der grossen, ausgewachsenen Knolle (*s*) im Herbste bemerken. Der Theil (Fig. 10, *g*) dieses Internodiums zwischen der Insertionsstelle (Fig. 11, *k*) des ersten Laubblattes und der kleinen Knospe verlängert sich auch etwas, und indem er sich schief absteigend unter der Knospe hervordrängt, bildet er den Theil, der von einigen Schriftstellern als „Queruntersatz oder Seitenfortsatz" beschrieben worden ist. Der obere Rand (Fig. 10. 11, *β*) tritt, da die Stengelachse (*t*) oberhalb der Insertionsstelle des zweiten Blattes sich nicht so auffallend verdickt, als starker Wulst hervor. Der wulstige Rand erhebt sich schief nach vorn, der Mittellinie des ersten Laubblattes zugewendet, und bildet hier, also über der jungen Knospe, einen deutlichen Vorsprung (Fig. 10, *β*). Die junge Knospe (*o*) hat sich noch nicht vergrössert.

Das Achsenglied zwischen dem zweiten und dritten Laubblatt verlängert sich oft bis zu drei Zoll, und so auch der Kanal unterhalb des Mittelnervs des zweiten Blattes. Das Knöspchen im Grunde des Kanals ist unverändert, aber das Polster hinter demselben verdickt sich, keineswegs jedoch in dem Maasse, wie das unterste entwickelte Stengelglied, und bildet auch einen, wenn schon etwas undeutlichen „Seitenfortsatz" (Fig. 21, *g*). Das Knöspchen, welches sich zuweilen in der Achsel des dritten Laubblattes findet, verkümmert in der Regel. Uebrigens bleiben die Stengelglieder zwischen den Blättern, in deren Achseln jetzt die Früchte stehen, ganz kurz.

Nach der Fruchtreife sterben folgende Theile ab: die ganze Achse mit ihren Laubblättern bis auf das zur Knolle gewordene Internodium zwischen dem ersten und zweiten Laubblatt; von dem Internodium zwischen dem zweiten und dritten Laubblatte bleibt nur der zum Polster hinter der Knospe umgewandelte Theil frisch und findet sich als ein nur 1 Linie breiter und ungefähr 3 Linien langer Fortsatz (Fig. 4. 22, *δ*) an der entsprechenden Stelle in einer Vertiefung des neben ihm in die Höhe gewachsenen wulstigen Randes der neuen Knolle. Ebenso sterben die Wurzelzasern ab; die lange hohe Scheide des untersten Laubblattes, dessen Lamina bald zerstört wird, wandelt sich in die braune, ziemlich dicke und lederartige Membran um, die die ganze Pflanze einhüllt. Die Epidermis auf der Innenseite dieser Scheide legt sich meist so fest über die neue Knolle, dass sie, wenn man die Scheide wegnimmt, als ein dünnes braunes Häutchen auf der Knolle haften bleibt.

Die neue Knolle erreicht im Laufe des Sommers ihre vollständige Ausbildung (Fig. 12, *n*) und presst die Knolle (*s*) vom vorigen Herbste zusammen, deren Nahrungsstoffe gänzlich ausgesogen sind, und deren Epidermis sich dann gleichfalls in ein äusserst zartes, und sich leicht losschälendes Häutchen umwandelt, die aber der gänzlichen Verwesung noch länger widersteht, so wie dies auch mit der zu ihr gehörigen braunen Scheide der Fall ist. Die Knospe in der Achsel des untersten Laubblattes bildet sich, nachdem sie so lange fast unverändert geblieben ist, ziemlich schnell aus. Die von einer dünnen Membran oder Wurzelhülle (Fig. 13. 15. 16, *f*), deren Insertionsstelle nur durch eine schmale Stelle von der mit ihr parallel verlaufenden des ersten Scheidenblattes (*h*) der Knospe getrennt ist, eingeschlossenen, aus der Basis der Achse hervordrängenden Wurzelzasern treten hervor, indem sie jene Membran, die, wie oben erwähnt wurde, auch noch zur Blüthezeit vorhanden ist (Fig. 3, *f*), so wie die Basis der Scheide des untersten Laubblattes der nun vorjährigen Pflanze, durchbrechen; und aus dem äussersten Scheidenblatte, das die ganze Knospe bisher einhüllte, tritt die Spitze von dem zweiten, langen Scheidenblatt (Fig. 14. 15, *i*) heraus, aus dem dann später, wie es oben beschrieben wurde, die Blüthen hervortreten.

Die Knospe in der Achsel des zweiten Laubblattes entwickelt sich in vielen Fällen gar nicht, oder viel später. Manchmal aber entwickelt (Fig. 23, *i. h. f. w*) sie sich gleichzeitig mit der Knospe in der Achsel des untern Laubblattes, ohne indess gleich Blüthen zu bringen. Dass sie nach Zerstörung der Knolle, an deren obern Rande sie sitzt, aus allem organischen Zusammenhang mit der Pflanze (Fig. 23, *A*) tritt, welche sich aus der am Grunde jener Knolle in der Achsel des untersten Laubblattes gebildeten Knospe entwickelt, und dass sie gleichsam ihre eigne Wirthschaft anfängt und ihren eignen Lebensweg geht, leuchtet von selbst ein. Die Zeit für die einzelnen Erscheinungen lässt sich mit Bestimmtheit nicht angeben, da sie, wie die Blüthezeit, sehr variirt.

Betrachten wir nun nochmals eine Pflanze im Herbste, so haben wir mindestens Theile, die drei verschiedenen Jahren angehören: einmal die eben blühende Pflanze, dann von der im verwichenen Jahre verblühten die fleischige Knolle (*s*), die trockne braune Hüllscheide (*b*) und ein abgestorbenes Wurzelbüschel (*d*); dann endlich die Knospe (*o*), die im nächsten Jahre zur Blüthe gelangt. Es ist aber sehr häufig, dass auch die Reste früherer Knollen und die zu ihnen gehörigen Hüllscheiden noch vorhanden sind. Man zählt oft drei solcher Hüllscheiden, sie liegen röhrenartig übereinander und bilden so mehrere concentrische Schichten: die ältesten sind zu äusserst, die jüngste, welche die noch frische Knolle umschliesst, steht zu innerst.

Weil die Zahl der Blätter, die der Production der Hauptknospe vorangehen, immer dieselbe ist, indem letztere stets in der Achsel des dritten Blattes (des ersten Laubblattes) hervorbricht und auch die Stellung dieser Blätter zu einander sich constant bleibt, so erfolgt der Ansatz neuer Jahrgänge an ein und derselben Pflanze immer in e i n e r Richtung, so wie auch der Abgang abgestorbener Jahrgänge. Ebenso ist es klar, dass der Ansatz neuer Theile bei der aus der Knospe, welche in der Achsel des zweiten Laubblattes hervorbricht, entstehenden Pflanze in einer andern Richtung, wie bei der untern oder Hauptknospe, erfolgen muss. Dass aber mit dieser Einrichtung eine irgendwie auffallende Ortsveränderung nicht verbunden sei, geht schon daraus hervor, dass die braunen Hüllscheiden mehrerer Jahrgänge concentrisch über einander liegen, und nach oben eine ziemlich enge Röhre bilden, durch welche die Blüthen eines Jahrganges, welcher oft um drei bis vier Jahre jünger ist, als die äusserste Scheide, sich ohne irgend eine merkliche Biegung hervordrängen.

Dass ich bei *Colchicum* immer von einer Knolle und nicht von einer Zwiebel gesprochen habe, bedarf wohl keiner weitern Rechtfertigung, da ein Achsentheil, und keineswegs ein oder mehrere Blätter die Function, die Nährstoffe aufzuspeichern, übernommen hat. Es wäre auch inconsequent, wenn man der *Sturmia Loeselii* eine Knolle beilegt, bei *Colchicum* von einer Zwiebel reden zu wollen; denn beide Gattungen stimmen in Betreff der Weise, wie die Exemplare derselben erhalten werden, in der Hauptsache überein. Während aber bei *Colchicum* nur 3 Blattgebilde unterhalb des zur Knolle werdenden Achsentheils stehen, und von diesen dreien nur das eine, oberste, als Hülle stehen bleibt, sind bei *Sturmia* mehrere Blätter unterhalb der Knolle vorhanden, die dann zu Hüllen werden. Im Ursprung der Wurzelzasern, in der Stellung der Blätter der Knospe zu dem Blatte, aus dessen Achsel sie entspringt, und andern Punkten weichen freilich beide Gattungen, wie wir sehen werden, sehr von einander ab.

Auf eine mir selbst nicht ganz deutliche Abweichung von der gewöhnlichen Blattstellung, die sich bei *Colchicum* zu finden scheint, will ich behufs weiterer Untersuchung hier aufmerksam machen. Wie ich oben angegeben habe, steht das zweite Scheidenblatt der jungen Pflanze mit seiner Rück- oder Unterseite vor der Knolle oder Achse der vorjährigen Pflanze. Es fragt sich nun, welches die Stellung des ersten, kürzeren Scheidenblattes zu jenem zweiten Scheidenblatte sei. Es scheint, nach den frühesten Zuständen zu urtheilen, als ob es gleichfalls mit seiner Rückseite der Achse der vorjährigen Pflanze zugewendet sei. In diesem Falle würde das zweite Scheidenblatt vor dem ersten stehen und nicht mit ihm alterniren; nähme man aber an, es stände letzteres an der von der vorjährigen Pflanze abgewendeten Seite der jungen Pflanze, so erhielte es seine Stellung vor dem Blatte, aus dessen Achsel die junge Pflanze entspringt. Beide Fälle würden ungewöhnlich genannt werden müssen; der letztere indess in einem noch höhern Grade, als der erste.

Bulbocodium vernum dürfte nach dem, was ich bei der Untersuchung eines einzigen getrockneten Exemplares beobachtete, in allen Stücken der Knollenbildung mit *Colchicum* übereinstimmen. Dagegen verhält sich *Veratrum nigrum* ganz anders. Untersucht man eine blühbare Pflanze im Herbste, so zeigt sich Folgendes. Zu äusserst sind die Basen von Laubblättern, deren Lamina bereits abgestorben ist. Nach Wegnahme derselben kommen mehrere weisse, ziemlich dicke Scheidenblätter, deren dreieckige kleine Scheidenmündung durch eine bartförmige Anhäufung ganz zarter, im Verhältniss zu ihrem Querdurchmesser sehr langer, mit kurzen Seitenästchen hin und wieder versehener, im Innern quergegliederter Härchen verschlossen ist. Solche Härchen stehen auch, wenn schon einzelner, an dem Scheidenrande der Laubblätter. Auf die Scheidenblätter folgen dann sofort mehrere Laubblätter, von denen der noch kurze, gleichfalls mit mehreren Laubblättern besetzte Blüthenstengel eingeschlossen wird. In der Achsel, den ein an der Grundachse stehendes Laubblatt mit dem Blüthenstengel bildet, steht eine bereits ziemlich starke Knospe, deren äusserste Theile wieder Laub-, nicht, wie man erwarten möchte, Scheidenblätter sind. Der Divergenzwinkel der Blätter beträgt circa 120°. — Ausserdem finden sich auch Ausläufer; die an ihren Spitzen stehenden Knospen tragen auch Laubblätter und Schuppenblätter. Die Achse und die verästelten, einzeln aus derselben entspringenden Wurzelzasern erleiden keine auffallende Verdickung.

Tofieldia calyculata schliesst sich in der Knospenbildung an *Veratrum* an; doch tritt hier der Unterschied zwischen Schuppen- und Laubblättern nicht hervor. Das erste Blatt einer Knospe ist kurz und dünnhäutig und auf seinem Rücken mit zwei kielartig hervortretenden Nerven versehen, gleicht also ganz dem bei den Gräsern und andern Monokotyledonen als Vorblatt beschriebenen Theile und ist auch mit seiner Rück- oder Unterseite der Stengelachse zugewendet. (Man vergleiche einen Aufsatz des Herrn Prof. von Schlechtendal in der Hallischen bot. Zeitung 1847. Nr. 40.). Bei *Tofieldia calyculata* steht, wie man ganz deutlich sieht, das zweite, grössere Blatt der Knospe mit seiner Rückseite vor der Oberseite des sogenannten Vorblattes, alternirt also nicht mit diesem, sondern steht mit ihm auf ein und derselben Seite*). Ich bemerke dies besonders aus dem Grunde, weil der hier ganz deutliche Fall die Annahme eines gleichen Verhaltens bei dem verwandten *Colchicum autumnale* zu empfehlen scheint. Das erste, kurze Scheidenblatt bei *Colchicum* entspricht dann dem sogenannten Vorblatte bei *Tofieldia*.

Bei den von mir untersuchten und hier besprochenen vier Gattungen, unter denen sich die Hauptrepräsentanten der beiden Unterordnungen finden, in welche Herr Prof. Endlicher die Familie der Melanthaceen zerfällt hat, bildet der Blüthenstengel den Gipfel eines Jahrestriebes, und die Achse,

---

*) Aehnliche Stellungen beobachtete ich bei den Schuppenblättern, welche die Fruchtähre von *Zea Mays* umschliessen, wo aber sämmtliche Blätter mehr spiralig, und nicht, wie an der Hauptachse zweizeilig stehen; ferner bei den Zweigen von *Panicum glaucum* und *verticillatum* und *Juncus lamprocarpus*. — Man sieht daraus, dass die Stellung der sogenannten *Coleoptile* vor dem Kotyledon (*scutellum*) bei den Keimpflanzen der Gräser allein nicht ausreichen würde, die Frage über die Bedeutung der *Coleoptile* mit Sicherheit dahin zu entscheiden, dass sie nur ein appendiculärer Theil des Kotyledons und kein selbstständiges Blatt sei.

welche im je nächstfolgenden Jahre Blüthen bringt, ist ein Achselproduct der diesjährigen Pflanze. Hierin stimmen diese Genera mit denen der Familie der Liliaceen überein und entfernen sich von denen der Amaryllideen. Es wäre zu wünschen, dass auch die andern Gattungen der Melanthaceen in Bezug auf ihre Knospen genauer untersucht würden.

SPIRANTHES AUTUMNALIS *L. C. Richard.*

Zur Blüthezeit wird die Basis der frischen Blattrosette (Tab. X. Fig. 3, *e*) und des Blüthenstengels (*a*), der nur mit einigen schmalen, angedrückten Scheidenblättern besetzt ist, von mehr oder weniger gut erhaltenen Resten vertrockneter Laubblätter (*b*) umschlossen. Wenn man diese trockenen Blätter bis auf ihren Grund wegnimmt, so erkennt man, dass ihre kreisförmigen Insertionsstellen um einen äusserst kurzen Achsentheil (Fig. 1 u. 2, *b*) herumgehen. Dieser kurze Achsentheil hält die sämmtlichen Theile der Pflanze zusammen. Denn auf seinem Gipfel steht der Blüthenstengel (*a*) und neben diesem die frische Blattrosette, und an seiner Basis sitzen die Knollen (Fig. 1. 2. 3, *c. d*).

Ich will zuerst diese Knollen beschreiben. Was ihre Zahl betrifft, so ist sie nicht ganz bestimmt. Zwar finden sich an den blühenden Pflanzen gewöhnlich zwei, aber es ist gar nicht selten, dass auch drei oder nur eine vorhanden sind. Mit der Zahl der Knollen pflegt die kräftige Entwicklung des Blüthenstengels und der Blattrosette in gleichem Verhältnisse zu stehen. Jüngere, noch nicht blühende Exemplare haben gewöhnlich eine, seltner zwei Knollen. Sind zwei oder drei Knollen an einer Pflanze, so sind sie meistens von ungleicher Länge: während die eine gegen einen Zoll (die längsten, welche ich sah, massen zwei Zoll) lang ist, misst die andere kaum dreiviertel Zoll und weniger. Aber auch das ist nicht constant, indem sich oft kein Unterschied in der Grösse wahrnehmen lässt.

Die Knollen sind walzenförmig und verdünnen sich nur wenig gegen ihr unteres Ende. Es finden sich auf ihrer Oberfläche meist geringe Vertiefungen in Form von Querrunzeln. Die Oberfläche ist ganz dicht mit äusserst feinen, einfachen, eine bis zwei Linien langen Härchen besetzt, die sehr hygroskopisch sind, indem sie sich beim Trockenwerden kräuseln. Die Härchen, welche sich besonders häufig an dem obern Theile des Blüthenstengels finden, sind anders gebildet; denn sie bestehen aus einer einfachen Reihe zarter Zellen, von denen die oberste oft etwas stärker ist. An eine Identität zwischen den Härchen auf den Knollen und an dem Blüthenstengel ist also nicht zu denken. Unten an der Spitze der Knollen fehlt oft die Haarbildung, oder sie ist schwächer. Die Epidermis lässt sich zuweilen leicht abschälen; ich fand dann, dass unter derselben viele äusserst kleine Insektenlarven ihr Wesen trieben. Ob sich unterhalb der abgetrennten Epidermis die Knolle wieder mit einer neuen, von Haaren besetzten Epidermis bedeckt, wage ich nicht zu behaupten. Vermittelst dieser Haare hängen die Knollen fest mit der sie umgebenden Erde zusammen, und die Wurzeln anderer Pflanzen flechten sich dazwischen; manchmal ziehen sich solche auch in die Querrunzeln der Knollen, und diese schliessen sich über den fremden Wurzeln zusammen, so dass es oft den Anschein gewinnt, als nähmen diese letzteren ihren Ursprung aus der Knolle selbst. Dieses mag Veranlassung gegeben haben, dass in Nees von Esenbeck's *genera fl. germ.* Heft 5. an den Knollen unserer Pflanze ziemlich starke, verästelte Wurzelzasern abgebildet worden sind. Wenn man die Knollen in Wasser sorgfältig abspült, so wird man sich von der Richtigkeit meiner Angaben leicht überzeugen. Einen organischen Zusammenhang zwischen den, andern Gewächsen zugehörenden Wurzeln und den Knollen unserer Pflanze fand ich selbst in den Fällen nicht, wo die Wurzeln in die Querfalten der Knollen eingeschlossen waren; weshalb es unstatthaft sein würde, wenn man unsere Pflanze für parasitisch halten wollte. Sie lässt sich auch in Töpfen, in denen gar keine andern Pflanzen mitwachsen, cultiviren.

Die Knollen sind von einem centralen Gefässbündel durchzogen, das in dem untern Ende, wo sich die jüngsten Elementartheile finden, sich allmählich verschmälert (Fig. 5). Es mögen übrigens zwei oder drei Knollen an einem Exemplare sich finden, so sind sie sämmtlich, wie jeder Durchschnitt sofort beweist, zur Blüthezeit gleich frisch. Keine zeigt im normalen Zustande auch nur eine Spur von beginnender Auflösung. Sie gehören also einer Jahresbildung an, wie sie auch aus einer Achse ihren Ursprung nehmen. Von den vorjährigen Knollen finden sich zwischen den diesjährigen oft noch die Ueberreste, — braune sackartige Häute ohne Inhalt, auf deren Oberfläche man noch die Härchen erkennen kann.

Wenden wir uns nun zur Blattrosette, so ergiebt sich, dass dieselbe neben dem Blüthenstengel und zwar in der Achsel steht, den das oberste vertrocknete Blatt mit demselben bildet. Dieses Blatt umschliesst mit dem untersten Theile seiner kurzen Scheide auch den Blüthenstengel. Dieser ist also terminal, die Blattrosette dagegen, was auch die später zu erläuternde Anordnung ihrer Blätter bestätigt, axillär. An der kurzen Grundachse der blühenden Pflanze stehen unterhalb der Blattrosette meistens noch einige kleine, kaum eine Linie lange, von einem Scheidenblatte eingehüllte Knospen (Fig. 2, *f. f*). Sie sind die Achselprodukte tiefer stehender Blätter. Zuweilen ist eine derselben zu einer Blattrosette ausgewachsen, so dass sich deren zwei finden; seltner ist es, dass auch die Hauptknospe neben dem Blüthenstengel noch zur Blüthezeit im Knospenzustande verharrt, so dass gar keine frische Blattrosette vorhanden ist.

Das erste oder unterste, 2 — 3 Linien hohe, schuppenförmige Blatt (Fig. 1. 2, *d*) der Rosette steht mit seiner Rückseite gegen den Blüthenstengel; mit diesem Blatte alternirt, wenn auch nicht streng, da die Blätter mehr spiralförmig geordnet sind, das zweite (Fig. 1, *e*). Es ist schon grösser, hat aber noch nicht eine so ausgebildete Lamina, wie die folgenden. Zieht man das zweite Blatt bis zu seiner Basis ab, so sieht man schon zur Blüthezeit meist zwei hellgrünliche, rundliche Hervorragungen (Fig. 4, *g. h*). Sie schimmern durch die dünnhäutige Basis des dritten und vierten Blattes hindurch und stehen in den Achseln, welche diese beiden Blätter bilden, in jeder Achsel eine. Wenigstens kommt nur eine zur vollständigen Ausbildung. Manchmal findet sich auch bloss in der Achsel des dritten Blattes eine solche Anschwellung. Es sind die ersten Anfänge der Knollen, und man erkennt schon jetzt gewöhnlich einen Unterschied in der Grösse derselben. In den Achseln der beiden höhern Blätter findet man entweder noch die Anfänge von Knollen, oder kleine Knospen. Diese letztern erscheinen als kleine wulstige Ringe (Fig. 7) und unterscheiden sich leicht von den convexen Wölbungen, welche die ersten Anfänge der Knolle ausmachen. In den Achseln aller obern Blätter, die theilweise noch nicht ganz ausgewachsen sind, findet man gleichfalls kleine Knospen, wenn nicht zur Zeit der Blüthe, so doch später. Was hier von Bedeutung ist, ist der Umstand, dass in einer Blattachsel, in welcher die Knollen hervorbrechen, keine Knospen sich finden, und dass, wo diese stehn, umgekehrt die Knollenbildung fehlt. Dieses, so wie das centrale Gefässbündel und die Bekleidung mit Härchen, macht es zur Gewissheit, dass die Knollen bei *Spiranthes* keine Achsen-, sondern Wurzelgebilde sind, die, wie auch bei vielen Gewächsen die Wurzelzasern, aus der Achse zwischen den Blattansätzen hervorbrechen.

Das bisher Mitgetheilte lässt sich alles schon im Herbste erkennen. Im Frühjahr, gegen Ende Mai (Fig. 6), findet man die Blattrosette noch wohl erhalten, selbst das erste Scheidenblatt (*d*) ist noch unversehrt. Die neuen Knollen (*f. f*) haben die Basen der sie umschliessenden Blätter durchbrochen. Die Knöspchen (Fig. 8, *e. d*) in den Achseln der obern, nun sämmtlich ausgewachsenen Blätter (es sind deren circa 6—10) sind nun grösser; besonders ausgebildet ist das oberste, welches neben dem von einigen Scheidenblättern noch umhüllten Blüthenstengel (*c*) steht. Die Knollen (Fig. 6, *c. c*) vom vorigen Jahre fangen an zu verschrumpfen, der vorjährige Blüthenstengel (*a*) ist gewöhnlich gänzlich zerstört. Mitte Juni sind die neuen Knollen fast ganz ausgewachsen, die alten Knollen, so wie die Blätter der Rosette, von denen die untern schon trocken sind, sterben immermehr ab, der neue Blüthenstengel, so wie die ihm zunächst stehende Knospe, die zur neuen Blattrosette wird, bilden sich später aus, und so erlangt die Pflanze wiederum die anfangs beschriebene Beschaffenheit.

Spiranthes autumnalis hat demnach, um das Beobachtete kurz zusammen zu fassen, eine sehr kurze Grundachse, welche durch einen Blüthenstengel abgeschlossen wird. An ihr stehen dicht übereinander mehrere Blätter, welche aber zur Blüthezeit bereits wieder abgestorben sind. An dem untern Theile der Grundachse stehen seitlich (denn sie bilden sich oberhalb der untersten Blätter) eine bis drei Wurzelknollen; in den Achseln der obern Blätter stehen mehrere junge Seitenachsen (Knospen); die meisten Blätter der obersten dieser Seitenachsen (zuweilen zweier), die im nächsten Jahre zur Blüthe kommt, sind zur Zeit, wo der Blüthenstengel der diesjährigen Grundachse vollständig ausgebildet ist, ganz ausgewachsen und bilden eine Blattrosette (Hauptknospe). Die frischen Laubblätter stehen also an einer andern Achse, als der diesjährige Blüthenstengel. Die Wurzelknollen enthalten den Nahrungsstoff für die mit ausgewachsenen Blättern versehene Seitenachse, und sie sterben mit den Blättern derselben im nächstfolgenden Sommer, bis zu welcher Zeit sich aus der Seitenachse (die dann als Hauptachse erscheint) wieder neue Wurzelknollen gebildet haben, zugleich mit der Grundachse, an der sie stehen, ab. Durch die Auflösung der Grundachse werden die Knospen, die in den Achseln der untern Blätter der Grundachse sich gebildet haben, und deren Blätter nicht, wie die der Hauptknospe, sofort ausgewachsen sind, frei. Sie treiben dann kleine Wurzelknollen und gelangen erst, nachdem sie mehrere Jahre hindurch nur Blattrosetten getrieben haben, zur Blüthe.

Spir. aestivalis Rich. Diese dem Süden der deutschen Flora angehörige Pflanze möchte, so viel ich an ein paar getrockneten Pflanzen zu ermitteln im Stande war, sich in Bezug auf die hier zur Sprache kommenden Verhältnisse in Folgendem von *Spir. autumnalis* unterscheiden. Bei *Spir. aest.* sind zur Zeit der Blüthe die mit dem Blüthenstengel zu einer Achse gehörigen Blätter nicht abgestorben, wenigstens die denselben zunächst umgebenden finden sich noch, freilich meist in geringer Zahl, eines oder zwei. Dagegen hat sich die Hauptknospe, welche bei *Spir. autumnalis* zur Blüthezeit schon sehr weit entwickelt ist, hier noch nicht entfaltet, sondern sitzt in der Achsel des obersten oder vorletzten grundständigen Blattes versteckt und ist ganz dünn und schwach. Die frischen Knollen gehören hier augenscheinlich auch der blühenden Achse an. Es finden sich oft noch die vertrockneten vorjährigen. Es sind hier zur Blüthezeit also auch sämmtliche Theile wie bei *Spir. autumnalis* vorhanden; nur stehen sie auf einer andern Stufe der Entwicklung: bei *Spir. autumnalis* sind die Blätter der blühenden Achse, die bei *Spir. aestivalis* noch frisch sind, schon vertrocknet; bei *Spir. aut.* sind die Blätter der Hauptknospe, die bei *Spir. aest.* noch klein sind, schon sehr entwickelt.

Bereits L. C. Richard spricht sich in seinen klassischen *annotationes de Orchideis europaeis p.* 6 über die Wurzelbildung von *Spiranthes* aus. Er bringt die Wurzeln der Orchideen unter fünf Abtheilungen: *radix bituberata, fibrosa, tuberoso—ramosa, bulbosa, parasitica.* Die zweite Abtheilung charakterisirt er durch: *fibrae simplices, carnosae; aut filiformes aut insigniter crassae et interdum tuberiformes; ex ima et subterranea caulis parte, sive ex rhizomate, vel fasciculatim vel rarius distanter exortae. Gemma ex imo caule lateraliter eruptilis.* Von *Spiranthes* sagt er dann: *Spiranthis quidem radix primam inter et secundam veluti ambigit, ad posteriorem vero reipsa pertinens.*

PLATANTHERA BIFOLIA *auctorum fl. germ.**)
(CONOPSIDIUM STHENANTHERUM *Wallr.*)
GYMNADENIA CONOPSEA *Rich.*, ORCHIS MASCULA u. a.

Um die Bildung der Knollen der nach L. C. Richard mit einer *radix bituberata* versehenen Orchideen zu ermitteln, habe ich vorzugsweise die erst genannte Pflanze zum Gegenstande meiner Untersuchungen gemacht, und auf sie zunächst bezieht sich das Nachfolgende. Aber auch andere Orchisarten, als *O. fusca, mascula, Morio, maculata, latifolia, Ophrys muscifera* und *Gymnadenia Conopsea,* habe ich untersucht und werde das, worin diese Arten in Bezug auf die Knollen-

*) C. L. Richard's *Pl. bifolia* ist identisch mit *Pl. chlorantha*, das ist nicht zu bezweifeln. Man vergleiche über die vielfachen Verwechslungen, die zwischen der von den meisten Schriftstellern *Platanthera bifolia* genannten Pflanzen und der *Pl. bifolia* Richard's stattgefunden haben, die interessanten Mittheilnngen in den Beiträgen zur Botanik des Herrn Hofrath Fr. W. Wallroth, Heft 1. Ein neuer Gattungsname, da der alte nur auf eine und, wie es scheint, die seltnere Art passt, scheint demnach wohl gerechtfertigt. Doch sprechen auch manche analoge Fälle, z. B. *Chrysanthemum fl. albo*, *Convolvulus erectus* (cf. Linné *philos. bot.* 1751. *p.* 165) für die Beibehaltung des Namens *Platanthera.*

bildung von *Platanthera* abweichen, an geeigneten Orten einschalten. Herr Prof. Schleiden hat in seinen Grundzügen der wissenschaftlichen Botanik (Th. 2. p. 214 der ersten Ausg.) bereits eine Entwicklungsgeschichte der Knollen von *O. Morio* und *latifolia* geliefert. Ich trage indess kein Bedenken, meine Untersuchungen nach denen des genannten Forschers mitzutheilen, einmal, um hier eine, so weit es in meinen Kräften stand, möglichst vollständige Uebersicht der Knollengebilde unserer einheimischen Monokotyledonen zu liefern, dann auch, weil ich einige neue Thatsachen aufgefunden habe, die mir bei der Entscheidung der Frage über die morphologische Bedeutung der Orchisknolle von einiger Wichtigkeit zu sein scheinen.

I. Wie bekannt, sind zur Zeit der Blüthe zwei Knollen vorhanden: eine ältere, verschrumpfende und absterbende (Tab. IX. Fig. 1 u. 4, I.) und eine frische (II.). Die ältere Knolle hat an ihrem obern Ende einen bald längern, bald kürzern kegelförmigen Fortsatz, an dessen Spitze man eine von abgestorbenem Parenchym gebildete Narbe (Fig. 1 u. 4, *L*) bemerkt. An dieser Stelle hing die Knolle mit dem vorjährigen, nun meist gänzlich verschwundenen Stengel zusammen. (Bei andern Orchideen z. B. bei *Orchis maculata* findet sich, da die Knolle dicht am Stengel ansitzt, ein solcher Fortsatz nicht, wohl aber an der Knolle selbst eine ebensolche Narbe). Neben diesem Fortsatze an dem eine schiefe, abschüssige Fläche bildenden Scheitel der Knolle steht der diesjährige Blüthenstengel. An seiner Achse bemerken wir, von unten aufsteigend,

1) zu äusserst ein kurzes Scheidenblatt (Fig. 2 u. 4, *C*). Die Basis desselben ist von mehrern einfachen langen Wurzelzasern (*M*) durchbohrt; diese stehen, so weit die Rückseite des Blattes ihn umschliesst, rings um den Stengel. Sie sind mit feinen Härchen dicht besetzt*).

*) In den meisten Fällen wachsen diese Wurzelzasern aufwärts nach

2) Ein etwas längeres, daher aus der Scheidenmündung des ersten hervorragendes, zweites Scheidenblatt (*D*). Es alternirt ziemlich genau mit dem ersten. Seine Rückseite ist am Grunde etwas gespalten, und durch die Spalte hervor hat sich die frische Knolle gedrängt (Fig. 4, II).

3) Mit dem zweiten alternirt ein drittes, abermals längeres Scheidenblatt (*E*). Diese drei Scheidenblätter stehen fast unmittelbar übereinander*). Zur Blüthezeit sind sie gewöhnlich schon ganz vertrocknet, sonst aber unversehrt.

4) Ein Laubblatt (*F*); es ist durch ein deutliches Internodium vom dritten Scheidenblatte getrennt.

5) Ein zweites Laubblatt (*G*). Es steht gewöhnlich dem ersten Laubblatte scheinbar gegenüber; nicht selten aber entwickelt sich das Internodium zwischen beiden zu einer ziemlichen Länge. (Auf dieses zweite Laubblatt folgen dann durch deutliche Internodien getrennt, 3 — 5 schmale kurze Blätter, deren Achseln steril sind; dann kommen die Bracteen).

II. Die frische, durch die Rückseite des zweiten Scheidenblattes hervorgetretene Knolle (II) ist mit zarten Härchen besetzt, wie dies auch mit der älteren der Fall ist. Diese

---

der Oberfläche des Bodens, oft in perpendikulärer Richtung; und ich fand die Enden derselben nicht selten über einen Zoll lang aus dem Boden hervorgetreten und unter dem ihn bedeckenden feuchten, abgefallenen Laube hinkriechend. Dann waren sie besonders deutlich von den zarten Härchen umstarrt, die sich an das Laub anlegten. Das Laub war meist schon in der Verwesung begriffen, und es ist daher die Pflanze nicht parasitisch zu nennen. Sie lässt sich bekanntlich auch im Garten und in Töpfen kultiviren. — Bei *Orchis maculata* verhalten sich die Wurzeln ebenso. Bei *Gymnadenia Conopsea* ist diese Richtung nach oben nicht so deutlich. Wie es bei andern ist, habe ich nicht genauer untersucht.

*) Bei *Orchis latifolia* sind die untern Stengelglieder zwischen den Scheidenblättern oft bedeutend verlängert und bilden unterhalb der Laubblätter einen stielartigen Träger von oft 1 — 1½ Zoll Länge.

Härchen gleichen ganz denen, welche die Oberfläche der Wurzelzasern (vergl. I. 1) bekleiden, und denen auf den Wurzelknollen von ***Spiranthes.*** Eine kurze Strecke unterhalb der Stelle, wo die frische Knolle mit dem Blüthenstengel zusammenhängt, auf der von letzterem abgewendeten Seite findet sich an dieser Knolle eine seichte Vertiefung und in dieser eine Knospe von circa 2—3''' Länge (Fig. 1, *a.* Fig. 3, *a*). Sie ist, so weit sich das zur Zeit, wo die untern Blüthen bereits verwelkt sind, die obern aber noch blühen*), deutlich erkennen lässt, aus mehrern häutigen Scheidenblättern zusammengesetzt, die mehr oder minder dicht über einander liegen. Das äusserste ist auch das niedrigste, an seinem Rande wird es schon früh zerstört (Fig. 4, *a.* 5, *a*); aus demselben hervor sieht der obere Rand des zweiten, aus diesem die Spitze des dritten. Nimmt man diese Blätter der Knospe nach einander hinweg, so erkennt man, dass die Achsel des ersten, zweiten und nicht selten auch des dritten steril ist; gewöhnlich aber findet man ein kleines Knöspchen, das aber meist nicht zur Ausbildung kommt, schon in der Achsel des dritten Blattes. Aussen am Grunde des letzteren (Fig. 6, *m*) sieht man schon in Form ganz niedriger, rundlicher Erhabenheiten die ersten Anfänge der Wurzelzasern. In der Achsel des vierten endlich findet man regelmässig die erste Anlage eines Knöspchens (Fig. 8^b, *a'*), welches immer grösser, als das in der Achsel des dritten Blattes, ist. Das erste Blatt des Knöspchens bildet einen flachen ringförmigen Wulst oder Wall. Dieser Ring wird nach unten, der Insertionsstelle des vierten Blattes zu, frühzeitig etwas breiter, als an den andern Stellen, indem sich dort schon die erste Andeutung zur künftigen Knolle (Fig. 8^a, *a'*) findet**). Es

---

*) Die Zeit, wo eine oder die andere Erscheinung besonders deutlich hervortritt, variirt indess.

**) Tab. VIII. Fig. 30 zeigt die ersten Anfänge der Knospe bei

findet sich noch ein fünftes Scheidenblatt (*e*), das weitere Blattgebilde (die Laubblätter) einschiesst. Die Differenz zwischen dem zuletzt Mitgetheilten, wonach die junge Knospe in der Achsel des vierten Scheidenblattes, und zwischen der obigen Beschreibung (I, 2), wonach die Knolle und so auch die von ihr getragene Knospe aus der Achsel des zweiten Scheidenblattes hervortritt, wird sich im Verlauf der Untersuchung von selbst ausgleichen.

Wir haben also an der blühenden Pflanze so zu sagen drei Pflanzen: nehmen wir an, der Stengel auf dem Gipfel der ältern Knolle (Fig. 1 u. 4, I) blüht 1846, so wird die Knospe auf dem Gipfel der frischen Knolle (II) 1847, und das Knöspchen (Fig. 1. 4, *a.* u. Fig. 8^{a}, III) endlich in der Achsel des vierten Scheidenblattes der eben erwähnten Knospe (II) 1848 blühen. Der Kürze willen werde ich diese drei Jahresbildungen als Pflanze I, II und III bezeichnen; zuvörderst will ich aber noch auf einige Abweichungen, die sich bei ***Gymnadenia Conopsea*** finden, aufmerksam machen. Bei dieser Pflanze fand ich — und ich untersuchte viele Exemplare, — an der Knospe, die auf dem Gipfel der frischen Knolle steht, regelmässig 6 Schuppenblätter; in den Achseln der beiden untersten sah ich keine Knöspchen, wohl aber in der Achsel des dritten, vierten und fünften. Es pflegt aber nur das Knöspchen des fünften zur vollständigen Entwicklung zu kommen; wenigstens ist es immer das grösste. Ebenso verhält es sich bei ***Orchis mascula, O. Morio*** und ***O. militaris.*** Die Achsel des letzten, hier sechsten Schuppenblattes ist auch bei diesen Arten leer. Das

---

O. mascula, Anfangs Mai: *e* ist die Insertionsstelle des Mutterblattes der Knospe, welches das fünfte Blatt der Pfl. II ist; *f* ist das sechste Blatt von der Vorderseite mit der Scheidenspalte; *a* ist das noch ringförmige erste Blatt der Pfl. III. — Fig. 31. Ende Juni. Die Scheidenmündung des ersten Blattes *a* ist schon enger; aus ihr sieht die Rückseite des zweiten Blattes hervor.

siebente Blatt ist ein Laubblatt. So ist es auch wohl in der Regel bei *Orchis maculata,* doch habe ich in der Achsel des dritten Scheidenblattes öfter auch kein Knöspchen gefunden, besonders bei schwächern Exemplaren. Bei *O. latifolia* findet man häufig schon in der Achsel des zweiten Scheidenblattes ein sehr kleines Knöspchen; das grösste aber auch erst in der Achsel des fünften. Ich wende mich wieder zur *Platanthera.*

III. Nach der Fruchtreife sterben im Laufe des Spätsommers und des Herbstes alle Theile der Pflanze I ab; (doch pflegt der vertrocknete Blüthenstengel und die ausgesogene Knolle noch lange bis in den Herbst, selbst bis zum nächsten Jahre neben der frischen Pflanze stehen zu bleiben); dagegen beginnt nun die Knospe der Pflanze II, deren Knolle ihre völlige Ausbildung erhalten hat, immer länger und dicker zu werden (Fig. 9, 10); und man erkennt bald in ihrem Innern die beiden Laubblätter und den von ihnen eingeschlossenen Blüthenstand. Die Wurzelzasern (*m*) brechen, (oft wenn die Witterung günstig ist, bereits Ende Juli, ebenso bei *Gymnadenia,* später bei *Orch. mascula*) aus der Achse der Knospe der Pflanze II hervor, indem sie die Basis des dritten Scheidenblattes durchbohren, und verlängern sich, besonders gegen den Herbst, wo der Boden feuchter wird. Die beiden untern oder äussern Schuppenblätter der Knospe (Fig. 5, *a. b*) sterben aber ab und sind im September bis auf undeutliche Reste ganz geschwunden, so dass das Scheidenblatt (Fig. 9. 10, *c*), durch welches die Wurzelzasern hervorbrechen, und welches ursprünglich das dritte war, nun als das äusserste oder erste, und das (*d*), in dessen Achsel die Knospe der Pflanze III steht, — ursprünglich das vierte — als das zweite erscheint. Man könnte sagen: die junge Knospe stehe in der Achsel des vorletzten Scheidenblattes; das würde nicht nur zu jeder Zeit bei *Platanthera* gelten, sondern auch von *Gymnadenia Conops.*

und *Orchis maculata*, wo wenigstens die Hauptknospe in der Achsel des vorletzten Blattes steht. — Bei *O. fusca, militaris* und *variegata* findet sich, ob immer, will ich nicht behaupten, die Hauptknospe in der Achsel nicht des vorletzten, sondern des drittletzten (von oben gezählt) Scheidenblattes. Bei *Orchis latifolia* ist es in der Regel, wie bei *Gymnadenia Conopsea;* seltner fand ich zwei Scheidenblätter über dem, in dessen Achsel die Hauptknospe stand.

Die Knospe, aus der sich die Pflanze III. bildet, hat sich nun auch etwas vergrössert und verändert (Fig. 10). Das im Frühjahr ringförmige Blatt (Fig. 8, *a'*) ist gegen den Herbst bis auf eine kleine Oeffnung geschlossen, deren Ränder sich später an oder auch über einander legen. Von diesem Blatte sind noch einige Blätter eingeschlossen. Die Anschwellung, welche man im Frühjahre an der untern Seite der Knospe wahrnimmt, ist nun weit stärker hervorgetreten, und man erkennt schon ganz deutlich in ihr die junge Knolle. Sie hat die untere oder vordere Seite der Basis des ersten Knospenblattes (der Pflanze III. (Fig. 12, *a'*. Fig. 13)) von dem Stengeltheile der Pflanze II., dem die Knospe ursprünglich (Fig. 8^a u. 8^b) ringsum ziemlich dicht aufsass, weggeschoben, während die obere oder hintere Seite der Basis des ersten Knospenblattes an dem entsprechenden Stengeltheile der Pflanze II. stehen geblieben ist. So ruht nun die Knospe auf dem Gipfel der jungen Knolle. Hierbei will ich gleich auf eine Veränderung der Stellung der Knospenblätter in Bezug zur Achse des Stengels der Pflanze II. aufmerksam machen. Die Knolle entwickelt sich nämlich an der rechten oder linken Seite etwas stärker, als an der je andern. Nehmen wir den Fall, dass sich die (vom Betrachter) rechte Seite stärker entwickelt (Fig. 12. 13. 14), so ist damit nothwendig eine Verschiebung der Knollenspitze und des Knollengipfels nach links verbunden, so dass also eine Linie, welche die Knolle in zwei symmetrische Hälften theilt, nicht mehr mit der Linie, welche die Stengelachse der Pflanze II. und die Fläche des zu ihr gehörigen vorletzten Schuppenblattes halbirt, zusammenfällt, sondern von ihr nach links abweicht. Dieselbe Wendung machen nun auch die auf dem Gipfel der Knolle aufsitzenden Knospenblätter, wie man schon deutlich an der Richtung des Spaltes des äussersten (*a'*) ersehen kann. Nach der linken Seite zu ist dann auch der Gipfel der Knolle abschüssig. Alles ist natürlich umgekehrt, wenn sich die linke Seite der Knolle stärker entwickelt (Fig. 10). Da die Knolle sich unmittelbar unter der Insertionsstelle der Knospenblätter verdickt, die Blätter, aber nicht in gleichem Maasse wachsen, so werden sie, wenigstens die beiden äussern, an ihren Insertionsstellen so aus einander getrieben, dass sie ziemlich flach auf der Knolle aufliegen. Bei ***Orchis maculata*** und ***latifolia*** und ***Gymnadenia Conopsea*** findet eine solche stärkere Entwicklung der Knolle nach einer Seite zu nicht statt; hier ist dieselbe auf ihrer Rück- (der Pflanze II. zu) und ihrer Vorderseite gleichmässig flach. Daher werden auch die Knospenblätter auf dem Gipfel der Knolle aus ihrer ursprünglichen Stellung nicht verdrängt, sondern das erste steht mit seiner Rückseite dicht vor der Achse der Pflanze II., die hier von ihrem obersten Scheidenblatte dicht umgeben ist; da ferner bei diesen Arten die Knolle unterhalb der Insertion der ihr aufsitzenden Knospenblätter sich nicht stark in die Breite entwickelt, so werden diese nicht auseinander gezogen, sondern bilden, da sie ziemlich lang sind, einen spitzen Kegel (Fig. 27[a], *a'*) auf dem graden (nicht abschüssigen) Scheitel der Knolle, während die bei ***Platanthera*** ein nach aussen oft sehr wenig convexes Schildchen darstellen.

Um eine deutliche Anschauung von dem Verhalten der jungen Knolle zu ihrem Knöspchen und insbesondere auch zu dem Blatte, in dessen Achsel letzteres steht (dem Mutterblatte), zu erlangen, muss man einen senkrechten Schnitt durch die Mittellinie jenes Blattes und der ganzen übrigen Knospe der Pflanze II. führen. Man halbirt dann zugleich die Knospe und Knolle der Pflanze III. bei *Gymnadenia* und *Orchis maculata;* nicht ganz genau, wie aus Obigem erhellt, bei *Platanthera.* Doch schadet der letzte Umstand für unsern Zweck nichts. Man bemerkt nun auf einer so gewonnenen Schnittfläche bei genauerer Untersuchung Folgendes:

1) Bei *Platanthera* (Fig. 15. 16. 17. 18). Die Knolle bildet sich nicht dergestalt in der Achsel des vorletzten Scheidenblattes (*d*) der Pflanze II., dass sie ganz und gar oberhalb der Insertionsstelle desselben stände und von ihm nur mit seiner Oberfläche eng umschlossen würde; vielmehr ist es in der Regel so: das Blatt erscheint an der Stelle, wo sich die Knolle findet, (und nur an dieser Stelle) an seiner untersten ziemlich dicken Basis auf eine ganz kurze Strecke in zwei Schichten gespalten oder auseinander gedrängt. Die untere, dickere Schicht (*o*) überzieht nun die Unter- und Seitenflächen der Knolle und hat ganz normal unterhalb derselben an der betreffenden Stelle der Achse der Pflanze II. ihre Insertion; die obere Schicht (*u*), die sehr dünn ist und einen sehr kurzen Verlauf hat, inserirt sich ringsherum an der jungen Knolle selbst und zwar dicht unterhalb der Insertionslinie des ersten Blattes (*a'*) des auf dem Scheitel der Knolle sitzenden Knöspchens, so dass also die Insertionsstellen jener obern Schicht (*u*) des vorletzten Scheidenblattes (*d*) der Pflanze II. und die des ersten Blattes (*a'*) der Knospe der Pflanze III. parallel übereinander und kaum durch $^1/_4'''$ getrennt verlaufen. In diesem Spalt oder dieser Höhlung (die von einer Epidermis nicht überzogen ist) ist also die Knolle dicht eingeschlossen. Ich habe diesen Fall als „in der Regel" vorkommend bezeichnet; man findet nämlich auch, dass die Ober- und Unterfläche des Mutterblattes nicht so auseinander gedrängt sind, sondern, wie das sonst gewöhnlich ist, eine zusammenhängende Schicht bilden

(Fig. 18, *o*). Dann überzieht aber eine dünne Haut (Fig. 18, *n*), die gleichfalls ringsherum an der jungen Knolle ein wenig unterhalb der Anheftungsstelle des ersten Knospenblättchens (*a'*) inserirt ist, die ganze Fläche der Knolle und geht erst unterhalb der letzteren in die Oberhaut der Oberseite des Mutterblattes (*d*) über. Wie man aus den Abbildungen (Fig. 15—18) ersehen wird, finden zwischen diesem und dem zuerst geschilderten Verhalten stetige Uebergänge statt.

2) Bei ***Gymnadenia Conopsea*** (Fig. 23. 24. 25. 26) und ***Orchis maculata*** fand ich mehr das zuletzt beschriebene Verhalten von ***Platanthera***, und zwar meistens in einem noch höhern Grade, indem hier sehr häufig die Insertionsstelle des Mutterblattes ganz und gar unterhalb der jungen Knolle rückt, und die Haut (*n*), welche die Knolle überzieht, in die Oberhaut eines ganz kurzen unterhalb der Knolle befindlichen Achsentheils übergeht, also unmittelbar mit der Oberhaut der Oberseite des Mutterblattes nicht in Verbindung steht (Fig. 26). Als extremen, aber auch seltenen Fall möchte ich das unter Fig. 27 abgebildete Verhalten bezeichnen, wo unter der Knospe sich ein deutlicher, wenn schon kurzer Achsentheil (Fig. 27 *c*, *q*) findet.

Wenn man das Mutterblatt, ohne es in seiner Mitte zu zerspalten, abbiegt und langsam von seiner Anheftungsstelle abzieht, so dass die junge Knolle bloss gelegt wird, so bleibt bei ***Platanthera*** rings um diese letztere an ihrem obern Rande ein bald schmalerer, bald breiterer Streifen (Fig. 12 u. 14, *n*) von der sie bedeckenden Haut hängen; bei ***Gymnadenia*** und ***Orch. maculata*** bleibt die ganze Knolle, an deren Spitze schon früh kleine stumpfe Höcker die künftige Verästelung der Knolle andeuten, von jener Haut bedeckt, und zwar liegt diese so dicht auf jener, dass man glauben könnte, sie wäre die zur Knolle gehörige Oberhaut, was aber keineswegs der Fall ist.

Das Wichtigste, weil bei sämmtlichen Modificationen das

Bleibende, erscheint mir der Umstand, dass die Knolle sich stets in einer organisch ringsgeschlossenen und eine unmittelbare Communication nach aussen nicht gestattenden Höhle bildet.

Im Herbste gehen nun keine wesentlichen Veränderungen mehr vor.

IV. Die mit der im folgenden Frühjahr fortgesetzten Vegetation eintretenden Veränderungen beschränken sich grösstentheils, so weit sie uns hier angehen, auf die Weiterbildung der in der Anlage bereits vorhandenen Theile, die bis gegen Ende Mai oder Anfangs Juni ihre vollkommene Ausbildung erlangen. Die Pflanze II. entwickelt alle Theile ihrer Knospe: über die Oberränder der Scheidenblätter treten die Laubblätter hervor und zwischen diesen der Blüthenstengel; falls ein solcher nicht vorhanden ist, bleibt die Grundachse der Pflanze sehr kurz. Die zur Pflanze II. gehörige Knolle wird indessen allmählich ausgesogen und erscheint, während sie im vorigen Jahre als die „frische" bezeichnet werden musste, jetzt als verschrumpfend. Hierdurch isoliren sich die von Parenchym umgebenen einzelnen Gefässbündel (Fig. 40[a] und 40[b], *b*) der Knolle, dass die ganze Knolle wie aus einer Anzahl einzelner Stränge, die von der Epidermis (*a*) locker zusammengehalten werden, zusammengesetzt erscheint. Dieses ist besonders deutlich bei ***Orchis fusca*** (Fig. 38. 39), ***Morio*** und ***mascula;*** weniger deutlich ist es bei ***Gymnadenia Conopsea*** und ***Orchis latifolia.*** Hier wird das Parenchym nicht so locker, sondern bleibt mehr zähe.

Die Knospe der Pflanze III. tritt aus der Achsel ihres Mutterblattes, das bald vertrocknet, durch eine Spalte hervor und rückt, weil sich bei ***Platanthera*** unter derselben die Knolle, welche gleichfalls ihre Hülle durchbrochen hat, gewöhnlich stielartig verlängert, ein wenig von der Achse der Pflanze II. hinweg. Das erste und zweite Knospenblatt wird durch jene Verlängerung auseinander gedehnt, und sie stellen oft eine ziemlich lange Höhlung oder verdeckte Rinne, deren untere oder hintere Wand durch die Knolle gebildet wird, dar, in deren Grunde dann die übrigen Theile der Knospe stehen (Fig. 20. 21. 22). Wegen dieser Ausdehnung verwesen die beiden ersten Knospenblätter (*a'. b'*) auch früher, wie das bereits bemerkt worden ist. Aber es kommen auch mehr normale Knospenbildungen vor, wo das erste und zweite Blatt dicht über den innern Blättern der Knospe sitzen. Die Knolle der Pflanze III. verdickt sich walzenförmig, ihre Spitze aber wächst, immer dünner werdend, fort, oft bis zur Länge von zwei Zollen; die ganze Oberfläche der jungen Knolle bedeckt sich mehr oder minder dicht mit zarten Härchen. So tritt sie allmählich ganz in den Zustand, der oben (II.) als der der frischen Knolle beschrieben worden ist. — Es versteht sich von selbst, dass nun in der Achsel des vierten Scheidenblattes der Pflanze III. sich wieder ein Knöspchen entwickelt, welches wie die Pflanze III. im folgenden (nach der obigen Annahme: 1848), in dem zweitfolgenden Jahre (1849) zur Blüthe kommt.

Bei *Gymnadenia Conopsea* ist bis Anfangs Mai die Knolle der Pflanze III. noch von der sie umhüllenden Haut umschlossen (Fig. 28); dann berstet die Haut (Fig. 29. 30, *n*) ziemlich unregelmässig über der Spitze der Knolle und die Höcker (*q*) — die künftigen Verästelungen — treten aus den Oeffnungen hervor. Die Haut (*n*), welche bis dahin weiss und glatt war, wird bald braun und verwest gänzlich. Bei *O. maculata* und *latifolia* ist es ebenso; bei der letztgenannten Art lässt sich aber dies am schlechtesten beobachten, weil die Haut sich gewöhnlich in dem feuchten Boden sehr rasch auflöst, da sie aus einem sehr zarten Zellgewebe besteht. Am deutlichsten lässt sich die Haut und das Hervortreten der jungen Knolle aus deren Höhle bei *O. fusca* und *mascula* erkennen. Hier ist die Haut verhältnissmässig weit stärker und derb (Fig. 31. 32. 33. 36. 47); sie geht unter der ganzen Knolle weg (Fig. 31, *n*) und inserirt sich dicht an der Stelle (Fig. 31. 36. 47, *p*), wo die ganze junge Knospe (Pflanze III.) mit der Achse der Pflanze II. zusammenhängt, und wo die Gefässbündel der letzteren in jene übergehen. Eine Verwechslung dieser Haut mit dem Mutterblatte, welches zur Achse der Pflanze II. gehört, ist hier gar nicht möglich. — In Bezug auf die Insertion dieser Haut unterhalb der Insertionsstelle des ersten Blattes (*a'* in Fig. 31. 32. 33. 36. 47) der Pflanze III. ist kein Unterschied zwischen diesen Arten und ***Pl. bifolia*** und ***Gymn. Conops.*** Wenn bei ***Orch. fusca*** und ***mascula*** die junge Knolle im Frühjahr (circa Mitte April) die Hülle (*n*) durchbricht, so hängt letztere wie ein enger Mantel (Fig. 32. 33. 34. 35. 36. 47, *n*) rings um den obern Theil der Knolle, während der untere Theil daraus hervorsieht. (Bei ***Plat. bif.*** verwest der schmale Rand (Fig. 14, *n*), welcher diesem Mantel entspricht, bald und ist daher in Fig. 20. 21. 22 nicht mehr zu erkennen). Eine andere Eigenthümlichkeit in der jungen Knospe wird bei diesen Arten dadurch herbeigeführt, dass sich die Achse (d. h. die Stelle wo die Blätter der Knospe entspringen) auf der Knolle nach unten röhrenartig vertieft (nicht wie bei den meisten Pflanzen und wie auch bei ***O. latifolia*** und ***Gymnadenia Conops.*** nach oben mehr oder minder kegelförmig erhebt), ähnlich (denn manche Verschiedenheit zwischen diesen Gebilden darf nicht übersehen werden) wie die Achse der Rosenblüthe, so weit sie Fruchtblätter, und die Achse der Orchisblüthe, so weit sie Samenknospen (cf. ***Linnaea*** 16, p. 430) trägt. An der Mündung jener Höhlung stehen (ähnlich wie die Kelch-, Kron- und Staubblätter bei der Rosenblüthe) die beiden ersten oder äussersten Blätter (Fig. 47, *a'. b'*) der Knospe, diese Mündung, wenn schon nicht luftdicht, da die Blätter eine Spalte haben, verschliessend; die andern Blätter (*c'*) stehen im Grunde derselben (ähnlich wie das centrale Fruchtblatt bei der Rose oder der ***Alchemilla*** und andern Rosaceen) und bilden hier ein kegelförmiges Knöspchen. Das zweite Knospenblatt rückt oft in die Mitte der Höhlung hinab (Fig. 36, *b'*), von dem ersten weg (Man vergleiche die ungemein anschauliche Darstellung ähnlicher Achsenbildungen in Schleiden's wissenschaftlicher Botanik II, 129. 30.). Die hintere (der Pflanze II. zugekehrte) Wand der Höhlung ist dicker, als die vordere. Aehnlich ist es bei *O. Morio,* wo dieser hohle Achsentheil oft ziemlich lang und stielartig wird (Fig. 46). In der Mitte zwischen *O. Morio* und *fusca* steht die Bildung dieses Theiles bei *Ophrys muscifera* (Fig. 42. 43. 44. 45). Wahrscheinlich ist die gestielte Knolle von *Herminium Monorchis* nur das Extrem von dem Verhalten bei *O. Morio* *). — Diese röhrenartigen Achsentheile auf dem Gipfel der Knolle sterben bald ab.

Bei *Gymnadenia Conops.* und *Orch. maculata* bleibt die Knospe dicht an der Pflanze II. stehen, und um ihre Basis herum, besonders an der vordern Seite bildet die Knolle einen flachen Wulst (ähnlich wie die Wurzel von *Daucus Carota* um die grundständigen der unentwickelten kurzen Achse eingefügten Blätter). Die Höcker an der Spitze verlängern sich, indem sie an der Spitze immer weiter wachsen. Und so erlangt denn die Knolle die allgemein bekannte handförmige Gestalt (— die Todtenmanns-Finger! —). Bildet sich, was bei *Gymn. Conops.* häufig ist, eine zweite, die vorletzte, Knospe (seltner auch die dritte) der Pflanze II. aus, so wiederholt sich an ihr Alles, was über die Ausbildung der Hauptknospe gesagt ist. Auch bei *Plat. bif.* und den andern hier besprochenen Orchideen bildet sich zuweilen eine zweite Knospe aus.

---

*) Vergleicht man die stielartigen Verlängerungen an den Knospen dieser Pflanze mit denen, durch welche die Zwiebeln bei *Gagea pratensis* mit der Mutterpflanze zusammenhängen, so ergiebt sich der Unterschied, dass hier auch das Mutterblatt an der Bildung des Stieles Antheil hat, was bei *Orchis Morio* nicht der Fall ist. Bei *Tulipa silv.*, wo die gestielte Zwiebel terminal ist, ist es nicht wie bei *G. pr.* die Rück-, sondern die Scheidenseite eines Laubblattes, welche die Ausdehnung erleidet.

V. Ich habe es bis jetzt unentschieden gelassen, ob die Knolle von *Platanthera* und der andern hier erwähnten Arten eine Umwandlung einer Wurzel oder eines Achsentheiles sei. Herr Professor Schleiden rechnet die Knolle von *Orchis* und den zunächst mit ihr verwandten Gattungen zu den Tuberidien oder Scheinknollen, von denen er sagt (p. 213): „Einige Pflanzen bilden eine einzelne Knospe, am häufigsten eine Axillarknospe, auf eine eigenthümliche Weise um. Das Achsenparenchym der Knospe nämlich, welches unmittelbar über der Basilarfläche liegt, dehnt sich durch einen plötzlich in einzelnen Zellengruppen neu auftretenden Zellenbildungsprocess auffallend dick und knollenförmig aus, bei den Axillarknospen (bei den einheimischen Orchideen) nur einseitig, da von der andern Seite der Druck des Stengels eine solche Ausdehnung nicht erlaubt." — Die Bildung der Knolle von *Orchis Morio* und *latifolia* schildert derselbe folgendermassen: „In den Achseln der untern Blätter finden sich Axillarknospen. Bald nachdem im Frühjahr die Vegetation begonnen, beginnt die Knospe des zweiten Blattes sich zu entwickeln, indem der Theil unmittelbar über ihrem Anheftungspunkt anfängt anzuschwellen und sich nach aussen zu drängen, bei *Morio* in rundlicher, bei *latifolia* in schon früh erkennbarer zweilappiger Form. Sehr bald durchbricht diese Anschwellung die Basis des Blattes, in dessen Achsel sich die Knospe befindet, so wie den Scheidenrand des untersten Blattes und wird so nach aussen sichtbar. Der Theil, durch den die Knospe mit dem Stengel zusammenhängt, nimmt nicht an Masse zu, sondern streckt sich nur in die Länge, wodurch die Scheinknolle, oben auf ihrem Scheitel die Knospe tragend, immer weiter von der Mutterpflanze entfernt wird." Nach Schilderung des spätern Zustandes wird dann bemerkt: „Morphologisch sind diese Scheinknollen entschieden keine Wurzeln, physiologisch höchst wahrscheinlich auch nicht; bis jetzt liegen aber keine Thatsachen zur Entscheidung dieser Frage vor."

Dass sich die Knollen physiologisch wie Wurzeln verhalten, möchte ich zunächst doch behaupten. Sie sind mit ganz denselben zarten, hygroskopischen Härchen besetzt, welche unbezweifelte Wurzelgebilde bei den Orchideen bekleiden: nämlich die mehr fadenförmigen Wurzelzasern, die bei *Platanthera*, *Orchis*, *Ophrys* u. a., aus dem untersten Theile des Stengels hervorbrechen, und die knolligen Wurzeln von *Spiranthes*. So gut wie hier, dienen gewiss diese Härchen auch auf der Knolle von *Orchis* mindestens in ihrem frühern Stadium (denn in dem spätern Zustande sind sie Nahrungsbehälter) zur Aufsaugung der Feuchtigkeit, zumal wenn die Spitzen der Knollen so tief in den Boden eindringen, wie es bei *Platanthera*, *Orchis maculata* und *Gymnadenia* geschieht.

Ja, selbst gegen die morphologische Deutung der Orchisknolle, nach welcher sie eine Umwandlung eines Achsentheils ist, so ansprechend sie auch auf den ersten Blick sein mag, spricht sehr Vieles, wo nicht Alles.

Man könnte zunächst, da doch bei andern Orchideen — ich erinnere nur an die *Epipactis*-Arten, an *Cypripedium Calceolus*, *Listera ovata*, *Bletia hyacinthina**) — an den unter-

---

*) Bei dieser Pflanze sind sämmtliche unterirdische Achsentheile knollig verdickt. Am stärksten ist es der mehr senkrechte, von circa 5 Internodien gebildete Achsentheil, auf welchem sich der Blüthenstengel erhebt. Aus dem Winkel eines obern an diesem Achsentheile stehenden Blattes entspringt eine neue Achse; ihre ersten Internodien stehen wagerecht und sind nicht so stark verdickt, als die darauf folgenden, welche sich wieder senkrecht erheben, um einen Blüthenstengel zu tragen. Auch die untern Knospen des senkrechten Achsentheils kommen oft zur Entwicklung, und so wird die Grundachse verästelt. Sie hat eine sehr grosse Aehnlichkeit mit der Grundachse von *Convallaria Polygonatum* und noch mehr von *C. multiflora*. — Bei *Cypripedium Calceolus* finden sich an der Achse eines Jahrganges gewöhnlich erst sechs Scheidenblätter und dann drei oder vier Laubblätter, zu denen

irdischen Theilen, welche unbezweifelte Achsengebilde sind, keine Spur von Haarbildungen vorkommt, obschon die Wurzelzasern mit Härchen bedeckt sind, folgern wollen, dass schon deshalb, weil auf den Knollen der mit einer *radix bituberata* (eine unpassende Bezeichnung!) versehenen Orchideen, zahlreiche Härchen sich entwickeln, diese Knollen nicht wohl als Achsengebilde zu betrachten seien. Indess will ich auf das Vorkommen der Härchen auf den Knollen bei der Entscheidung der Frage, ob dieselben Achsen- oder Wurzelgebilde seien, nicht zu viel Gewicht legen; denn ich werde später selbst Einiges anführen, wodurch es mehr als wahrscheinlich wird, dass auch bei *Plat. bifolia* auf wirklichen Achsentheilen solche Härchen auftreten.

Was aber noch weit mehr, als jener Umstand, die Achsennatur der Orchisknolle in Frage stellt, ist die Art ihrer Bildung. Einmal passt die von Herrn Professor Schleiden gegebene Darstellung nicht auf den Fall, den ich als den bei *Platanthera* am gewöhnlichsten vorkommenden geschildert habe. Sollte auch hier die Knolle, als eine einseitige Ver-

---

die gleichgestaltete Bractee (oder zwei solche, cf. Hall. bot. Zeitung 1848 p. 514) kommt. Die Achsel des ersten Scheidenblattes ist leer, in der des zweiten findet sich ein kleines Knöspchen, welches in der Regel nicht zur Ausbildung kommt, aber viele Jahre hindurch frisch bleibt; in der Achsel des dritten steht die Hauptknospe, welche im nächsten Jahre zur Blüthe gelangt. Die drei obern, sterilen Scheidenblätter sterben mit dem Blüthenstengel ab; die Internodien der untern Scheidenblätter bilden die Verlängerung der Grundachse. Auf der Seite, wo dieses Jahr die Hauptknospe steht, steht im nächsten Jahre die kleinere und so abwechselnd. An einer drei Zoll langen Grundachse unterschied ich deutlich vierzehn Jahrgänge, und die ältesten waren noch frisch. In fruchtbarem Boden kommen auch die kleinern Knospen zur Ausbildung, und die Grundachse erscheint dann sehr verzweigt. — Ganz ähnlich ist es bei *Epipactis latifolia,* wo auch in der Achsel des dritten Scheidenblattes die Hauptknospe sich findet. Bei *Listera ovata* stehen unterhalb der beiden Laubblätter noch mehrere Scheidenblätter; in der Achsel des drittletzten Scheidenblattes steht die Hauptknospe.

dickung des ersten Internodiums der Knospe nach aussen zu, betrachtet werden, so dürfte die Insertionsstelle der Oberseite des Mutterblattes nicht, wie es doch wirklich der Fall ist, an dem obern Rande der Knolle herumlaufen und der Insertionsstelle des ersten Knospenblattes ganz nahe rücken, vielmehr müsste dieselbe dann durch das stark entwickelte Internodium von letzterer weggerückt und unterhalb der Knolle selbst zu finden sein. Dann aber ist mir kein Fall bekannt, wo sich ein Achsentheil in einer solchen ganz geschlossenen Umhüllung bildet, wie hier und noch deutlicher bei den andern Orchideen, deren Wurzelhülle jedenfalls den vollendeten Zustand der bei *Pl.* noch unvollkommenen Bildung darstellt, die Knolle; noch weniger ein solcher, wo sich ein Internodium in einem Raume bildet, der organisch abgeschlossen wäre von dem, in welchem das zu dem Internodium gehörige Blatt steht. Es wäre aber auch wohl wenigstens höchst ungewöhnlich, dass ein Internodium ausser dem eigentlichen *Punctum vegetationis*, wo sich das zu ihm gehörige Blatt gebildet hat, mindestens noch eines, nämlich in der mehr oder minder deutlich hervortretenden Spitze der Knolle, und in manchen Fällen, wie bei *Gymnadenia*, selbst noch 2—6 Vegetationspunkte hätte*).

*) Wäre die bildliche Darstellung, welche in Nees v. Esenbeck's *genera fl. germ.* von dem unterirdischen Stamme des *Epigogium Gmelini* gegeben ist, richtig, so könnte man sich auf die Bildung desselben berufen. Allein es sind dort die zarten, schuppenartigen Blätter nicht mit dargestellt, deren Achselgebilde die mannigfachen Verästelungen sind. Die Spitzen dieser Verästelungen zeigen sich auf einem Durchschnitt aus zarten Blättern gebildet, wie andere Knospen. Ausser den oft walzlichen, oft breitgedrückten fleischigen Achsen finden sich auch solche, die sehr zart, kaum $\frac{1}{2}$ Linie stark sind und sehr leicht zerreissen. Ihre Internodien sind dabei verhältnissmässig lang; es stehen an ihnen äusserst zarte, hyaline Schuppenblätter, und in deren Achsel zarte Knöspchen. Wahrscheinlich werden diese Knöspchen durch Auflösung der sie tragenden Achse frei. — Die knollige, innen hohle Anschwellung, welche sich am Grunde des Blüthenstengels findet, stirbt mit die-

Alle diese Bedenken fallen weg, sobald man die Orchisknolle als Wurzelgebilde betrachtet. Dann erscheinen die Haare auf derselben als ganz in der Ordnung, der Ueberzug oder die Hülle, aus der die Knolle hervortritt, ist dann mit der sogenannten Wurzelscheide (*coleorrhiza*) in Vergleich zu stellen, die man bei so vielen keimenden Monokotyledonen beobachten kann, deren Hauptwurzel sich nicht entwickelt, sondern durch Wurzelzasern, die aus dem Innern der Achse oder auch der eigentlichen Wurzel sich hervordrängen, ersetzt werden. Auch die dünnen Wurzelzasern der Orchideen brechen aus einer solchen Scheide hervor, die besonders deutlich bei *O. fusca* (Fig. 37) ist. Bei der Knolle von *Gymnadenia*, von *O. fusca, militaris, mascula* u. a. ist diese Wurzelhülle sehr entwickelt, bei *Platanthera* dagegen gewinnt sie nicht eine solche Ausdehnung, sondern geht bald in die Oberhaut der Oberseite des Mutterblattes über. Man braucht indess, wenn man Bedenken trägt, eine laterale Bildung, deren eigentliche Basis die Stelle ist, an welcher sie mit der Mutterpflanze zusammenhängt, mit freien Sämlingen zu vergleichen, auch nicht zu den keimenden Pflanzen der Monokotyledonen seine Zuflucht zu nehmen, um eine angemessene Analogie für eine derartige Wurzelbildung zu gewinnen, da man eine ganz entsprechende auch an der Knospe von *Colchicum* hat. Denn würde sich bei *Colchicum*, wo freilich das Mutterblatt des Knöspchens gleich anfänglich eine kleine Strecke unterhalb des letzteren inserirt ist und durch die eigenthümliche Entwicklung der Achse später von ihm noch mehr getrennt wird, aus der seitlichen Basis des Knöspchens unterhalb der Insertionsstelle des ersten Blattes desselben, durch die ursprünglich

sem ab und hat mit der Erhaltung der Pflanze nichts zu thun. Ich bedaure, dass ich diese bereits vor mehreren Jahren gemachten Beobachtungen nicht habe wiederholen und vervollständigen können.

gleichfalls ganz geschlossene Wurzelhülle (Tab. VIII. Fig. 13. 15. 16, *f*) hindurch statt der vielen einzelnen Zasern nur eine starke und fleischige hervordrängen, so hätte man in der Hauptsache ganz dieselbe Bildung wie bei ***Platanthera.***

Das Wachsthum der Knollen bei Orchis ist ganz so, wie das der dünnern Wurzelzasern und so, wie es Herr Professor Schleiden p. 116 von den ächten Wurzeln beschreibt: die jüngsten und zartesten Zellen finden sich unmittelbar unter der Spitze, die bei ***Platanthera*** und ***Gymnadenia*** noch lange fortwächst, nachdem der Körper der Knolle seinen normalen Umfang erreicht hat.

Gegen meine Deutung der Orchisknolle lassen sich vielleicht von Seiten der Anatomie Einwürfe machen, und diese von vornherein völlig zu erledigen, bin ich der Zeit nicht im Stande. Ich untersuchte bei einer kaum hinreichend starken Vergrösserung durch ein einfaches Mikroskop Querschnitte von den Wurzelzasern, die aus dem untern Theile des Stengels seitwärts hervorbrechen, und solche von dem fadenförmigen Ende der Knolle von ***Platanthera*** und ***Gymnadenia*** — bei beiden sind diese Enden oft nicht im Geringsten stärker, als jene Wurzelzasern —, da fand ich gar keinen Unterschied im anatomischen Bau derselben. Die Hauptmasse beider wird durch Zellgewebe gebildet. In dem Centrum sind die Zellen enger, als in der peripherischen Schicht. Innerhalb jener engern Zellen stehen ziemlich kreisförmig (meist in mehrere concentrische Kreise) geordnet circa 8—12 Gefässbündel*). Nach oben, wo die Knolle bei ***Platanthera*** stärker und fleischiger

*) Bei ***Spiranthes*** ist es im Wesentlichen ebenso; nur ist die Zahl der Gefässbündel in den Wurzelknollen weit grösser, und sie stehen dichter bei einander und bilden einen deutlicheren Kreis, als in den Wurzelzasern und den Knollenenden von ***Platanthera.*** Auch sind die Zellen, welche von diesem Kreise eingeschlossen werden, und die, welche ihn umschliessen, in ihrem Lumen eben nicht verschieden.

wird, sind diese Gefässbündel durch das Parenchym, in welchem die Nahrungsstoffe aufgespeichert sind, auseinander gedrängt und verlaufen bogenförmig bis unterhalb der Knospe. Bei *Gymnadenia* schien es mir, als wenn die Gefässbündel, die zu einem Knollenaste (oder Finger) gehören, direkt bis zur Basis der Knospe verliefen, ohne sich mit denen, welche zu den übrigen Aesten gehören, zu vereinigen. Dies spräche dafür, dass die Zertheilungen eigentlich einzelne Wurzelzasern wären, die aber gleich bei ihrem Entstehen mit einander verschmelzen und erst in ihrem untern Verlauf von einander gesondert wieder auftreten. Interessant wäre es, zu wissen, ob bei *Gymnadenia albida*, der man *tubera fasciculata* zuschreibt, die knolligen Zasern, welche sicherlich den Aesten der Knolle von *Gymn. Conopsea* entsprechen, bis zu ihrem Ansatz und Ursprung aus der Stengelbasis unverwachsen sind. Dann hätte man eine noch deutlichere Analogie mit *Colchicum autumnale*. An einigen trockenen Exemplaren von *Gymn. albida* konnte ich mich nicht hinreichend über jenes Verhältniss unterrichten. — Dass neben diesen basilären (knolligen) zuerst sich entwikkelnden Wurzeln, die wie bei *Colchicum* dem untersten Ende der Grundachse der ganzen Pflanze entspringen und nicht durch die Scheidenbasis eines Blattes hervorbrechen, bei *Orchis* auch laterale oder solche (die fadenförmigen), die oberhalb eines Blattansatzes entspringen und die Basis der Blattscheiden durchbrechen, vorkommen, wird nicht befremden, da ja die letztern bei den Monokotyledonen so ungemein häufig auftreten, und auch bei vielen Monokotyledonen, wenn sie keimen, z. B. den Gramineen, eine solche zwiefache, wenn gleich in der Form nicht so abweichende, Wurzelbildung unterschieden werden kann*).

*) So ist auch bei den Keimpflanzen von *Anthericum Liliago* die an der Basis der Pflanze aus einer dünnen Haut hervortretende Wurzelzaser in der Regel weit dicker, als die seitlich aus dem Grunde der Achse etwas später hervortretenden Zasern. — Eine etwas entferntere

Für eine secundäre Erscheinung, wie die in manchen Fällen eintretende Entfernung der jungen Knospe von der Pflanze, der sie entsprungen, ist es natürlich gleichgültig, ob die Knolle eine Umbildung der Wurzel oder eines Achsentheiles ist; denn die eigenthümliche Umbildung einer Wurzel an dieser Stelle bringt grade dieselbe Wirkung hervor, wie die von Herrn Prof. Schleiden angenommene Umbildung eines Achsentheils. Bei *Platanthera,* wo die junge Knospe bald näher bald ferner an der ältern Pflanze steht, sieht man ganz deutlich, wie die Gefässbündel (Fig. 3. 20. 21, *m*), welche von der ältern Pflanze in die Knospe übergehen, und als der eigentlichen Knospenachse*) angehörend zu betrachten sind, durch die Bil-

---

Analogie bietet das Vorkommen von den Wurzelzasern an der Basis der Grundachse und anderer an der Basis des Blüthenstengels bei *Lilium Martagon* und *bulbiferum*.

*) Ebenso, wie Schleiden, nehme ich, und man kann kaum anders, als den Haupttheil der ganzen Knospe, aus welchem alle andern ihren Ursprung nehmen, ein Achsengebilde, die Knospenachse, an, deren Verlängerung nach oben später den Blüthenstengel bildet. An jenem Achsentheil stehen, meist dicht über einander, die Knospenblätter, und aus ihm entspringt nach unten oder seitwärts unterhalb der Insertionsstelle des ersten Blattes die Knolle als Wurzelgebilde, als welches ich nur den Theil betrachte, der sich ursprünglich unterhalb der ringförmigen Insertionsstelle der Wurzelhülle bildet; ich sage: ursprünglich, denn die Insertionsstelle dieser Membran nimmt bei manchen Arten, wie bei *O. mascula*, *militaris*, *Morio* und *Ophrys muscifera*, durch die bereits beschriebene eigenthümliche Ausdehnung der ersten Glieder der Knospenachse in der spätern Zeit eine andere Stellung ein. Diese eigenthümliche Insertion der Wurzelhülle bei den genannten und andern Arten spricht auch für die Richtigkeit meiner Annahme in Betreff der röhrenartigen Bildung der Knospenachse zwischen den ersten Knospenblättern, und spricht gegen die Annahme, die auf den ersten Blick, besonders wenn man die Bildung der Knospe bei *Platanthera* kennt, sich zu empfehlen scheint, dass nämlich die vordere Seite des Kanals auf dem Scheitel der Knolle (man sehe Fig. 31. 33. 36. 45. 47) hervorgegangen sei aus einer Verschmelzung der Vorderseite des ersten (*a'*) und der Rückseite des zweiten (*b'*) Knospenblattes. — Jene Membran, die bei *Platanthera* gewöhnlich nur gering entwickelt ist und

dung der Knolle, gleichsam genöthigt sind, länger zu wachsen, um die Verbindung der jüngern und ältern Pflanze auch ferner zu vermitteln. Sie biegen sich ein wenig abwärts und verlaufen unterhalb der Knospe, wo dann die zu der Achse und den Blättern derselben gehörigen Gefässbündel nach oben abgehn, während die zur Knolle gehörigen nach unten abwärts steigen. An der Bildung des mehr oder minder deutlichen stielartigen Fortsatzes, durch den bei *Platanthera* die junge Pflanze mit der ältern zusammenhängt, hat die Knolle insofern auch Antheil, als die Anschwellung sich noch ein wenig in diesem fortsetzt; ob aber bei *Herminium Monorchis* der fadenförmige Stiel ausschliesslich durch einen Achsentheil gebildet wird oder nicht, muss ich dahin gestellt sein lassen; bei *O. Morio* gehört jener Theil bestimmt der Knospenachse an.

VI. Es musste mir wichtig sein zu erfahren, wie sich ganz junge Orchideenpflanzen in Bezug auf die Knollenbildung verhalten. Ich habe zu dem Ende verschiedene Aussaatversuche gemacht, welche indess — warum, das ist hier gleichgültig — misslangen. Die allerjüngsten Pflänzchen, welche ich bis jetzt von *Platanthera bifolia* fand, habe ich auf Tafel IX. Fig. 48—54 abgebildet. Bei ihnen ist die bereits ausgesogene

---

gleich in die Oberhaut des Mutterblattes übergeht, während sie bei *O. mascula* u. a. Arten sehr ausgebildet erscheint, würde, wenn die Knolle sich nicht bildete, einen integrirenden Theil, den Ueberzug, der Knospenachse unterhalb der Insertionsstelle ihres ersten Blattes ausmachen; so aber wird sie später zerstört. Aus dem Gesagten erklärt sich der häufige Uebergang jener Membran in die Oberhaut der Mutterachse und des Mutterblattes der Knospe. Der Unterschied zwischen Schleiden's Darstellung und der meinigen ist also der, dass nach jener die Knospe in dem Stadium, wo noch keine Wurzelzasern da sind, nur aus der Knospenachse und deren Blattgebilden, nach der letzteren aber auch noch aus einem Wurzelgebilde, das schon sehr früh aus der Knospenachse hervorbricht, besteht. Es handelt sich aber hier hauptsächlich darum, von was für einem Theile die Knolle die Umbildung ist, nicht, aus welchem Theile sie ihren Ausgang nimmt.

Knolle (Fig. 48. 49. 51. 52, *a*) kaum 1 — 3''' lang. An dieser letzteren findet sich kein absterbender Fortsatz, wie an ausgewachsenen Exemplaren (m. vergl. Fig. 1, *L*); nur Fig. 54[b] zeigt an der Knolle einen solchen Fortsatz (*m*) und stellt deshalb ein wohl etwas älteres Pflänzchen, dessen Knöspchen aber auch terminal war, dar. Auf dem Gipfel der Knolle finden sich trockene Reste von Blatttheilen (Fig. 48. 49. 51. 52. 53, *c*). Die Achse, welche auf dem Gipfel der Knolle zunächst sich findet (sie hat meist eine horizontale Richtung) ist fleischig angeschwollen (Fig. 48. 49. 51. 52. 53. 54[a], *b*) und auf ihrer Aussenseite gleichfalls mit zarten Härchen, ganz wie die Knolle, besetzt. Dass dies wirklich ein Achsen-, und von der Knolle morphologisch verschiedener Theil sei, geht daraus hervor, dass an ihm sich die Ansatznarben abgestorbener Schuppenblätter (Fig. 54[a], *d'*), oder selbst noch frische Schuppenblätter (*d*) finden, und dass aus ihm eine dünne Wurzelzaser (*h*) entspringt, und zwar am obern Ende derselben; was bekanntlich nie bei der eigentlichen Knolle der Fall ist. Das Vorkommen der zarten Behaarung auf einem wirklichen Achsentheile bestimmte mich, oben ein nicht zu grosses Gewicht auf das Vorkommen derselben an der Knolle bei der Beantwortung der Frage, ob die Knolle Wurzel- oder Achsengebilde sei, zu legen. Die Knospe, zu der die junge Knolle (Fig. 48. 50, *i*) gehört, ist an solchen Exemplaren eine terminale; sie wird von den Scheidenrändern des einzigen vorhandenen ungefähr einen bis anderthalb Zoll langen Laubblattes (Fig. 50, *A. f*) umfasst, und ihr erstes Blatt (Fig. 50, *A. k* die Knospen von der Rück-, *B. k* von der Vorderseite) alternirt mit diesem. Es ist also hier ganz so, wie bei den jüngern nur mit einem Laubblatt versehenen Pflanzen von *Lilium*, die auch eine terminale Hauptknospe haben. An etwas ältern, aber auch bloss mit einem Laubblatte versehenen, und solchen Exemplaren von *Platanthera*, die ohne einen Blüthenstengel zu treiben, schon zwei Laubblätter haben, ist die junge Knospe bestimmt lateral, und ihre Knollenbildung ist mit Ausnahme der Dimensionen ganz dieselbe, wie bei blühenden Pflanzen. Auch bei *O. mascula* (Tab. VIII. Fig. 26. 27. 29) und *O. militaris* (Tab. VIII. Fig. 28) habe ich solche junge Pflänzchen beobachtet. Dass der auf dem Gipfel der Knolle stehende, weniger anschwellende, mehr senkrechte, aber gleichfalls behaarte Theil (*b*) ein Achsengebilde sei, war hier noch deutlicher, indem gewöhnlich nicht nur an dem obern Ende desselben eine dünne Wurzelzaser, sondern auch an dem untern Ende, ein wenig über der Stelle, wo die Knolle an ihm hängt, eine zweite solche Wurzelzaser (Fig. 27) entsprang. Auch habe ich hier an manchen Exemplaren den deutlichsten Uebergang dieser Bildung in die gewöhnliche Stengelbildung beobachtet; selbst bei blühenden Exemplaren zeigt die Basis des Stengels oft noch eine fleischige Anschwellung. Bei *Orch. latifolia* (Tab. IX. Fig. 55. 56. 57) sah ich an ganz jungen Pflanzen, wo die Hauptknospe (Fig. 57, *k*) gleichfalls terminal war, an dem Achsentheil (Fig. 55, *b*) auf dem Gipfel der Knolle, welcher (Achsentheil) mit zarten Scheidenblättern (*d. d. e*) besetzt war, in deren Achsel kleine Knöspchen (Fig. 56, *m*) ohne ausgebildete Knolle standen, keine solchen Härchen. Vielleicht waren diese Exemplare nicht in dem correspondirenden Alter mit den eben beschriebenen von *Pl. bif.* und *O. mascula.* — Ich gedenke übrigens neue Aussaatversuche zu machen, um zu einem sichern Resultate zu gelangen.

VII. Was die Ortsveränderungen der den verschiedenen Jahrgängen angehörigen Knollen betrifft, so habe ich nur Folgendes mitzutheilen.

1. *Gymnadenia Conopsea* und *Orchis maculata.* Beiden Pflanzen ist das gemein, dass die Knospe dicht an der Achse der Mutterpflanze stehen bleibt, dass die Scheidenblätter der Knospe, welche uns hier allein interessiren, ziemlich streng

mit einander alterniren, indem das erste, dritte und fünfte Blatt mit der Rückseite nach der Stengelachse der Mutterpflanze zu-, das zweite und dritte von derselben abgewendet stehen, und dass die Knollen breit, nicht walzenförmig sind, weshalb eine Drehung derselben nicht leicht möglich ist. Da nun bei ***Gymnadenia Conopsea*** die Knospe, welche entweder allein, oder doch vorzugsweise zur Entwicklung kommt und die absterbende Pflanze gleichsam ersetzt, in der Achsel des fünften Scheidenblattes steht, so folgt daraus, dass 'die Knolle der Pflanze III. immer wieder an die Stelle der Knolle der Pflanze I. zu stehen kommt. Mithin findet hier eine auffallende Ortsveränderung nicht statt. Von der Wahrheit des Gesagten kann man sich leicht überzeugen, wenn man die Pflanze im Herbst untersucht; freilich darf man hier keine mathematische Genauigkeit erwarten. Im Herbst steht die alte, verwesende Knolle der Pflanze I. mit der einen ihrer breiten Seiten vor der entsprechenden breiten Seite der Knolle der Pflanze II., und die junge Knolle der Pflanze III., die aus ihrem Schutzblatt noch nicht herausgetreten ist, steht wieder auf der Seite, wo sich die Knolle der Pflanze I. findet. Ebenso fand ich es bei ***Orchis maculata.*** — Die fadenförmigen Wurzelzasern stehen auf der Seite des Stengels, die der entgegengesetzt ist, an welcher sich die Knospe bildet. Ganz ähnlich wie bei ***O. mac.*** und ***Gymn. Conops.*** ist es bei den ziemlich platten Knollen von ***Orchis fusca*** (bei ***O. variegata*** sind sie kreiselförmig); die diesjährige legt sich mit ihrer breiten Seite an die breite Seite des vorjährigen. — Bei ***Ophrys muscifera*** (Tab. IX. Fig. 12) fand ich zuweilen, dass sich die diesjährige Knolle mit ihrer Spitze in die gänzlich abgestorbene vorletzte Knolle (*r*) eingebohrt hatte, was am besten die Alternation in der Stellung der verschiedenen Jahrgänge beweist.

2. ***Platanthera bifolia.*** Ständen bei dieser Pflanze die Scheidenblätter in so strenger Alternation und die Knospe so

dicht an dem Stengel ihrer Mutterpflanze wie bei den erst genannten Arten, so würden, weil die Hauptknospe immer in der Achsel des vierten Scheidenblattes steht, die Knollen der Pflanzen I., II. und III. in eine gerade Linie hinter einander (nicht III. wieder an die Stelle von I.) zu stehen kommen. Da aber die Knospe etwas vom Stengel der Mutterpflanze wegrückt und die Blätter derselben, in Folge des oben erörterten Wachsthums der Knolle, mit ihrer Rückseite mehr rechts oder links von demselben zu stehen kommen, so steht die Pflanze III. als Knöspchen von der Pflanze I. links oder rechts; die Knolle der Pflanze III. kommt aber, wenn sie auswächst und auch wieder eine Drehung erleidet (die durch die Walzenform der Knolle begünstigt wird) ziemlich an dieselbe Stelle, wo die Knolle der Pflanze I. gestanden hat. — Es mögen in dieser Hinsicht bei andern Arten noch andere Modificationen auftreten. Im Ganzen ist wohl kein grosses Gewicht darauf zu legen; man müsste denn in Anschlag bringen, dass in den obigen Beispielen die nicht aufgesogenen, sondern modernden Reste der Knolle der Pflanze I. zur Lockerung und Düngung der Stelle dienten, auf welche die Pflanze III. wieder zurückkehrte, die Oekonomie der Pflanze also eine Art von Zweifelderwirthschaft im Kleinen darstellte! — Bei den länger gestielten Knollen von *Herminium Monorchis* ist eine einigermaassen regelmässige Rückkehr späterer Knollen an die Stelle einer frühern kaum zu erwarten.

Die Knollen bei *Orchis* und den zunächst stehenden Gattungen sind also, um das Resultat meiner Untersuchungen kurz zusammen zu fassen, Umwandlungen von Wurzelzasern, wie bei *Spiranthes*. Während aber bei letzterer diese Wurzelknollen oberhalb der Insertionsstellen der Blätter aus der Achse hervorbrechen, brechen sie bei *Orchis*, wie die Wurzelzasern bei *Colchicum autumnale*, unterhalb der Insertionsstelle des untersten Blattes hervor und erscheinen demnach als die unmittelbare Fortsetzung der Hauptachse der ganzen Pflanze. Bei *Spiranthes* sind sämmtliche Wurzelzasern von derselben Beschaffenheit, indem sie alle als Nahrungsspeicher dienen; bei *Orchis* sind sie von zwiefacher Beschaffenheit, indem die basiläre, zur Aufspeicherung von Nährstoffen bestimmte, knollenartig wird, die obern aber, nur zur Aufnahme der Feuchtigkeit dienenden, fadenförmig sind. — Auf andere Unterschiede werde ich später aufmerksam machen.

STURMIA LOESELII *Reichenb.* *), MALAXIS PALUDOSA *Sw.* und M. MONOPHYLLOS *Sw.*

Neben der Basis der blühenden Pflanze findet man die von der vorjährigen Pflanze übriggebliebenen Theile. Sie sind zu einem äusserlich wie eine Zwiebel aussehenden Körper vereinigt, der kegel- oder auch eiförmig gestaltet, dabei aber von zwei Seiten etwas plattgedrückt ist, so dass man an ihm zwei breitere Flächen und zwei abgerundete Kanten unterscheiden kann. Zu äusserst finden sich mehrere scheidige Blattbasen: die äussern sind zerfetzt und verrottet (Tab. X. Fig. 11, *C*), die innern, obschon abgestorben, sind noch ziemlich erhalten und von starken Längsnerven, die durch verdünntes Parenchym von einander getrennt werden, durchzogen. Die innerste Blattscheide (*E*) hat eine sehr enge Mündung, in welcher die Längsnerven wieder zusammentreten und das Parenchym sich sehr verdickt (Fig. 11^{a}, *E*). Aus dieser Mündung ragt sehr häufig noch der vorjährige, vertrocknete Blüthenstengel (*F*) hervor. Jene Scheidenblätter umfassen auch mehr oder minder die

---

*) In der Hall. bot. Zeitung Jahrg. 1847, Sp. 9 habe ich eine Beschreibung der Knolle dieser Pflanze mitgetheilt. Jene Beschreibung, in welche sich zum Theil durch undeutliche Handschrift einige Fehler eingeschlichen haben, liegt dem hier Mitgetheilten zu Grunde, doch habe ich dasselbe, freilich nur nach trockenen Exemplaren, zu vervollständigen, in einigen Stücken auch zu berichtigen gesucht.

Basis der diesjährigen Pflanze. Sie nehmen ihren Ursprung aus einem meist kurzen, horizontal liegenden, nicht auffallend starken Achsentheil (Fig. 11. 12, *A*), aus welchem die gleichfalls abgestorbenen einfachen gewöhnlich die Blätter durchbohrenden Wurzelzasern (*B*) entspringen.

Nach Entfernung aller Blattreste erscheint eine feste, grün gefärbte, ganz glatte, fast glänzende, in ihrem Innern noch frische, ungefähr nagelgrosse Knolle (Fig. 12, *C*). Durch sie sind eben die Blätter in der beschriebenen Weise auseinander getrieben worden, so wie sie auch die oben angegebene Form der Basis der ganzen alten Pflanze bestimmt, indem sie gleichfalls zwei breitere Flächen und zwei abgerundete Kanten hat, so dass ein horizontaler Schnitt eine elliptische Figur giebt. An ihrer Basis hängt sie mit dem blättertragenden Achsentheil (*A*) zusammen, auf ihrem Gipfel trägt sie den vertrockneten Blüthenstengel (*F*); oder es lässt sich wenigstens die Stelle, wo er gestanden hat, als eine kleine Narbe erkennen. Von allen Theilen der vorjährigen Pflanze ist demnach nur die Knolle noch frisch. An der einen Kante (oder schmalern Seite) derselben ist eine Vertiefung, und in derselben hängt die diesjährige Pflanze mit der Knolle zusammen.

An der vegetirenden, diesjährigen Pflanze finden sich, wie mich wiederholte Untersuchungen belehrt haben, immer fünf Blätter. Die beiden äussern oder untern (Fig. 11. 12, *a. b*) bestehen stets nur aus einer zur Zeit der Blüthe schon aufgespaltenen Scheide ohne Lamina; das dritte (*c*) ist gewöhnlich eine ziemlich hohe, unverletzte Scheide, nur selten entwickelt es eine kurze Lamina; das vierte und fünfte (*d. e*) sind vollkommene Laubblätter, die aber gleichfalls eine, wenn schon nicht hohe (circa 2—3‴ messende), ringsgeschlossene Scheide haben. Die Stellung dieser Blätter ist folgende. Das erste (*a*) steht mit seiner Rückenfläche vor der vorjährigen Knolle (*C*), das zweite (*b*) alternirt nicht streng mit dem ersten, sondern zwischen diesem und jenem findet sich ein Divergenzwinkel von circa 90°; das dritte (*c*) alternirt mit dem zweiten (oder steht circa 180° von ihm ab), mit dem dritten alternirt das vierte (*d*), mit diesem endlich das fünfte (*e*). Es steht also das vierte vor dem zweiten und diesen beiden gegenüber das fünfte vor dem dritten. Das zweite und vierte findet man bald rechts (Fig. 12, *b* zu vergl. mit der schemat. Fig. 21) von der vorjährigen Knolle [wenn man diese als Standpunkt des Betrachters annimmt], wo dann natürlich das dritte (*c*) und fünfte (*e*) links von derselben stehen; bald tritt der umgekehrte Fall ein (Fig. 11 zu vergl. mit der schemat. Fig. 20). Die Internodien der Achse, an welcher diese fünf Blätter stehen, sind gewöhnlich unentwickelt, und die aus dieser Achse hervorgehenden, ungefähr einen Zoll langen, mit zarten Härchen besetzten, unverästelten Wurzelzasern (*i*) durchbohren dann die Basis der Blätter. Seltener sind die Internodien so weit entwickelt (Fig. 17), dass wenigstens die zwischen den untern Blättern nicht ganz mehr von diesen bedeckt sind, in welchem Falle die oben angegebenen Stellungsverhältnisse der Blätter nicht mehr so deutlich hervortreten.

Unmittelbar oberhalb des fünften Blattes ist die Achse zur Blüthezeit schon auffallend verdickt, und auf dieser Verdickung oder jungen Knolle steht der nur mit Bracteen besetzte, zweikantige Blüthenstengel. Eine Linie durch den grössten Querdurchmesser dieser gleichfalls etwas breit gedrückten Knolle geht, wenn sie verlängert wird, auf der einen Seite durch die Mittellinie des zweiten und vierten und auf der andern durch die Mittellinie des dritten und fünften Blattes, und da der Mittelnerv des vierten und fünften Laubblattes nach aussen kielartig hervortritt, so erscheint die Basis der jungen Pflanze gleichfalls etwas breit gedrückt. Für den gewöhnlichen Fall, dass die Internodien zwischen den Blättern nicht entwickelt sind, also die diesjährige Pflanze dicht an der vorjährigen Knolle steht, folgt aus alle dem, dass der grösste Durchmesser der erstern nicht in einer Richtung mit dem der letztern liegt, sondern dass diese beiden Durchmesser rechtwinkelig auf einander stossen (Fig. 20. 21). Jemehr, dass sich die Internodien strecken (und sie messen zusammen oft gegen einen Zoll), und je weiter also die obern Blätter und die junge Knolle von der vorjährigen wegrücken, desto undeutlicher wird natürlich ein solches Verhalten der jungen Pflanze zu der vorjährigen Knolle.

In der Achsel, welche das fünfte Blatt (*c*) mit der jungen Knolle bildet, findet sich in einer kleinen Vertiefung der letzteren das junge, eiförmige, etwas breit gedrückte Knöspchen, das im nächsten Jahre Blätter und Blüthen bringt (Fig. 13. 14). Der längere Querdurchmesser derselben steht wiederum rechtwinkelig vor dem der jungen Knolle (*g*).

Nach der Blüthezeit und Fruchtreife sterben die Theile der vegetirenden Pflanze allmählich ab; doch vergrössert sich die junge Knolle, während die vom vorigen Jahre allmählich verschrumpft und zuletzt ganz zerstört wird. Die zurückbleibenden und die mit der Vergrösserung der jungen Knolle sich erweiternden Blattbasen, namentlich des vierten und fünften Blattes schützen das Knöspchen gegen äussere Einflüsse. Dieses entwickelt sich dann im nächsten Jahre vollkommen und durchbricht die Basis der Rückseite des fünften Blattes, so wie die Vorderseite der Scheide des vierten.

Dieselbe Knollenbildung, wie bei blühenden Pflanzen, findet sich auch bei jüngern, noch nicht blühbaren Exemplaren; weshalb man sie also nicht als eine Anschwellung der Basis des Blüthenstengels betrachten kann.

Aus der vorjährigen Knolle entwickeln sich nicht selten, und zwar meistentheils auf dem Scheitel derselben, also durchaus nicht in Blattachseln ganz kleine spitzige Knöspchen (*gem-*

mae adventitiae), die bald abfallen und selbstständige Pflänzchen bilden (Fig. 18, *a*).

Dass die Pflanze mit jedem Jahre ihren Ort ändert, ist klar. Ein Exemplar würde, wenn die Achse unterhalb der Knolle immer ganz kurz bliebe, und wenn das dritte (mithin auch das fünfte, in dessen Achsel die Knospe steht) durch alle Jahrgänge hindurch entweder rechts oder links von der zunächst vorhergehenden älteren Knolle stünde, mit je der fünften Jahresproduction wieder dieselbe Stellung einnehmen. Schwerlich treffen aber diese Prämissen immer ein.

Mit *Sturmia* stimmen in allen wesentlichen Punkten, die uns hier von Interesse sind, *Malaxis paludosa* und *M. monophyllos* überein. Bei *M. paludosa* ist die Achse unterhalb der Knolle, wie es scheint, immer entwickelt, und die Blätter an derselben sind durch deutliche Internodien getrennt. Da die neue Achse sich mehr oder minder senkrecht erhebt, so steht die zu ihr gehörige junge Knolle etwas höher über der vorjährigen, von trockenen Blattresten eingeschlossenen. Ich zählte auch hier gewöhnlich fünf Blätter unterhalb der Knolle; an einigen Exemplaren jedoch nur vier; die Scheidenblätter gehen ziemlich stetig in die Laubblätter über. Die junge Knospe (Fig. 15. 16) in der Achsel des obersten Laubblattes scheint zur Blüthezeit verhältnissmässig immer grösser zu sein, als bei *Sturmia*. — Die Wurzelbildung scheint bei dieser Pflanze sehr gering zu sein; doch muss ich bemerken, dass ich von derselben und von *M. monophyllos* nur trockene Exemplare untersuchte, und dass ich mich hierin vielleicht getäuscht habe. Auf dem Gipfel der vorjährigen Knolle bemerkte ich auch bei *M. paludosa* zuweilen Adventivknospen. Bekanntlich kommen solche ungemein häufig auch auf den Blättern vor, so dass also hinreichend für die Vermehrung der Pflanze gesorgt ist.

Bei *Malaxis monophyllos* pflegen die Blätter nicht durch längere Internodien getrennt zu sein, so dass die vor- und diesjährige Knolle dicht an einander rücken. Die drei untern Blätter sind scheidenförmig; das vierte allein ist ein Laubblatt mit einer hohen, geschlossenen Scheide. Die junge Knospe für das nächste Jahr fand ich aber nicht in der Achsel dieses vierten Blattes; vielmehr schloss die Scheide desselben ein fünftes Blatt ein. Dieses war ein niedriges Scheidenblatt (Fig. 19, *e*), welches unmittelbar die junge Knolle einschloss und kaum höher war, als diese. Aus der über der Knolle etwas zusammengezogenen, ein wenig schiefen Mündung dieses Scheidenblattes trat der Blüthenstengel (*f*) hervor, an welchem hier, wie bei der andern Art und bei *Sturmia*, unterhalb der Bracteen andere Blattgebilde nicht vorkommen. In der Achsel, welche jenes fünfte, verkümmerte Blatt mit der Knolle bildet, findet sich das junge, ziemlich grosse Knöspchen. Dieses fünfte Blatt verwandelt sich manchmal in ein vollkommenes; daher die Bezeichnung in der *synops. fl. germ. et helv.*: „*caule subunifolio.*" Aehnliche Fälle von Blattverkümmerungen sind bei *Arum maculatum*, ferner bei *Allium Moly* und *Scilla amoena* erwähnt worden.

Bei diesen drei Orchideen ist dem Voraufgehenden zufolge die Knolle, als Umbildung des Achsentheils oberhalb der Blätter, ganz verschieden von den Knollen bei *Orchis* und *Spiranthes.* Aber abgesehen von der verschiedenen morphologischen Bedeutung machen sich noch andere Verschiedenheiten bemerklich. Man macht sich dieselben wohl durch Folgendes anschaulich. Bei *Orchis*, *Spiranthes* und *Sturmia* finden sich zur Blüthezeit Bildungen, die drei verschiedenen Jahrgängen angehören. Nehmen wir an, das Jahr der Beobachtung sei 1845, und die blühende Pflanze stelle diesen Jahrgang dar. Dann haben wir bei *Orchis* keinen Theil, der einer Achse angehört, die älter wäre, als die eben blühende; denn die ältere

Knolle gehört der letztern zu und stirbt mit ihr ab. Der Jahrgang 1846 besteht in der frischeren Knolle, die fast vollendet ist, und der auf ihrem Gipfel sitzenden Knospe; der Jahrgang 1847 endlich in dem kleinen Knöspchen, welches noch von einem Scheidenblatte des Jahrgangs 1846 bedeckt wird. — Bei *Spiranthes* besteht der Jahrgang 1845 aus der Achse, die in den Blüthenstengel übergeht und deren Blätter bereits abgestorben sind*), und den aus ihr entspringenden frischen Knollen. Der Jahrgang 1846 wird repräsentirt durch die mit frischen Blättern besetzte Achse, deren Wurzelknollen sich erst zu bilden beginnen, und der Jahrgang 1847 durch ein ganz rudimentäres Knöspchen innerhalb der Achsel eines Blattes des Jahrganges 1846. Es überdauern hier die Knollen vom Jahrgange 1845 die Blätter und den Blüthenstengel desselben so lange, bis die Blätter von 1846 wieder absterben, und die zu letzterem Jahrgange gehörigen Knollen sich ausgebildet haben. Wenn bei *Orchis* sich erst die Knolle und dann, weit später, die mit ihr zu einer Achse gehörigen Blätter ausbilden, so entwickeln sich umgekehrt bei *Spiranthes* erst die Blätter und dann die Knollen, die mit jenen einer Achse entspringen. Nicht zur Blüthezeit, sondern mehrere Monate nach derselben — im nächst folgenden Frühling — findet man bei *Spiranthes* die Knollen zweier Jahrgänge in demselben Zustande, wie sie bei *Orchis* zur Blüthezeit vorhanden sind. Bei *Sturmia* findet sich an der blühenden Pflanze 1845 der Anfang zu einer Knolle; neben diesem Jahrgang findet sich, ganz abweichend von *Orchis*, noch eine ältere Knolle von 1844, während alle andern Theile dieses Jahrganges ab-

*) Während bei *Spiranthes* die zur blühenden Achse gehörigen Blätter schon circa zwölf Monate vor der Blüthezeit, wenn auch nicht sämmtlich, da sind, erreichen sie bei *Colchicum* erst circa 8 — 10 Monate nach der Blüthezeit ihre völlige Ausbildung. Jene erleben die Blüthenzeit nicht, diese überleben sie.

gestorben sind; der dritte Jahrgang 1846 wird durch die Knospe in der Achsel des fünften Blattes des Jahrganges 1845 dargestellt. Hier erlangt also die Knolle ein Jahr später, nachdem bereits alle andern mit ihr zu einer Achse gehörigen Theile abgestorben sind, ihre vollkommene Ausbildung und stirbt erst ab nach der Blüthezeit des nächstfolgenden Jahrgangs. Es sind zwar, wie bei *Orchis*, zwei Knollen da, die zwei verschiedenen Jahrgängen angehören; aber die vollendete, zunächst absterbende gehört bei *Sturmia* der vorjährigen Blüthenachse, bei *Orchis* der diesjährigen, die jüngere bei *Sturmia* der diesjährigen, bei *Orchis* hingegen der nächstjährigen Blüthenachse an.

Hiermit dürften die wichtigsten Knollenbildungen bei den einheimischen Orchideen erörtert sein. Andere Gattungen z. B. *Cephalanthera*, *Cypripedium*, *Listera*, *Epipactis*, *Neottia*, haben bekanntlich keine Knollen. Bei diesen Pflanzen ist die unterirdische Achse, die sich in jedem Jahre bildet, sehr kurz; es bleiben aber die verschiedenen Jahrgänge mehrere Jahre im lebendigen Zusammenhange, bevor die ältern absterben, und bilden so zusammen eine oft ziemlich lange Grundachse. Es ist aber auch hier festzuhalten, dass jeder Jahrgang, so weit die Pflanzen Stengel (blühende oder nicht blühende), welche mindestens bei den einheimischen Orchideen stets terminal sind, getrieben haben, immer eine Seitenachse des nächst vorhergehenden ist. Bei *Ep. palustris* verlängert sich die Achse der Knospe ausläuferartig, so dass der nächstjährige Blüthenstengel oft mehrere Zoll weit von dem diesjährigen aufsprosst. Bei *Goodyera repens* sind die Stengelglieder der unterirdischen Achse, wenn auch ziemlich kurz, doch deutlich entwickelt und dabei saftig. Andere Arten dieser Gattung, z. B. die nicht selten cultivirte *G. discolor*, hat ein Wachsthum, das nur wenig von dem mancher Tradescantien, z. B. der *Tr. zebrina*, abweicht. Man findet bei *G. discolor* fast in jeder Blattachsel Knospen; doch lässt sich auch hier noch eine Hauptknospe, die vorzugsweise zur Entwicklung kommt, unterscheiden. Sie ist eine von den obern, wenn auch nicht die oberste.

Nicht gar fern von der Knollenbildung bei *Malaxis* möchte die vieler tropischer Orchideen, z. B. der Maxillarien, stehen. Die Verdickung trifft hier oft nur ein Stengelglied, während die unter ihm stehen verhältnissmässig nur schwach und kurz bleiben; so ists z. B. bei *Max. thyrianthina hort.*; bei andern, wie bei *M. picta*, schwellen schon zwei Stengelglieder an. Auf dem Gipfel dieser Knollengebilde finden sich noch kurze Stengelglieder, die mit Laubblättern versehen sind und eine gewöhnlich vertrocknete Knospe. Ich bedaure, dass ich bis jetzt keine Gelegenheit hatte, die Entwicklungsgeschichte dieser Knollen zu verfolgen und das Verhältniss des Blüthenstengels zu denselben zu ermitteln. Die Prachtwerke über die Orchideen, welche wahrscheinlich auch über diese Gegenstände Aufschluss gewähren, standen mir nicht zu Gebote,

ARUM MACULATUM *L.*

Die Knolle (Tab. X. Fig. 34, *A*) ist die von der vorjährigen Pflanze übrig gebliebene verdickte Grundachse. Sie liegt in der Regel horizontal, selten ist sie ganz aufrecht (Fig. 37). Die Narben von den Blättern, die an ihr gestanden haben, sind gewöhnlich sehr undeutlich. An der Stelle, wo die vorjährige und die zur diesjährigen Pflanze gehörige Achse zusammenstossen, ist meistens eine Einschnürung vorhanden. Häufig findet man an der vorjährigen Knolle noch andere, mehr oder minder ausgebildete Knospen (Fig. 34, *o. p*).

Die Wurzelzasern, welche einfach, sehr lang und unbehaart sind, entspringen zahlreich ringsherum aus dem Grunde der diesjährigen Pflanze, indem sie die Blattscheiden durchdringen. Die Stengelglieder der neuen, schon etwas verdickten Grundachse sind unentwickelt. Es sind zu äusserst 4—6 weisshäutige, bald verwesende Scheidenblätter (*a*—*e*), von denen die innern immer höher sind, als die äussern. Alle sind weit hinauf geschlossen und stehen spiralig. Auf diese Scheidenblätter folgen die vollkommenen Laubblätter. An blühenden Exemplaren sind in der Regel ihrer zwei. Das äussere (Fig. 35, *f*) umschliesst mit seinem hohen, geschlossenen Scheidentheile das innere (*g*), so wie dieses wieder den Blüthenstengel, dessen erstes Blatt (*spatha*, Fig. 35, *h*) mit dem obersten Laubblatte der Grundachse alternirt, umschliesst. Oft ist auch nur e i n ausgewachsenes Laubblatt vorhanden; dann fand ich aber, dass das zweite oder oberste nicht zur vollständigen Entwicklung gekommen war, indem seine Lamina klein geblieben war. Seltener fand ich vier der Anlage nach vollkommene Laubblätter, von denen aber nur die beiden äussern sich vollständig entwickelt hatten, die beiden innern oder obern aber ganz unvollkommen geblieben waren. Bei allen diesen Wechseln (und es mögen deren wohl noch andere vorkommen) war es aber constant, dass die Hauptknospe (Fig. 36, *i*), welche im nächsten Jahre den Blüthenstand erzeugt, immer in der Achsel des vorletzten Blattes (*f*) stand. Das erste Scheidenblatt der Knospe alternirt mit seinem Schutz- oder Mutterblatte.

In den Achseln der Scheidenblätter finden sich weit kleinere Knöspchen, die dann im nächsten Jahre auf der Knolle sitzen.

Die noch nicht blühenden Pflanzen haben ein oder zwei Laubblätter. Die Hauptknospe steht bei ihnen immer in der Scheide des obersten Blattes, ist also terminal. Diese Knospe ist hier auch anders gebaut, als bei den blühenden Pflanzen, indem nämlich ihre ersten Blätter nicht blosse Scheidenblätter, wie dies an der Hauptknospe der blühenden Pflanze der Fall ist, sondern der Anlage nach vollkommene, mit einer Lamina und einem kleinen Blattstiele versehene Laubblätter (Fig. 39) sind.

Nach der Blüthezeit wird die Achse der diesjährigen Pflanze, deren Blätter und Blüthenstengel verwesen, zur Knolle; die vorjährige Knolle ist dann meist schon aufgelöst, dauert also nicht so lang, als bei *Sturmia*.

CROCUS VERNUS *L.*

GLADIOLUS PSITACINUS und COMMUNIS.

Die Knolle treibt bei dem Beginn der Vegetation, im Herbst, an ihrer Basis ringsherum zahlreiche einfache, glatte Wurzelzasern, welche die Basis der äussern oder untern trokkenen Hüllen durchbrechen. Auf dem Scheitel der Knolle, welcher ein wenig vertieft ist, findet sich die Hauptknospe (oft sind ihrer zwei), die im nächsten Frühjahr die Blüthe bringt. Neben ihr steht häufig noch der vertrocknete vorjährige Blüthenstengel (Tab. X. Fig. 23, *B*), welchem das unterste, sehr kurze Knospenblatt (*a*) die Rückseite zukehrt. Untersucht man diese Knospe im Herbste, wo sich dieselbe erst nur wenig aus den trockenen, an ihrem Oberrande sich zerfasernder Knollenhüllen hervorgedrängt hat, so findet man sie zu äusserst gebildet von mehrern weissen, häutigen Scheidenblättern, gewöhnlich fünf an der Zahl. Die innerste Scheide umschliesst die noch sehr kurzen Laubblätter. Es sind ihrer 3 — 5 vorhanden. Von den Scheidenblättern zu den Laubblättern findet durchaus kein Uebergang statt. Bei den letztern tritt der Mittelnerv sehr stark auf der Unterseite hervor, nicht kielartig, sondern zweikantig; die Seitenränder derselben rollen sich in einer einfachen Windung nach aussen (Fig. 27). Sie haben eine sehr niedrige, ringsherum gleich hohe, fast ringförmige, geschlossene Scheide (Fig. 25). Die Blätter stehen nicht streng alternirend, indem ihr Divergenzwinkel geringer als 180° ist. Die Achse, an welcher sämmtliche frische Blätter stehen, ist schon etwas angeschwollen; ihre Internodien sind aber noch unentwickelt. Das innerste Laubblatt umfasst mit seiner kurzen Scheide die Basis der noch ganz kleinen Blüthe, welche letztere zunächst und unmittelbar von zwei sehr dünnhäutigen Scheidenblättern eingehüllt wird, von denen das äussere (*b* in Fig. 24, die aber einen spätern Zustand der Blüthe darstellt) tief unten am Grunde des Blüthenstengels, das zweite (*c*), getrennt durch ein kurzes Achsenglied, oben an demselben und dicht unter dem Fruchtknoten entspringt. In der Achsel, welche das innerste Laubblatt mit dem Blüthenstengel bildet, ist die Hauptknospe (Fig. 24, *a*. Fig. 26) für das nächste Jahr sichtbar, deren erstes Scheidenblatt mit seiner Rückseite dem Blüthenstengel und mit der Vorderseite der Innenfläche des Mutterblattes zugewendet ist. Auch in der Achsel des vorletzten Laubblattes findet man nicht selten eine schon ziemlich grosse Knospe, die gleichfalls im nächsten Jahre Blüthen bringen kann, so wie sich auch in den Achseln der untern oder äussern Blätter Knospen, wenn schon kleinere, finden.

Bei vorschreitendem Wachsthum, indem die Wurzelzasern sich verlängern, strecken sich die Theile der Knospe: am kürzesten bleibt das äusserste Scheidenblatt (Fig. 23, *a*); ja, es verwest bald gänzlich. Dasselbe geschieht, wenn schon erst später, mit dem zweiten Scheidenblatte (*b* in Fig. 23 und 28). Die anderen Scheidenblätter (*c*. *d*. *e*) strecken sich in der Weise, dass die innern über die äussern hervorragen. Die Laubblätter (Fig. 28, *f*) treten aus der Mündung des fünften und längsten Scheidenblattes (*e*) hervor und zwischen denselben die Blüthe. Die junge Hauptknospe (Fig. 23, *a*. Fig. 26) in der Achsel des obersten Laubblattes verändert sich nur wenig; sie nimmt bloss etwas an Umfang zu. Die neue Gesammtachse (Fig. 30, *c*) wird allmählich dicker, und während die nach der Blüthezeit noch übrigen drei oder vier Scheidenblätter (Fig. 30, *a*) mit ihren Insertionsstellen ziemlich dicht übereinander stehen, findet man nun zwischen dem obersten Scheidenblatte und dem untersten Laubblatte (*b* u. *b'*) ein deutliches, wenn schon kurzes

Internodium; zwischen den Laubblättern selbst sind die Internodien wieder kürzer. Während dieser Vorgänge ist die Knolle vom vorigen Jahre weicher und schwammiger geworden.

Später — nach der Blüthezeit — sterben die Scheidenblätter und die Laubblätter, so wie der Blüthenstengel ab. Die untern Theile der ersteren bilden die Hüllen der Knolle, die der Laubblätter tragen weniger zur Einhüllung dieser, als vielmehr der jungen, etwas grösser gewordenen Knospen, die sich in ihren Achseln finden, bei. Die alte Knolle verwest endlich gänzlich.

Bis hieher ist bloss die Entwicklung der blüthentragenden Pflanze geschildert worden; es sind nun noch einige Eigenthümlichkeiten der Knospen (Fig. 23, *e. e*), die in den Achseln der untern trockenen Blätter der vorjährigen Knolle stehen, zu erwähnen. Sie stehen, wie dies auch bei *Colchicum autumnale* der Fall ist, etwas höher, als die Insertionsstellen ihrer Mutterblätter. Auch sie haben, wie die Hauptknospe, zu äusserst mehrere Scheidenblätter (*b'. c'. d'. e'* in Fig. 28), welche gewöhnlich 2 oder 3 Laubblätter (*f'*) einhüllen. Das oberste Laubblatt schliesst eine kleine, terminale Knospe ein. Häufig findet schon mit der Entwicklung der Blätter dieser Knospen die Bildung von Wurzeln aus deren eigener Achse statt. Man bemerkt nämlich schon früh — bevor noch die Laubblätter über die Scheidenblätter hervortreten — in der Achsel des zweiten Scheidenblattes eine rundliche, grünliche Erhabenheit. Bald durchbricht dieselbe die Rückseite des zweiten Scheidenblattes, und man erkennt darin eine Wurzelzaser. Diese unterscheidet sich aber in den meisten Fällen von den Wurzelzasern, die am Grunde der vorjährigen Knolle hervorbrechen, dadurch, dass sie gleich ursprünglich weit dicker und knollenartig erscheint, während letztere fadenförmig dünn sind und ohne irgend eine Anschwellung in gleicher Dimension von ihrem Ausgangspunkt bis zu ihrer Spitze verlaufen. Mit dem

Wachsthum der ganzen Knospe vergrössert sich die knollige Wurzelzaser dergestalt (Fig. 28, *i*. Fig. 30, *h*), dass sie einer kleinen Rübe oder einer kleinen knolligen Wurzel von *Oxalis tetraphylla* ähnlich wird. Ihr Inneres ist saftig; daher ist sie ziemlich brüchig. Mit der Ausbildung der Knospe erreicht auch sie ihre Ausbildung, und mit dem Verwelken und Absterben der Blätter stirbt sie gleichfalls ab und verwest. Sie hat also nicht die Function eines Nährbehälters, wie die Knolle von *Spiranthes*, sondern ist eine transitorische Bildung. An manchen Knospen findet sich gar keine, an andern sind ihrer zwei und mehrere, und dann gleichen sie oft mehr den gewöhnlichen Zasern. Im Allgemeinen seltner fand ich sie auch an der Hauptknospe (Fig. 28, *g*. *h*). Zuweilen durchbohrt dann eine solche Wurzelzaser (Fig. 29, *h*) die Mitte der vorjährigen Knolle (*A*) und dringt mit ihrer Spitze am Grunde derselben wieder hervor.

Die Knolle, auf welcher die diesjährige blühende Pflanze steht, ist also bei *Crocus* eine Umwandlung der Grundachse der vorjährigen Pflanze oder, was dasselbe ist, die Grundachse der diesjährigen Pflanze wird zum Nahrungsspeicher für die nächstjährige, ganz wie bei *Arum*. Bei *Crocus* bleiben die Basen der Blätter stehen und hüllen die Knolle und die an ihr stehenden Knospen ein, bei *Arum* verschwinden sie gänzlich. In dieser Beziehung gleichen die *Crocus*-Knollen mehr denen von *Sturmia* und *Colchicum*, denen sie sonst ferner stehen. Wodurch sich übrigens sowohl *Arum* als die letztgenannten Gattungen von *Crocus* unterscheiden, ist der Umstand, dass die Wurzelzasern bei jenen nicht aus der vorjährigen Knolle entspringen, wie es doch bei dieser Gattung der Fall ist, sondern aus der Basis der diesjährigen Pflanze, deren Grundachse zum Nahrungsbehälter fürs nächste Jahr wird. Wollte man sagen, dass dieser Unterschied in dem Falle, wo bei *Crocus* knollige Wurzelzasern (Fig. 28, *g*. *h*) aus dem Grunde der diesjährigen Achse hervorbrechen, nicht statt habe, so ist dagegen zu erinnern, dass ja doch auch in einem solchen Falle die Wurzelzasern (*k*) an der vorjährigen Knolle vorhanden sind, und jedenfalls vorzugsweise durch sie die Ernährung stattfindet, und dass die Basis der Grundachse, welche dieses Jahr die transitorischen, knolligen Wurzelzasern treibt, im nächsten Jahr auch wieder dünnere Wurzelzasern hervorbringt.

Was die Knolle von *Gladiolus* betrifft, so kann ich mich darüber kurz fassen, weil sie in ihrer Bildung mit denen von *Crocus* in der Hauptsache ganz genau übereinstimmt. Ich untersuchte *Gl. psitacinus,* von welchem wiederum *Gl. communis* in der Knollenbildung nicht wesentlich abweicht. Die Wurzelzasern sind hier verästelt. Die Hauptknospe hat gewöhnlich vier Scheidenblätter; darauf folgen mehrere Laubblätter. Am Blüthenstengel selbst stehen nur wenige kleine Blätter unterhalb der Bracteen. Alle Blätter alterniren genau. — Zwischen den drei untern Scheidenblättern sind die Internodien nicht entwickelt; doch ist das Internodium zwischen dem dritten und vierten Scheidenblatt etwas entwickelt; noch mehr aber das zwischen letzterem und dem ersten Laubblatte. Die untern Scheidenblätter verwesen ziemlich früh, und als Hülle bleibt oft nur das oberste stehen, aus dessen Achsel dann im nächsten Jahr die Wurzelzasern wieder hervorbrechen. — Es kommen übrigens auch hier aus den Achseln der untern Scheidenblätter solche rübenförmige Wurzelzasern, wie bei *Crocus;* oft finden sie sich in grösserer Anzahl; sie entspringen gewöhnlich aus der Achsel des vorletzten Scheidenblattes. Die kleineren Knospen sind zuweilen gestielt, ähnlich wie die Nebenzwiebeln mancher *Allium*-Arten, aber der kurze stielartige Achsentheil ist mit einigen Blattschuppen besetzt. Da übrigens die Knolle hier etwas fester ist, so verwest sie nicht so schnell, wie bei *Crocus,* und findet sich oft, wenn schon verschrumpft und ausgesogen, noch nach völliger Ausbildung der neuen Knolle unterhalb derselben. Das Alles gilt auch von *Gl. communis*. Bei nicht blühenden Pflanzen ist auch bei *Gladiolus* die Hauptknospe terminal (Fig. 31—33).

Auch bei manchen Irisarten ist die Grundachse etwas knollenartig angeschwollen, z. B. bei *Iris pumila**). Die Achsentheile der einzelnen Jahrgänge erscheinen hier durch nicht sehr auffallende Einschnürungen gegen einander abgegliedert. Sie sind hier holziger, als bei *Crocus* und *Gladiolus*. Die ältern Theile derselben sterben hier allmählich ab. So findet man auch, dass an dem vorjährigen Achsentheil die Wurzeln, welche näher nach der diesjährigen blühenden Achse zu stehen, noch frisch sind, während die weiter weg von dieser entspringenden bereits abgestorben sind. An dem diesjährigen blühenden Achsentheile stehen gleichfalls schon Wurzelzasern. Die ersten Blätter sind bereits gänzlich abgestorben, und nur noch einzelne, borstige Fasern sind von ihnen übrig geblieben. Dann kommen verdorrende und absterbende Blätter, an welche sich die noch frischen anschliessen. Es findet sich hier mehr ein durch das ganze Jahr fortgehendes, nur durch den Winter unterbrochenes Wachsthum. Auch gehen die Blätter der Form nach allmählich in einander über, und es ist nicht so streng zwischen Scheidenblättern und Laubblättern zu unterscheiden, wie bei *Crocus*. So geht auch die ausdauernde Grundachse allmählich in den noch mit grössern Blättern besetzten Blüthenstengel über. Es entspringen aus den Achseln der meisten Blätter Knospen; doch kommen nicht alle zur Entwicklung, weshalb der Stamm wenig verästelt erscheint. Die Hauptknospe findet sich an der Stelle, wo die horizontale Achse in den mehr senkrechten Blüthenstengel übergeht. Ueber

*) Der Blüthenstand von *Iris*, wo eine Endblüthe auftritt, verhält sich zu dem unbegrenzten von *Gladiolus* analog, wie der von *Tulipa* und *Gagea* zu *Ornithogalum*.

dieser Knospe findet sich in der nächsten Blattachsel oft noch eine; doch pflegt die blühende Achse bis an die Stelle, wo die Hauptknospe steht, abzusterben. —

Auch in diesen Fällen schliesst also der Blüthenstengel das Wachsthum einer Achse ab, und die diesjährige Achse der blühenden Pflanzen ist eine laterale Production (ein Ast), nicht die unmittelbare Fortsetzung der vorjährigen Achse.

Bei *Iris graminea* ist die unterirdische Achse noch viel holziger und dabei nicht so verdickt, wie bei *I. pumila;* es entwickeln sich viele Knospen; weshalb der unterirdische Stamm reich verzweigt erscheint, und die über die Erde hervortretenden Blattbüschel dicht rasig beisammen stehen.

Beilagen.

BUTOMUS UMBELLATUS *L.*

Die ursprünglich, wie bei andern Monokotyledonen, zweizeilig alternirenden Blätter werden bei der Entwicklung der horizontalen Grundachse in der Weise verschoben, dass sie mehr hinter einander zu stehen kommen. In den Achseln derselben bilden sich Knospen, die eine ziemlich kurze, schwammige Achse haben. Durch die Verschiebung ihrer Mutterblätter treten sie sehr zeitig aus den Achseln hervor. Der Blüthenstengel bricht gleichfalls aus der Achsel eines Blattes, in der sich dann keine Knospe findet, hervor und ist bestimmt lateral. Die Grundachse bringt gewöhnlich mehrere Blüthenstengel nach einander hervor. Zwischen dem ersten und zweiten Blüthenstengel, zwischen dem zweiten und dritten u. s. f. zählte ich regelmässig je 9 Blätter an der Grundachse. Es stehen dann in den Achseln der acht ersten Blätter Knospen, in der Achsel des neunten der je nächste Blüthenstengel. Eigen wäre es, wenn die Zahl neun constant wäre, da sie auch in der Blüthe wiederkehrt.

Die Pflanze durchfurcht bei ihrem raschen Wachsthume mit dem oft pflugschaarartig vorgestreckten vorderen Ende ihrer (unbegrenzten) Grundachse den schlammigen Boden, während die ältern Theile am ältern Ende allmählich absterben. Sie vermehrt sich durch die zahlreichen, bald selbstständig werdenden Knospen, welche bald Wurzel schlagen, ungemein stark. — Ausläufer fand ich nicht*).

ALISMA PLANTAGO *L.*

Auch hier finden sich keine Ausläufer, sondern nur sizzende Knospen in den Achseln der Blätter, welche aus der kurzen schwammigen, etwas knolligen Grundachse entspringen. Die Knospen in den Achseln der obern Blätter sind die grösseren; und die, welche in der Achsel des obersten Laubblattes dicht an dem Blüthenstengel, der keine Laubblätter hat, steht und die Rückseite ihres ersten, häutigen Scheidenblattes (Vorblatt) dem Blüthenstengel zuwendet, entwickelt im Laufe des Sommers mehrere Laubblätter, die eine Rosette bilden, und ihre Achse verdickt sich wieder etwas knollenförmig. Im Herbste sterben dann die bereits entwickelten Laubblätter ab, und die von ihnen umschlossene Knospe perennirt und bringt im nächsten Jahre wieder Blätter und einen Blüthenstengel. Sehr häufig ist es aber auch, dass diese Knospe gleich im Laufe des ersten Sommers mit den Laubblättern zugleich auch ihren Blüthenstengel treibt; dann entwickelt sich die oberste Knospe neben diesem zweiten Blüthenstengel ganz in der geschilderten Weise und perennirt; ja, selbst diese Knospe kommt oft in demselben Sommer noch zur Blüthe, und erst die neben ihrem Blüthenstengel stehende perennirt. Die Achsentheile, zu denen die diesjährigen Blüthenstengel gehören, sterben ab, finden sich aber gewöhnlich noch im nächsten Jahre unterhalb der neuen Pflanze.

---

*) Der Blüthenstand ist keine Dolde in dem Sinne, wie bei *Primula*; er scheint vielmehr eine Modification des Blüthenstandes von *Alisma Plantago* zu sein, dadurch hervorgerufen, dass die Achsentheile, aus denen die Blüthenstiele entspringen, an ihm sich nicht entwickelt haben.

Häufig ist es, dass die Blätter unterhalb des ersten Blüthenstengels abgestorben sind, und dass neben ihm dann nur die Blätter, die einer Nebenachse angehören, stehen. Er scheint dann lateral zu sein, was er in der That nicht ist. Durch Entwicklung mehrerer Knospen wird die Pflanze vielköpfig. Da die Grundachse, welche diese Knospen verbindet, sich bald — gewöhnlich im zweiten Jahre — gänzlich auflöst, so trennen sich die aus ihnen hervorgegangenen Pflanzen von einander.

Während also bei *Butomus umb.* die horizontale Grundachse unbegrenzt ist und die Blüthenstengel lateral sind, wird hier die verticale Grundachse, mag sie erster oder zweiter Ordnung sein, durch einen Blüthenstengel begrenzt.

SPARGANIUM RAMOSUM *Huds.*

Aus den Achseln der untern Blätter der Grundachse treiben lange, mit dünnhäutigen, bald absterbenden Schuppenblättern und mit Wurzelzasern besetzte Ausläufer, die sich an ihrer Spitze etwas knollig verdicken; in den Achseln der obern Blätter der Grundachse finden sich weit kleinere, sitzende Knöspchen, die wohl so wenig, wie die in den Achseln der unteren Stengelblätter sich findenden und jenen gleichgebildeten, zur Entwicklung kommen. Der Blüthenstengel ist terminal. Während bei *Alisma Plantago* die oberste Knospe die stärkere ist, werden hier die obern immer schwächer; man könnte sagen, sie entwickelten sich centripetal.

Ebenso ist es bei *Sparganium simplex Huds.;* jedoch ist hier Alles zarter. Aehnlich verhält sich auch *Typha latifolia:* unten Ausläufer, die aber nicht so schlank sind, wie bei *Sparganium,* weiter oben sitzende Knospen.

TRIGLOCHIN PALUSTRE *L.*

Die Blüthenstengel sind terminal. Aus der Achsel des Blattes, das den zuerst sich ausbildenden Blüthenstengel umfasst, bricht eine Knospe hervor, die bald mehrere Blätter und dann einen zweiten terminalen Blüthenstengel entwickelt. Neben diesem Blüthenstengel bricht abermals eine Knospe hervor, die sich ebenso wieder ausbildet. Dieses Verhältniss wiederholt sich in einem Sommer oft noch mehrmals. Die älteren Blüthenstengel kommen ausserhalb der noch frischen Blätter zu stehen, da die mit ihnen einer Achse angehörigen Blätter bald absterben und verwesen.

Im Herbste bildet sich neben dem letzten Blüthenstengel noch eine (mit einem Vorblatt versehene) Blattrosette aus. Entfernt man die ausgebildeten Blätter, so kommt man auf eine von einem fleischigen Blatte (Nährblatt) gebildete Knospe, die unten kleine Würzelchen treibt.

Ausserdem treibt die Grundachse, besonders in lockerem Boden, noch Ausläufer, deren dünne Achse mit Schuppenblättern besetzt ist und Wurzelzasern treibt. An der Spitze der Ausläufer findet sich eine grössere Knospe, die in ihrer Mitte gleichfalls einen zwiebelartigen Körper umschliesst. Aus der dünnen Achse des Ausläufers unterhalb dieser endständigen Knospe treiben abermals Ausläufer, deren Endknospen ganz wie Zwiebeln gebaut sind. Sie haben an ihrem Grunde ein oder zwei kleine Schuppenblätter; darauf kommt ein dünnes Scheidenblatt, von welchem ein fleischiges Scheidenblatt eng umschlossen ist. Dieses Nährblatt umgiebt wieder einige noch rudimentäre Blätter. Die ältern Theile der Pflanze sterben bald ab, und die aus den Knospen, sowohl den sitzenden, als gestielten, hervorgehenden Pflanzen werden selbstständig.

Auch bei ***Trigl. maritimum*** sind die Blüthenstengel terminal. Die Knospen habe ich bei dieser Art nicht untersucht.

CONVALLARIA MAJALIS *L.*

Im Frühjahr finden sich noch die vertrockneten Blätter des vorigen Jahres; sie hüllen die Basis der diesjährigen Pflanze ein. Auf sie zunächst folgen mehrere (vier bis sechs) ringsgeschlossene Scheidenblätter, von denen die innern immer höher werden und aus den äussern hervorragen. Auf diese folgt ein schmales, häutiges Schuppenblatt, vor welchem der Blüthenstengel, der in seinem untern Verlauf keine Blattgebilde trägt, indem das erste Blatt in seiner Achsel die unterste Blüthe trägt, steht. In der Achsel, welche jenes Schuppenblatt der Grundachse mit dem Blüthenstengel bildet, findet sich keine Knospe; auf der entgegengesetzten Seite des Blüthenstengels stehen die zwei oder drei neuen Laubblätter, von denen das erste oder äussere mit seiner Rückseite nicht v o r, sondern seitwärts von dem Blüthenstengel steht. Zuweilen stehen diese Laubblätter nicht unmittelbar neben dem Blüthenstengel, sondern sie sind erst in ein weit hinaufreichendes Scheidenblatt eingeschlossen, welches dann mit seiner Rückenfläche gegen den Blüthenstengel gekehrt ist.

Die Laubblätter sind mit geschlossenen, hohen Scheiden versehen. Im Grunde der Scheide des innersten findet sich ein im Frühling noch kleines Knöspchen. Wenn man dasselbe im Herbste wieder untersucht, so zeigt es ganz dieselbe Zusammensetzung, wie, nach der eben gelieferten Beschreibung, die Pflanze im Frühjahr, nur dass Alles noch unentwickelt ist; besonders deutlich erkennt man noch, dass das Schuppenblatt unmittelbar vor dem Blüthenstengel mit seinen Rändern nicht bloss diesen letztern, sondern auch die auf der andern Seite desselben stehenden noch ganz kurzen Laubblätter umschliesst.

Ausser dieser Hauptknospe findet man in der Regel in der Scheide des innern Laubblattes neben jener Hauptknospe da, wo die Scheidenränder des ersten Scheidenblattes dieser letztern mit einander verwachsen sind, noch eine andere, weit kleinere Knospe; selbst im Frühjahr ist sie noch ganz klein, wenn die Hauptknospe bald Blüthen bringt; sie wird zunächst von mehrern Scheidenblättern gebildet und gelangt gewöhnlich nicht zur Entwicklung.

Ausser diesen Knospen mit unentwickelten Stengelgliedern bilden sich auch noch aus den Knoten der unterirdischen, kriechenden Achse Seitenachsen, deren erste Stengelglieder, welche Scheidenblätter tragen, sehr entwickelt sind. An der Spitze dieser Ausläufer wiederholt sich dann die oben geschilderte Bildung mit unentwickelten Stengelgliedern.

Die Anordnung der Theile an der Grundachse stimmt im Wesentlichen mit der bei den Amaryllideen überein; denn dort, wie hier, ist der Blüthenstengel lateral, die Hauptknospe aber terminal. Freilich ist die Beschaffenheit der Blätter der Grundachse bei *Convall. maj.* eine andere, als z. B. bei *Amaryllis formos.* Hier finden sich nur Laubblätter, bei *Conv. maj.* stehen zunächst unterhalb dem Blüthenstengel mehrere Scheidenblätter und unterhalb (ausserhalb) dieser die zwei oder drei Laubblätter, die aber sich ein Jahr vor der Entwicklung des Blüthenstengels, den jene Scheidenblätter umgeben, entwickeln und zur Blüthezeit wieder vertrocknet sind. Die frischen Blätter, die kurz nach der Blüthezeit bei *Amaryllis form.* neben dem Blüthenstengel hervorkommen, lassen sich mit den frischen Laubblättern bei *Convallaria* vergleichen, insofern sie dort und hier an der Grundachse oberhalb des Blüthenstengels stehen, also eigentlich zu dem nächstfolgenden Blüthenstengel gehören. In dem Falle, wo bei *Convall.* oberhalb des Blüthenstengels erst ein Scheidenblatt kommt, hat dieses dieselbe Stellung zu dem Blüthenstengel, wie das entsprechende mit einer langen Scheide versehene Laubblatt bei *Amar. form.* Mit *Leucojum* stimmt *Conv. maj.* insofern überein, als an der Grundachse beider sich Scheiden- und Laubblätter finden; in der Anordnung derselben sind aber beide Pflanzen verschieden.

CONVALLARIA POLYGONATUM *L.* und C. MULTIFLORA *L.*

Beide Arten stimmen in Bezug auf die Ausdauer und Bildung der Grundachse im Wesentlichen mit einander überein; nur sind bei *Conv. multifl.* die einzelnen Jahrgänge derselben an der Stelle, wo ein Blüthenstengel sich nach oben erhoben hat, stärker knollenförmig angeschwollen und dabei kürzer, als bei *C. Polyg.* An der ziemlich fleischigen Grundachse, aus der auch die Wurzelzasern hervorbrechen, finden sich nur breite Schuppenblätter. An einem Jahrgange zählt man deren gegen zehn; die an der Spitze der Achse stehenden umgeben den Blüthenstengel, in den sich die letztere fortsetzt, und in der Achsel, welche das innerste mit dem Blüthenstengel bildet, steht die Hauptknospe. Die Schuppenblätter vertrocknen bald; die Hauptknospe, aus deren fleischiger Grundachse sofort wieder Wurzelzasern hervorbrechen, streckt sich im Laufe des Sommers und bringt im nächsten Frühjahr wieder den Blüthenstengel.

Ausser der Hauptknospe finden sich auch, in den Achseln der andern Schuppenblätter der Grundachse, kleinere Knospen, von denen aber nur wenige, oft gar keine, zur Entwicklung kommen. Im erstern Falle erscheint die Grundachse etwas verästelt. Diese Aeste haben gleichfalls nur kurze und dicke Zwischenglieder, keineswegs sind sie ausläuferartig. — Die verschiedenen Jahrgänge der Grundachse mit den Narben der Blüthenstengel bleiben lange frisch und vegetationsfähig; man zählt ihrer oft zehn und darüber*).

Die Blätter des Blüthenstengels sind im Knospenzustande ganz regelmässig an demselben gestellt. Durch Drehungen

*) Daher der Name *Sigillum Salomonis*, „*a pluribus radici instar Sigilli impressis vestigiis.*"

der Internodien werden sie später nach einer Seite hin gewendet. Unterhalb der Laubblätter, welche bis zur Fruchtreife stehen bleiben, stehen bei *C. Polygon.* regelmässig ein oder zwei dünnhäutige Schuppenblätter, welche sehr zeitig abfallen und eine Narbe zurücklassen. Gewöhnlich, wenn schon nicht immer, fehlen solche Blätter bei *C. multiflora.* — Auch bei *Paris quadrifolia* ist der Blüthenstengel endständig. Die Grundachse ist weit dünner und ihre häutigen Blätter sind durch längere Zwischenglieder getrennt, als bei *C. multifl.* und *Polygonatum.* Das oberste umschliesst die Basis des Blüthenstengels, und in seiner Achsel steht die Hauptknospe. Die ältern Jahrgänge bleiben auch lange vegetationsfähig. Auf jeden Jahrgang der Grundachse kommen in Vergleich mit der Weisswurz nur wenige Blätter.

MAJANTHEMUM BIFOLIUM *Wigg.*

Am Grunde des blühenden Stengels stehen zwei Scheidenblätter, deren Insertionsstellen durch ein zwar kurzes, aber noch deutliches Internodium von einander getrennt sind. In der Achsel des zweiten, innern Scheidenblattes, vor dessen Mittellinie, steht die Hauptknospe, deren erstes Blatt mit seiner Rückseite links oder rechts von dem Stengel steht. Im Sommer erkennt man, dass sie wieder von zwei Scheiden- und zwei oder drei Laubblättern, die den Blüthenstengel für das nächste Jahr umgeben, gebildet wird. Bisweilen wächst diese Hauptknospe zu einem Ausläufer aus, indem sich an ihr zunächst einige lang gestreckte, mit eng anschliessenden Scheidenblättern und an den Knoten mit Wurzelzasern besetzte Stengelglieder ausbilden. An der Spitze dieses Ausläufers stehen dann gewöhnlich zwei Scheidenblätter, die meist nur ein Laubblatt und keinen Blüthenstand einschliessen. In diesem Falle steht die Hauptknospe nicht in der Achsel des zweiten Scheidenblattes, sondern wird — wie bei nicht blühenden

Tulpen- und Lilienzwiebeln, die nur ein grundständiges Laubblatt haben — von der äusserst kurzen, daher leicht zu übersehenden Scheide des Laubblattes eingeschlossen und ist terminal.

Wie bei *Conv. majalis* kommen auch hier häufig aus der Grundachse Ausläufer.

Die Blätter des Blüthenstengels zeigen folgende Modificationen: entweder finden sich drei Laubblätter, auf sie folgt ein Schuppenblatt, in dessen Achsel die untersten Blüthen stehen; oder zwei Laubblätter, darauf ein Schuppenblatt, und ein zweites, in dessen Achsel die untersten Blüthen; oder zwei Laubblätter und dann gleich ein Schuppenblatt, vor dem die untern Blüthen stehen. Bei dieser Pflanze, so wie bei *Conv. multifl.* und *Polygon.* (und *verticillata*) ist der Blüthenstengel also terminal, die Hauptknospe axillär, während bei *C. maj.* das Gegenthil stattfindet. Mit *C. multiflora* stimmt *Maj. bifol.* auch darin überein, dass an der Grundachse wenigstens der blühenden Pflanze keine Laubblätter vorkommen, sondern nur an dem Blüthenstengel; bei der Maiblume stehen die Laubblätter nur an jener, und an diesem nur Schuppenblätter (Bracteen). In Bezug auf die Beschaffenheit der Grundachse stimmt *Maj. bifol.* mehr mit der letztgenannten Art, als mit *C. multiflora* überein.

ASARUM EUROPAEUM *L.*

Die horizontale, von Laub oder leicht mit Erde bedeckte Achse zeigt in kurzen $\frac{1}{2}$—$\frac{3}{4}$ Zoll betragenden Zwischenräumen mehrere nahe bei einander stehende Blattnarben. In der Nähe derselben entspringen die verästelten Wurzelzasern. Die Achsentheile dauern lange; ich zählte oft über zehn verschiedene Jahrgänge*); und auch der älteste Jahrgang war dann

*) Während die dikotyledonischen Bäume und auch viele Stauden

noch frisch, so wie auch die aus ihm entspringenden Wurzelzasern; selbst die Härchen auf der Epidermis der Achse waren noch zu erkennen.

An der Spitze der Grundachse findet man zur Zeit der Blüthe (die alten Blätter nicht mitgerechnet, die dann zuweilen noch vorhanden sind) drei alternirende häutige Schuppenblätter, und über ihnen zwei anscheinend opponirte, aber bei genauerer Untersuchung gleichfalls alternirende Laubblätter; zwischen diesen letztern steht als unmittelbare Fortsetzung der Grundachse der Blüthenstiel. In der Achsel, welche das oberste Laubblatt mit demselben bildet, steht die noch kleine Hauptknospe. In der Achsel des untern Laubblattes ist keine Knospe; wohl aber finden sich Knospen in den Achseln der Schuppenblätter.

Nicht selten finden sich auch drei Laubblätter, dann ist das untere von den beiden obern durch ein kurzes Stengelglied getrennt, und in seiner Achsel steht eine Knospe.

Im Laufe des Sommers entwickelt sich die Hauptknospe neben dem Blüthenstiele, der bald bis auf einen kleinen Rest abstirbt, und bildet scheinbar, da sie doch lateral ist, die unmittelbare Fortsetzung zu dem vorhergehenden Achsentheile. Es stehen an ihr zunächst wieder drei Schuppenblätter, die wieder zwei Laubblätter umschliessen. Die diesjährigen Laubblätter bleiben bis in den Herbst hin frisch und stehen näher an den Schuppenblättern, die zur nächstjährigen, als an denen, die zur diesjährigen Achse gehören, indem sich das Achsenglied zwischen dem obersten Schuppen- und dem untersten Laubblatte im Laufe des Sommers etwas streckt. Die Knospen in den Achseln der andern Blätter kommen oft nicht zur

---

Jahrestriebe und Jahresringe bilden und sich nach letztern das Alter des Stammes und der Zweige angeben lässt, ist hier und bei vielen andern das Alter der Pflanze einigermaassen nur nach den noch vorhandenen Jahrestrieben, nicht nach den Jahresringen, da die ältern Achsentheile nicht dicker werden, zu bestimmen.

Ausbildung; geschieht es, so erscheint dadurch die Grundachse verästelt, und eine solche Pflanze bedeckt mit ihren Aesten oft die Fläche eines Quadratfusses. Diese Aeste verhalten sich dann ganz wie die Mutterachse.

An nicht blühenden Achsen ist die Hauptknospe terminal. Bei den Keimpflanzen wird das zwischen den gestielten, ovalen Kotyledonen befindliche Knöspchen von zwei Schuppenblättchen gebildet, die ein zartes Laubblatt einhüllen. Im ersten Jahre wächst das Knöspchen nicht aus; im zweiten entwickelt sich jenes erste Laubblatt, und das Internodium zwischen ihm und dem ihm voraufgehenden obersten oder zweiten Schuppenblatte streckt sich ein wenig, und aus diesem Internodium wächst eine Nebenwurzel hervor, durch welche die noch kurze Grundachse an den Boden geheftet wird und nun eine horizontale Lage annimmt. An der Spitze der zweijährigen Pflanze findet sich wieder eine Knospe; ihr erstes Blatt — ein Schuppenblatt — alternirt genau mit dem erwähnten Laubblatte, und sie ist demnach bestimmt terminal. Die ursprünglich vorhandene, ziemlich lange, senkrechte, verästelte Hauptwurzel stirbt später ab, und die Ernährung der Pflanze wird nur durch die Nebenwurzeln, die aus der Grundachse hervorbrechen, besorgt.

Während bei *Convall. Polygonatum* der mit Blättern besetzte Blüthenstengel, dessen Blüthen lateral sind, jährlich zu Grunde geht, stirbt bei der Haselwurz nur der Blüthenstiel ab; dort stehen keine Laubblätter an der Grundachse, hier stehen sie, wie bei *Conv. majalis,* wo sie aber nicht unmittelbar unterhalb der Blüthen stehen, nur an der Grundachse. Sonst stimmt in Bezug auf die Dauer und das späte Absterben der ältern Jahrgänge die Grundachse von *Asarum* mit der von *Conv. Polyg.* überein.

PRIMULA OFFICINALIS *Jacq.*

Der einfachste Fall ist hier, dass sich an einer Pflanze nur ein einziger Blüthenstand ausbildet. Dieser, inmitten der grundständigen Laubblätter stehend, ist terminal. In der Achsel, die das oberste Laubblatt mit ihm bildet, steht dann die Hauptknospe, deren untere Blätter sich noch im Laufe desselben Jahres entfalten, während die innern, von einigen Schuppenblättern umschlossen, klein bleiben. Sie bringt im nächsten Jahre den ersten Blüthenstand. Auch in den Achseln der untern Blätter der Grundachse stehen Knospen; je tiefer die Blätter an der Grundachse, desto kleiner werden die Knospen.

Häufiger als dieser Fall ist es aber, dass die erwähnte Hauptknospe sich sofort weiter bildet, indem sie sämmtliche Blätter ihrer Achse (einer Achse zweiter Ordnung in Bezug auf die Achse, welche in diesem Jahre den ersten Blüthenstand producirte) entfaltet und einen zweiten Blüthenstand entwickelt.

An der Achse dieses zweiten Blüthenstandes, unmittelbar neben ihm in dem Winkel des obersten Blattes findet sich dann abermals eine Knospe; sie kann entweder bis zum nächsten Jahre ruhen und da den ersten Blüthenstand bringen, oder sie kann auch schon in diesem Jahre ihre Blätter und ihren Blüthenstand (den dritten der ganzen Pflanze) entwickeln, in welchem letzteren Falle sich eine Knospe in der Achsel des obersten Blattes der Achse dritter Ordnung findet, die im nächsten Jahre den ersten Blüthenstand producirt.

Die Blüthenstände sind also immer terminal, indem der zweite keineswegs unmittelbar aus der Achsel des obersten Blattes der Achse erster Ordnung hervorbricht, sondern erst an der Spitze eines beblätterten Zweiges (der Achse zweiter Ordnung), dessen Stengelglieder aber nicht entwickelt sind, erscheint. So ist es auch mit dem dritten Blüthenstand in Bezug auf die Achse zweiter Ordnung.

Ich bemerkte oben, dass auch in der Achsel der untern Blätter der Achse erster Ordnung Knospen vorkommen. Die Knospe in der Achsel des vorletzten Blattes bringt auch zuweilen einen Blüthenstand; dieser aber entwickelt sich später als der Blüthenstand an der Spitze der Achse zweiter, ja selbst dritter Ordnung.

Oft sind zur Blüthezeit die sämmtlichen Blätter der Achse erster Ordnung verwest; dann steht der zu ihr gehörige erste Blüthenstengel neben und ausserhalb der Blätter, die zur Achse zweiter Ordnung gehören. — Bei nicht blühenden Pflanzen ist die Hauptknospe natürlich terminal, und an ihnen stirbt nach oben gar kein Theil der Achse ab.

Andere Modificationen übergehe ich, da sie sich nach dem Mitgetheilten leicht erklären lassen. Das ganze Verhalten hat grosse Aehnlichkeit mit dem von *Alisma Plantago*. Bei *Primula* aber dauert die Grundachse länger, stirbt aber auch am untern Ende ab, indem sie, da die bei den Keimpflanzen vorhandene Hauptwurzel bald abstirbt, später nur durch Nebenwurzeln ernährt wird*).

PULMONARIA OFFICINALIS *L.*

Wenn man im Monat September ältere Exemplare untersucht, so findet man eine (oft mehrere an einem Exemplare)

*) Bei *Pinguicula vulgaris* steht zwischen dem Blüthenstiele und dem Blatte, welchem die gespornte Unterlippe der Krone zugewendet ist, keine Knospe; eine solche zur Blüthezeit schon ziemlich grosse findet sich vielmehr auf der entgegengesetzten Seite des Blüthenstiels. Dieser scheint demnach lateral, die Knospe terminal zu sein. Oft finden sich mehrere Blüthenstiele; ich zählte deren bis zu sechs. Sie stehen sämmtlich vor einem Blatte, zwischen diesem und der Knospe. Diese Blüthenstiele sind am untersten Grunde etwas mit einander verwachsen; die äussern links oder rechts stehenden entwickeln sich zuerst, die innern zuletzt, fast schraubelartig. Blattgebilde finden sich an der Basis der Blüthenstiele nicht. — Bei *Cyclamen europaeum* stehen die Blüthenstiele einzeln in den Achseln der Laubblätter.

längere oder kürzere Achse, welche unten mit einigen ausgebildeten, herzförmigen, gestielten, oben dagegen mit einigen mehr lanzettlichen Blättern besetzt ist. An der Spitze einer solchen Achse findet sich bereits ein Blüthenstand; in der Achsel der untern, herzförmigen Blätter stehen kleine Knospen, in der Achsel der obern, lanzettlichen stehen Zweige mit Blüthenständen; die Achseln der obersten sind leer.

Während des Winters sterben die herzförmigen, und auch die untern lanzettlichen Blätter ab. Im Frühjahr entwickelt sich rasch der terminale Blüthenstand; ihm folgen in der Entwicklung die Blüthenstände der Zweige von unten nach oben. Oft fehlen die sämmtlichen Blüthenzweige; oft aber treten an den untersten Blüthenzweigen nochmals Blüthenzweige (Achsen dritter Ordnung) auf.

Die Knospen aber, die sich in den Achseln der herzförmigen Blätter gebildet haben, entfalten, und zwar, falls mehrere zur Entwicklung kommen, die oberste am kräftigsten, wieder herzförmige Blätter, und die zu diesen Knospen gehörende Achse bringt im nächsten Jahre wieder Blüthenstände und Knospen. Im Laufe des Sommers stirbt die Achse, so weit als sie Blüthenstände gebracht hat, gänzlich ab.

Das Verhältniss der Blüthenstände ist hier ein anderes, als bei ***Primula offic.***, was man leicht schon daraus erkennt, dass bei der Primel nur die Blüthenstände mit ihrem Stengel absterben, aber die Achsen, welche sie producirten, obschon sie Achsen verschiedener Ordnungen sind, stehen bleiben, während bei dem Lungenkraut überhaupt die Achse, so weit sie Blüthenstände bringt, abstirbt.

Die Bezeichnung: „die nicht blühenden Wurzelköpfe", welche von manchen Schriftstellern für die neuen Zweige, welche zunächst herzförmige Blätter und im folgenden Jahre wieder Blüthenstände produciren, angewendet wird, ist nicht geeignet, eine angemessene Vorstellung von dem Sachverhalte zu geben.

MENYANTHES TRIFOLIATA *L.*

Die ziemlich dicke, horizontale Grundachse hat deutlich entwickelte Internodien. Die Blüthenstengel sind bestimmt terminal, obschon man bei oberflächlicher Betrachtung sie für lateral halten könnte. Aus der Achsel, welche das zunächst unterhalb des Blüthenstengels stehende Laubblatt mit demselben bildet, bricht ein den Blüthenstengel an Dicke bei weitem übertreffender Trieb hervor, dessen erstes Blatt auf der dem Blüthenstengel zugewendeten Seite steht. Scheinbar bildet dieser Trieb die unmittelbare Fortsetzung der unterhalb des Blüthenstengels stehenden Achse, da er doch, diese letztere als Achse erster Ordnung betrachtet, eine Achse zweiter Ordnung ist. (Aehnlich wie bei *Solanum Dulcamara* und andern Solanaceen). An diesem Triebe stehen mehrere Laubblätter*) circa 5, in deren Achseln kleine Knospen, die Anlagen zu Zweigen, zu finden sind. Das erste Blatt derselben steht mit seiner Mittellinie nicht vor der Grundachse, sondern seitwärts von derselben. Jene Achse zweiter Ordnung wird dann abermals durch einen Blüthenstengel begrenzt, neben welchem in der beschriebenen Weise wieder ein Trieb hervorbricht u. s. f. — Die Grundachse stirbt auch hier an ihren ältern Theilen ab, wodurch die an ihr gebildeten Zweige frei werden.

ADOXA MOSCHATELLINA *L.*

Zur Blüthezeit ist nur eine kurze, höchstens einen Zoll

---

*) Die dreitheilige Lamina dieser Blätter hat eine eigenthümliche *foliatio*. Der mittlere Lappen ist der äussere; er umschliesst, mit dem einen Rande den andern deckend (*vernatio convolutiva*), die beiden andern, von denen jeder mit dem einen Rande den andern bedeckt, mit dem andern bedeckt wird (*foliatio contorta*).

lange, horizontale Grundachse vorhanden; sie ist fleischig und mit fleischigen, dicht hinter einander stehenden (seltener ist zwischen zwei Blättern ein kurzes Internodium entwickelt), alternirenden Schuppenblättern besetzt, die nach der Spitze der Grundachse zu ein wenig an Grösse zunehmen; an der Spitze der letzteren finden sich ein oder zwei, gleichfalls alternirende ausgebildete Laubblätter. Zwischen den obern Schuppenblättern brechen mehrere verästelte Wurzelzasern büschelartig hervor.

In den Achseln der untern Schuppenblätter finden sich kleine Knospen, als Anlagen zu Ausläufern; sie kommen aber in den untersten Blattachseln gewöhnlich nicht zur Entwicklung, häufiger in den nach der Spitze der Grundachse zu stehenden Achseln. In der Achsel des obersten Schuppenblattes findet sich ein Blüthenstengel, an dem die Blätter, wie auch die seitlichen Blüthen, welche sich (es sind ihrer vier, seltener sechs), nachdem sich zuerst die Endblüthe entwickelt hat, von unten nach oben entfalten, opponirt sind*); oft steht er auch in der Achsel des ersten Laubblattes, oder es sind zwei Blü-

---

*) Es ist also ähnlich, wie bei *Anemone nemorosa*, wo die Blätter der Grundachse auch eine andere Stellung haben, als an dem Blüthenstengel; obschon die *folia caulina* bei *Adoxa* eine andere Bedeutung haben, als bei *Anemone*. — Bei *Lathraea Squamaria* sind sowohl die Blätter der Grundachse, als die des Blüthenstengels (die Bracteen) je zwei opponirt. Bei *Orobanche* stehen die Schuppenblätter spiralig, und diese Gattung und *Lathraea*, die man wegen ihres Parasitismus so nahe zusammengebracht hat, werden, bei genauerer Untersuchung, im Systeme wahrscheinlich von einander wegrücken. Sehr eigenthümlich ist die Beschaffenheit der Blätter bei der Schuppenwurz an der Grundachse. Es ist nämlich der dicke fleischige Rand ringsum nach unten zurückgeschlagen; bei den obersten Blättern der Grundachse pflegen nur die fleischigen Seitenflächen zurückgeschlagen zu sein, indem dann die platte Mittelfläche dünnhäutig ist. In ihrem Innern haben die Blätter zahlreiche, unregelmässige Höhlungen, die radienartig von der Peripherie zum Ansatzpunkte verlaufen. Auf den Wänden dieser Höhlungen bemerkte ich kleine, drüsenförmige Körperchen von rundlicher Form. Es schienen einfache kugelförmige Zellen zu sein mit einem zartkörnigen Inhalte.

thenstände vorhanden, von denen der eine in der Achsel des obersten Schuppen-, der zweite in der Achsel des untersten Laubblattes steht; jedenfalls sind die Blüthenstengel lateral.

Als die terminale Fortsetzung der Grundachse oberhalb der Blätter, in deren Achsel die Blüthenstengel stehen, tritt ein fadenförmiger, zur Blüthezeit oft schon spannelanger Ausläufer auf, an dessen Grunde ein oder zwei meist klein bleibende Laubblätter, und an dessen weiterm Verlauf einzelne, ziemlich weit von einander entfernte Schuppenblätter (in ihren Achseln wieder kleine Knospen, die Anfänge seitlicher Ausläufer tragend) stehen. An seiner Spitze wird er später, gegen Ende des Mai, dick und fleischig; seine Blätter rücken wieder an einander, und er bringt dann in dem nächsten Jahre Blüthen; der Zusammenhang mit der diesjährigen Achse wird durch das Verwesen des fadenförmigen Theils des Ausläufers bald aufgehoben, und die diesjährige Grundachse geht auch zu Grunde*).

Dieser terminale Ausläufer fehlt nie, während die in den Achseln der Schuppenblätter unterhalb der Blüthenstengel, wie bemerkt, nicht immer zur Ausbildung kommen, in jedem Falle aber sich nicht so kräftig, wie jener, entwickeln. — Die nicht blühenden Pflanzen verhalten sich ganz so wie die blühenden.

Herr Professor Bischoff hat in seinem bekannten Werke über die botanische Terminologie auf Taf. 20 eine im Ganzen gelungene Abbildung der Grundachse der *Adoxa* gegeben. Er bezeichnet (unter *a*) einen Theil neben dem terminalen Ausläufer als sogenannte Stockknospe; eine solche habe ich nie beobachtet. Wohl aber findet sich an der betreffenden Stelle gewöhnlich ein nicht zur völligen Ausbildung gelangendes

*) In diesem Punkte stimmt mit *Adoxa* die *Trientalis europaea* überein. Hier bildet sich aber in der Achsel eines an der Grundachse stehenden Schuppenblattes der Ausläufer, welcher im nächsten Jahre die Blüthe bringt.

Laubblatt. — Manchmal bleibt auch ein Blüthenstengel rudimentär. Ob der als Stockknospe bezeichnete Theil ein solches Blatt oder ein solcher Blüthenstengel sei, lasse ich dahingestellt.

SAXIFRAGA GRANULATA *L.*

Die rundlichen kleinen Zwiebeln haben anfänglich folgende Zusammensetzung. Zu äusserst finden sich mehrere dünnhäutige Schuppenblätter, welche in einer kleinen, oft grün gefärbten Spitze einen mehr oder minder deutlichen Ansatz zu einer Lamina haben. Am Rande sind sie gewimpert. Sie umschliessen mehrere eiförmige, ziemlich stumpfe, am Rande mit einigen ganz kurzen Härchen besetzte, sonst glatte, fleischige Schuppenblätter; dies sind die Nährblätter. Alle diese Blattgebilde, sowohl die dünnhäutigen als die verdickten, sind um eine äusserst kurze und dünne Achse spiralig geordnet. In der Mitte der Nährblätter findet sich im Frühjahr eine von noch ganz rudimentären Laubblättern gebildete kleine Knospe.

Im Spätsommer und Herbst, bis zu welcher Zeit die dünnhäutigen Schuppenblätter ganz vertrocknet und braun geworden sind, während die Nährblätter unverändert geblieben sind, wächst die von letzteren umschlossene Terminalknospe aus. Ihre Achse, die unmittelbare Fortsetzung der verkürzt bleibenden Zwiebelachse, streckt sich mehr oder minder; die Internodien der an ihr stehenden Laubblätter bleiben nämlich oft ganz kurz, oft werden sie deutlicher, indem sie eine Länge von circa 3 Linien erreichen. Die Achse ist dünn, fast fadenförmig. Aus ihr entspringen die Wurzelzasern. In den Achseln dieser untern Laubblätter bilden sich nun die neuen sitzenden Zwiebeln. Weiter hinauf an der Achse ordnen sich die Laubblätter dicht über einander zu einer Rosette.

Im Frühjahr erhebt sich nun als die unmittelbare Fortsetzung der dünnen Grundachse der Blüthenstengel, der dicker ist als jene. Aus den Achseln der zu einer Rosette vereinigten Laubblätter brechen gewöhnlich noch einige Blüthenstengel hervor; nur in den Achseln der untersten findet man häufig auch noch Zwiebeln. Die Nährblätter der Mutterzwiebel werden in Folge der starken Neubildung bald ausgesogen; die neuen Zwiebeln erlangen mit der Blüthezeit ihre Ausbildung; die Mutterblätter derselben sterben frühzeitig ab; der Achsentheil, an dem sie stehen, widersteht der Auflösung länger, als der Blüthenstengel, und so bleiben die Zwiebeln bis zum nächsten Jahre, wo regelmässig nicht alle sondern nur eine oder wenige einen Blüthenstengel treiben, durch die Achse, welche aber bis dahin alle Kraft zu neuen Productionen verloren hat, mit einander vereinigt.

Auch zwischen den Nährblättern der Zwiebeln bilden sich oft neue Zwiebeln. — An jüngern, nicht blühenden Pflanzen ist die Hauptzwiebel terminal; sie steht entweder unmittelbar in oder über der alten Zwiebel, in der Mitte der Blattrosette der letzteren, oder ist durch ein kurzes Achsenglied von ihr getrennt; doch kommen ausser der terminalen noch laterale Zwiebeln vor.

Ich habe kein Bedenken getragen, dieser Pflanze Zwiebeln beizulegen; denn in den wesentlichen Punkten hat sie die Merkmale der allgemein anerkannten Zwiebelgewächse. Dass die Zwiebeln mit jedem Jahre zu Grunde gehen, darin stimmt *Saxifraga gran.* mit *Gagea* u. a. überein; dass erst die blühende Achse, während die Achse der Zwiebel selbst unentwickelt ist, auswächst, und am Grunde der verlängerten Achse sich die Wurzelzasern ausbilden, kommt auch bei *Lilium bulbiferum* vor, wo indess auch die Achse der Zwiebel selbst Wurzelzasern treibt. Wollte man gegen die Annahme, dass *Saxif. gran:* Zwiebeln habe, einwenden, dass sie sich bei den blühenden Pflanzen in den Blattachseln des gestreckten Blüthenstengels bildeten, so ist zu bemerken, dass man dann auch die Zwiebeln an den Blüthenstengeln bei *Lilium bulbiferum* nicht als solche bezeichnen dürfte. Bei den jüngern Zwiebeln der *Saxifr.*, welche in der Zusammensetzung aus Schuppen- und Laubblättern der Zwiebel von *Lilium candidum* nahe kommen, fällt jener Einwand überhaupt weg.

CHRYSOSPLENIUM ALTERNIFOLIUM *L.*

Die bald längere, bald kürzere, fast fadenförmige Grundachse hat an ihren gestreckten Internodien Schuppenblätter, die mit einem Ansatz zur Lamina versehen sind. An dem untern oder hintern Theile ist sie abgestorben, an dem vordern oder obern Theile stehen die ziemlich nahe an einander gerückten, langgestielten Laubblätter. An dieser Stelle verdickt sich die Achse ein wenig, keineswegs aber so auffallend, wie bei *Adoxa*, und bringt hier die meisten Wurzelzasern hervor. Sie geht dann unmittelbar in den Blüthenstengel über, dessen Internodien wieder länger werden.

In den Achseln der am Grunde des Blüthenstengels stehenden Laubblätter brechen zuweilen laterale Blüthenstengel hervor, oder kurze nur mit Laubblättern besetzte Zweige, die erst im nächsten Jahre zur Blüthe kommen; noch häufiger sind aber Ausläufer, die an ihren zolllangen Internodien mit Schuppenblättern besetzt sind und bald Wurzeln und früher (oft schon zur Blüthezeit der Hauptachse, aus welcher sie entspringen), oder später an ihrer Spitze wieder Laubblätter treiben. Aus ihren Blattachseln entspringen oft nochmals Ausläufer, woher sich das rasige Wachsthum dieser Pflanze erklärt. Der Zusammenhang mit der Achse, aus der die Ausläufer, die meistens schon im nächsten Jahre Blüthen bringen, ihren Ursprung nehmen, wird bald aufgelöst, indem jene Achse nach der Fruchtreife abstirbt, so wie auch die ersten Glieder der Ausläufer bald wieder absterben.

Terminale Ausläufer, wie bei *Adoxa*, kommen hier nicht

vor, indem die Achse entweder durch einen Blüthenstengel begrenzt wird, oder, wenn dies nicht der Fall ist, nur aus den Achseln ihrer Blätter Ausläufer entsendet. Da die neuen Achsengebilde sofort wieder Wurzeln treiben, so bildet sich hier kein Theil zu einem eigentlichen Nahrungsbehälter um.

OXALIS TETRAPHYLLA *Cav.*, O. ACETOSELLA *L*, O. STRICTA *L.* und CORNICULATA *L.*

Im Zustande der Ruhe, im Spätherbst, haben die Zwiebeln der ersten Pflanze folgende Beschaffenheit. Zu äusserst finden sich mehrere trockene Schuppen, an deren Spitze man noch die Reste oder mindestens die Narben von abgestorbenen Blattstielen findet. Unter diesen trockenen Schuppen finden sich frische, ziemlich fleischige, breite Schuppen: es sind die Basilarstücke von Blättern; man erkennt an ihrer Spitze die freien Enden (Oehrchen) der Stipulä, zwischen denen die ganz rudimentären Blattstiele und Blattflächen stehen. Die Grundachse, welche alle diese Blattgebilde trägt, ist ganz niedrig.

Im Frühjahr brechen durch die äussern Häute die Wurzelzasern, welche sich mehrfach verästeln, hervor. Manche derselben sind zart, andere werden rübenförmig, ähnlich denen, die sich häufig an den neugebildeten Knollen von *Crocus vernus* finden; oft sind alle von der letztern Beschaffenheit. Die äussern frischen Schuppen bilden ihre Lamina nicht aus, wohl aber die innern. In den Achseln der untern Schuppenblätter bilden sich Knospen, die im Laufe des Sommers sich vergrössern und wieder zu Zwiebeln werden. Die äussern Blätter dieser axillären Zwiebeln sind schuppenförmig und vertrocknen meistens früh; dann kommen ausgebildete Laubblätter und dann wieder Schuppenblätter. Oft bilden sich im ersten Sommer an diesen Zwiebeln, besonders an den obern, gar keine Laubblätter aus; sondern sie werden zunächst nur von Schuppenblättern gebildet.

In den Achseln der obersten Schuppen- und der Laubblätter stehen die Blüthenstengel, an denen sich nur kleine Schuppenblätter [Bracteolen] finden.

Die obersten Blätter bilden wieder eine terminale Zwiebel, die durch das Absterben der diesjährigen Achse und Blätter selbstständig wird und im nächsten Jahre Blüthen bringt, was aber gewöhnlich auch die grössern axillären Zwiebeln, welche ebenfalls isolirt werden, thun. Ein Grund, dieser Pflanze die Zwiebeln abzusprechen, ist schwerlich vorhanden.

Bei *Oxalis Acetosella* ist der Haupttrieb gleichfalls terminal. Er verlängert sich ausläuferartig, ähnlich wie bei *Adoxa Moschatellina;* die ersten Blätter an ihm sind Laubblätter. Auch laterale Ausläufer sind vorhanden, so dass *O. Acetosella* in der Anordnung ihrer Theile mit der letztgenannten Pflanze grosse Aehnlichkeit hat, so fern sie ihr auch sonst steht. Die Grundachse bei *O. Acet.* ist aber durchaus nicht so vergänglich, wie bei dem Moschuskraut; denn sämmtliche Stengeltheile, deren Internodien bald sehr entwickelt, bald äusserst kurz sind, dauern wenigstens einige Jahre; es sterben nur die Blätter bis auf das kurze, mit dem Blattstiele gegliederte, etwas fleischige Basilarstück*), und die in ihren Achseln stehenden Blüthenstengel ab. Die Hauptachse verlängert sich jährlich durch den terminalen Trieb.

Bei *O. stricta* dagegen stirbt die ganze Achse (welche in Bezug auf die vorjährige Achse lateral ist) mit den an ihr stehenden, Blüthen tragenden Zweigen ab, und nur die ausläuferartigen, in ihrem ganzen Verlauf etwas fleischigen Zweige, welche aus dem unterirdischen Theile der primären Achse entspringen, dauern aus. Sie sind mit Schuppenblättern, aus

---

*) Schon die Keimblätter zeigen eine solche Gliederung.

deren Achseln oft wieder fleischige Zweige entspringen, besetzt, haben gegen einen halben Zoll lange Internodien und treiben einzelne zarte, verästelte Wurzelzasern noch in Verbindung mit der Mutterachse. Im nächsten Jahre treiben sie wieder einen Blüthenstengel und sterben dann abermals nach Bildung fleischiger Zweige ab. Es muss diese Pflanze zu den Perennen gezählt werden, nicht zu den Biennen, wie es Herr Hofrath Koch in seiner *synops.* thut. Man müsste dann, um consequent zu sein, unter andern auch *Gagea, Tulipa, Epilobium palustre, Mentha arvensis* und *Stachys palustr.**) zu den Biennen rechnen. Die wahren Biennen, z. B. *Cirsium lanceolatum,* verhalten sich ganz anders.

Bei *Oxalis corniculata* stirbt die ganze Pflanze jährlich in allen ihren Theilen ab, und nichts perennirt an ihr. Der verschiedene Habitus von *O. cornic.* und *O. stricta* ist darin begründet, dass bei der ersten Art die primäre Achse verhältnissmässig kurz bleibt, die niederliegenden, oft wurzelnden Zweige aber, die aus den untern (circa 5) Blattwinkeln entspringen, sich sehr strecken, dass aber bei *O. stricta* die primäre Achse vorzugsweise entwickelt ist und lange Stengelglieder hat, die Zweige aber in den Achseln der untern (circa 10) Blätter weit kürzer bleiben, als bei *O. corniculata.* Die Diagnosen geben dieses Verhältniss nicht deutlich wieder. Wenn es z. B. von *O. stricta* heisst: *caule solitario erecto,* und bei *O. corniculata: caulibus diffusis,* so sind bei letzterer Art die Zweige, welche sich doch auch bei *O. stricta* finden, als *caules* aufgeführt. Bei beiden Arten ist das erste Blattgebilde der Zweige ein kleines, lanzettliches Schüppchen.

---

*) *Mentha arvensis* und *Stachys pal.* perenniren ganz ähnlich wie *Oxalis stricta.* Bei ersterer findet man schon im Juli knollenförmige Ausläufer, die mit einzelnen Wurzelzasern besetzt sind. Bei der zweiten Pflanze ist die Verdickung der unterirdischen Aeste noch weit auffallender; sie haben um diese Zeit noch keine Wurzelzasern.

Aehnlich ist es auch bei den lateralen Ausläufern von *O. Acetosella*.

PARNASSIA PALUSTRIS *L.*

Das gewöhnliche Verhalten ist folgendes. Die kurze Grundachse wird durch einen Blüthenstengel, dessen Blüthe sich zuerst von allen entfaltet, und an dem nur ein einziges Laubblatt steht, abgeschlossen. An der Grundachse stehen mehrere Laubblätter, aus den Achseln derselben treten gleichfalls Blüthenstengel hervor. Die Blüthe des obersten dieser lateralen Blüthenstengel öffnet sich früher, als die des nächst unteren (centrifugale Entwicklung). Diese seitlichen Blüthenstengel haben an ihrer etwas verdickten Basis ein bis drei Schuppenblätter, in deren Achseln Knospen stehen. Statt der Schuppenblätter finden sich zuweilen auch Laubblätter; und nicht selten sind auch die ersten Blätter der Knospen zur Blüthezeit schon entwickelt und bilden eine Rosette. Neben und an dem terminalen Blüthenstengel findet sich keine Knospe; auch ist er an seiner Basis nicht verdickt. In diesem Falle bringt also die Hauptachse unmittelbar keine Knospen, durch welche die Pflanze perennirt, sondern nur laterale Blüthenstengel.

In andern Fällen, wenn die Grundachse nur einen terminalen Blüthenstengel producirt, steht auch in der Achsel, welche das oberste Laubblatt der Grundachse mit jenem Blüthenstengel bildet, eine Knospe, so wie auch in den Achseln der untern Blätter sich Knospen finden. Durch Absterben der Grundachse werden die Knospen, die bald Wurzeln schlagen, von einander isolirt und selbstständig.

ANEMONE HEPATICA, A. PULSATILLA, A. PRATENSIS, A. SILVESTRIS, A. NEMOROSA und RANUNCULOIDES.

Unser Leberblümchen bietet in seinen Lebenserscheinungen manches Interessante dar. Untersucht man diese Pflanze im Frühlinge während ihrer Blüthezeit, so findet man an der Spitze der Grundachse, aus deren unterm Theile zahlreiche verästelte und mit feinen Härchen dicht besetzte Wurzelzasern hervorbrechen, noch die lederartigen Laubblätter vom vorigen Jahre, hin und wieder am Rande vertrocknet oder sonst die Zeichen baldiger Verwesung an sich tragend. Sie stehen, da die Stengelglieder sich nicht entwickeln, mit ihrer Basis unmittelbar über einander. Dicht über diesen Laubblättern stehen, sich einander bedeckend, da gleichfalls die Internodien nicht ausgebildet sind, 3 — 8 häutige, blasse Schuppenblätter, an ihrer Spitze oft eine ganz geringe Andeutung zur Bildung einer Lamina zeigend, ohne dass jedoch ein allmählicher Uebergang von den vollkommenen Blättern zu diesen Schuppenblättern statt hätte.

In der Achsel des untern Schuppenblattes, und wenn die Gesammtzahl der Schuppenblätter etwas grösser ist, auch des zweiten, dritten und vierten finden sich kleine Knöspchen, deren äusserste Hüllen (die alleräusserste steht mit ihrer Rückenfläche der Hauptachse zugewendet) häutige Schuppen sind, die die Anfänge vollkommener, dreilappiger Blätter einschliessen. Seltner gelangen diese Seitenzweige sofort zur vollständigen Entwicklung, dass sie in den Achseln ihrer Schuppenblätter Blüthen und an ihrer Spitze Laubblätter haben, wobei sich Alles wie an der Hauptachse verhält. In den Achseln der obern Schuppenblätter (resp. des zweiten, dritten, vierten u. s. f.) stehen die einzelnen Blüthenstengel. In der Achsel des obersten und zuweilen auch des vorletzten Schuppenblattes scheint oft kein Blüthenstengel zu sein, untersucht man es aber genauer, so findet man regelmässig das Rudiment einer Blüthe, ein kleines, von einem oft nicht $\frac{1}{2}'''$ langen Stengelchen getragenes Knöpfchen, an dem man die Elemente der Blüthe — die Hülle, das Perigon etc. — wieder erkennen kann. Häufig jedoch sind auch diese Blüthen in allen Theilen vollständig entwickelt, und es ist dann deutlich, dass auch das oberste Schuppenblatt nicht etwa oberhalb des mit Blüthenstengeln besetzten Grundachsentheils steht.

Dicht über dem obersten Blüthenstengel oder dessen Rudimente, und nicht etwa in der Achsel, welche das oberste Schuppenblatt mit dem obersten Blüthenstengel bildet, sondern auf der entgegengesetzten Seite des Blüthenstengels stehen die noch ganz jugendlichen Laubblätter, deren Läppchen nach innen eingerollt, auf der Innen- oder Oberfläche kahl und glatt, auf der Aussen- (Unter-) Seite mit langen Seidenhaaren dicht besetzt sind. Das oberste Schuppenblatt schliesst diese Laubblätter auch mit ein, aber nicht mit seiner Mittelfläche, sondern mit seinen an dem obersten Blüthenstengel vorbeigehenden beiden Rändern, indem das unterste Laubblatt mit dem obersten Schuppenblatte alternirt. In der Achsel des untersten neuen Laubblattes steht auch noch häufig eine vollkommene Blüthe auf einem langen Blüthenstengel. Gewöhnlich bleibt aber diese Blüthe rudimentär oder fehlt ganz. Diese Laubblätter entwickeln sich nach der Blüthezeit vollständig, und im Sommer, noch deutlicher im Herbst findet man am Gipfel der Grundachse wieder die Schuppenblätter und in deren Achseln die oben beschriebenen lateralen Knöspchen und Blüthenstengel; alles noch in eine dicke Knospe zusammengedrängt. Offenbar heben hier die Gebilde einer neuen Vegetationsperiode mit den Schuppenblättern an und schliessen mit den neuen, frischen Laubblättern; und diese Gebilde stehen alle an ein und derselben Achse. Die Blüthenstengel sind axillär. Die neue Hauptknospe, welche gegen Ende des Sommers schon ganz fertig gebildet ist, steht terminal zwischen den Laubblättern.

Anemone Pulsatilla und ***A. pratensis.*** Im Frühling, zur Blüthezeit untersucht, sind die vorjährigen Laubblätter, da sie nicht von so lederartiger Consistenz, wie die der

A. Hepatica, sind, ganz vertrocknet. In ihren Achseln finden sich kleine Knospen. Jene Blätter haben aber dieselbe Stellung — zu unterst an der kurzen Grundachse — wie die Laubblätter der Leberblume. Auf sie folgen unmittelbar mehrere Schuppenblätter (circa 5—8), die — besonders die innern — durch eine kleine, zerspaltene Lamina ihre Verwandtschaft mit den Laubblättern schon deutlicher kund geben, als bei *A. Hepatica*. Diese Schuppenblätter sind noch frisch. Das oberste oder innerste Schuppenblatt steht am Grunde des diesjährigen Blüthenstengels. In der Achsel, die dasselbe mit dem Blüthenstengel bildet, kommen die frischen Laubblätter hervor. Ein zweites Büschel von Laubblättern steht oft in der Achsel des vorobersten Schuppenblattes.

Will man über das Verhältniss aller Theile zu einander bei diesen Pflanzen eine recht klare Anschauung erhalten, so untersuche man sie im Sommer (vom Juli ab) bis in den Herbst hin. Hier sind die neuen Laubblätter noch unversehrt. Sie schliessen in ihrer Mitte die Schuppenblätter ein (in die sie ziemlich stetig übergehen), die zusammen eine dicke, wollige Knospe bilden. Die Achseln der Schuppenblätter sind oft leer, oder es finden sich hier Laubknospen, durch deren Entwicklung die Pflanze vielachsig (vielköpfig) wird. Das oberste umfasst ganz deutlich mit seinen Rändern den noch kleinen Blüthenstengel, wenn schon dasselbe ihn nicht ganz umschliesst; in der Achsel, die dieses Schuppenblatt mit dem Blüthenstengel bildet, steht die zunächst aus Laubblättern — man erkennt schon deutlich die zertheilte Lamina — gebildete Hauptknospe: ihr erstes oder unterstes Blatt ist mit seiner Rückseite dem Blüthenstengel, mit seinen Scheidenrändern, die das zweite Blatt einschliessen, dem Mutterblatte zugewendet. In der Achsel der vorletzten Schuppe ist auch gewöhnlich eine Knospe, im Wesentlichen ganz wie die obere gebildet, nur etwas kleiner. Beide unterscheiden sich von den Knospen, welche, wie angegeben, in den Achseln der Laubblätter stehen, ausser der bedeutenden Grösse auch dadurch, dass bei diesen letztern die ersten Blatttheile schuppenförmig sind, während bei jenen gleich vollkommene Blätter auftreten. Die Stellungsverhältnisse zu der Achse sind indess bei diesen untern Knospen dieselben, wie bei den obern. Die frischen Laubblätter gehören demnach ohne Zweifel zu der von dem nächstjährigen Blüthenstengel abgeschlossenen Achse. Es entwickeln sich also die Laubblätter nicht, wie bei *Colchicum autumnale*, nach, sondern lange vor der Blüthe, wie bei *Spiranthes autumnalis*, bei *Daphne Mezereum* und vielen unserer Bäume.

Zuweilen entwickelt die Knospe neben dem diesjährigen Blüthenstengel gleich in demselben Frühjahr mit der Blüthe des letzteren ihre Blüthe, ganz wie es bei *Primula officinalis* Regel ist; dann fand ich aber, dass auch die Blätter, die an der Grundachse dieses zweiten (gleichfalls terminalen) Blüthenstengels standen, gar keine oder eine nur unbedeutende Lamina ausgebildet hatten, sondern mehr schuppenartig waren.

Die Knospe, welche in der Achsel des obersten Blattes neben diesem zweiten Blüthenstengel hervorbrach, begann dann mit vollkommenen Laubblättern, die sich im Laufe des Frühlings ausbildeten. Es gehören in diesem Falle die Laubblätter nicht der erstnächsten Nebenachse, sondern der zweitnächsten an.

Zuweilen blüht *A. Pulsat.* zum zweiten Male im Monat August. Dann fand ich, dass sämmtliche noch frische Blätter, auch das Mutterblatt der Hauptknospe, die wie gewöhnlich gebildet war, eine vollständige Lamina hatten.

Vergleichen wir nun die *Anemone Pulsatilla* mit der *A. Hepatica*, so ergeben sich in den geschilderten Vegetationsverhältnissen manche Unterschiede. Bei *A. Hep.* sind die Blüthenstengel lateral; die Hauptknospe, welche im nächsten Jahr Blüthen bringt, ist terminal, die Grundachse also stets unbegrenzt — ein bei den Ranunculaceen gewiss seltener Fall. Bei *A. Pulsat.* ist der Blüthenstengel terminal, die blüthentragende Grundachse ist also begrenzt, und die Hauptknospe der blühenden Exemplare ist stets lateral. Bei *A. Hep.* gehören ferner die Schuppen- und Laubblätter einer Achse an, aber die neuen Laubblätter stehen oberhalb der diesjährigen Blüthenstengel*). — Bei *A. Puls.* gehören an blühenden Exemplaren die neuen Laubblätter zu einer andern Achse, die regelmässig erst im nächsten Frühling zur Blüthe gelangt.

Mit *A. Puls.* stimmt *A. silvestris* insofern überein, als auch bei ihr der Blüthenstengel terminal und die Hauptknospe axillär ist. Es finden sich an der Grundachse einer blühenden Pflanze zu äusserst einige meist schon vertrocknete Schuppenblätter, die mit einem Ansatz zu einer Lamina versehen sind; auf sie folgen, mit ihnen einer Reihe angehörend, einige wenige (1—3) frische langgestielte Laubblätter. In der Achsel, die das oberste derselben mit dem Blüthenstengel bildet, steht die Nebenachse (Hauptknospe), welche im nächsten Jahre

*) Scheinbar verhält sich *Daphne Mezereum*, wo sich die Blätter der terminalen Laubknospe auch nach der Blüthezeit entfalten, ebenso; aber hier sind die Laubblätter, in deren Achseln sich die diesjährigen Blüthen gebildet hatten, bereits abgefallen. Die terminale Laubknospe streckt sich im Laufe des Frühlings und Sommers, und in den Achseln ihrer Laubblätter bilden sich wieder die Blüthenstände, welche im folgenden Frühling zur Entwicklung kommen. Sollten beide Pflanzen sich gleich verhalten, so müssten entweder bei *An. Hep.* sich in den Achseln der Laubblätter, welche sich nach der Blüthezeit ausbilden, die Blüthenknospen, die im nächsten Frühjahr zur Entwicklung kämen, bilden, oder bei *Daphne Mez.* müssten sich oberhalb der Laubblätter an derselben Achse wieder Schuppenblätter erzeugen; diese müssten stehen bleiben, und in ihren Achseln müssten dann im nächsten Frühjahr die Blüthenstände hervorbrechen. Offenbar entsprechen die Schuppenblätter, in deren Achseln die Blüthenstengel bei *A. Hep.* stehen, und die abfallenden Laubblätter bei *D. Mez.*, in deren Achseln sich die Blüthenstände erzeugten, einander, und die Periodicität und Bildung derselben ist eine andere. Bei *Daphne Mez.* sind die Blüthenstände wieder von Schuppenblättern umgeben.

blüht. Das erste Blatt derselben ist ein Laubblatt und zur Zeit der Blüthe ganz ausgebildet; auch die zunächstfolgenden sind Laubblätter. Im Laufe des Sommers vertrocknet zunächst das Mutterblatt, etwas später die mehr oder minder zahlreichen (1 — 8) Laubblätter der Nebenachse. Die Basen dieser Laubblätter schliessen die von mehrern Schuppenblättern gebildete Knospe ein.

Die Laubblätter, die zur Blüthezeit sich an der Pflanze finden, gehören demnach in der Regel zwei verschiedenen Achsen an, was sicherlich mit der etwas spätern Blüthezeit zusammenhängt, (bei der früher blühenden *A. Puls.* finden sich keine zu der blühenden Achse gehörenden frischen Laubblätter); an ein und derselben Achse kommen mithin bei *A. silv.* erst ein oder einige Laubblätter, welche sich ein Jahr vor dem Blüthenstengel, der jene Achse abschliesst, entwickeln, dann einige Schuppenblätter, die diesen Blüthenstengel im Winter umhüllen (und so die eigentliche Knospe bilden) und dann wieder ein oder einige Laubblätter, die sich mit ihm ausbilden. Bei schwächern Exemplaren hat die Knospe zur Blüthezeit oft gar keine Laubblätter entwickelt, sondern ist ganz klein und wird gänzlich von ihrem Mutterblatte eingeschlossen. Dass die eigentlich nächstjährige Blüthe sich, wie oft bei *A. Puls.*, schon in diesem Jahre entwickelte, beobachtete ich nicht; auch verästelt sich die Grundachse bei *A. silv.* weit sparsamer, als bei jener Art.

Anemone nemorosa. Bei dieser Pflanze liegt bekanntlich die Grundachse horizontal in der Erde; sie wird durch den unter einem rechten Winkel von ihr aufsteigenden terminalen Blüthenstengel abgegrenzt. An ihrer Spitze steht ein kurzes, dünnhäutiges Schuppenblatt, welches mit seinen Rändern die Basis des Blüthenstengels umfasst; in der hierdurch gebildeten Achsel findet sich die Hauptknospe als ein ziemlich dickes und fleischiges, kegelförmiges, stumpfes Zäpfchen. Das erste Blatt, das an der Achse dieser Knospe steht und dieselbe im ersten Frühjahr mit seiner scheidigen Basis umschliesst, ist immer ein Laubblatt; es bleibt jedoch sehr häufig rudimentär, lässt sich aber auch in diesem Falle an seiner stets dreitheiligen, wenn schon sehr kleinen Lamina erkennen. Es verwest, wenn es sich nicht ausbildet, gleich nach der Blüthezeit. Seltener entwickelt es sich vollständig und tritt (von den meisten systematischen Botanikern als *folium radicale* begrüsst) über den Erdboden hervor.

Im Laufe des Sommers und Herbstes wächst die Knospe zu einem oft mehrere Zoll langen, dünnwalzenförmigen Achsentheile aus, der in kurzen Zwischenräumen mit sehr kurzen, angedrückten Schuppenblättern besetzt ist, und aus dem Wurzelzasern hervortreten. (Hier erscheinen die Wurzelzasern an der Grundachse früher, als der Blüthenstengel, der zu ihr gehört, bei *A. Hep.* bilden sie sich erst an d e n Theilen der Grundachse, wo die Blätter und Blüthenstengel abgestorben sind.) Gegen den Herbst findet man dann an der Spitze den noch horizontalen jungen Blüthenstengel, der, da er noch ganz kurz ist, von dem obersten Schuppenblatte umschlossen wird.

Zuweilen bildet sich auch in der Achsel des vorletzten Schuppenblattes der Grundachse eine Knospe aus, die auch mit einem, seltner mit zwei Laubblättern beginnt. Durch die Entwicklung dieser zweiten Knospe erscheint die Grundachse dichotom. Auch unter den andern Schuppenblättern der Grundachse finden sich Knöspchen, aber nur selten bilden sie sich aus, bleiben jedoch sehr lange frisch. — Seltener ist es, dass das grundständige Laubblatt an dem Theil der Grundachse steht, der durch den diesjährigen Blüthenstengel abgeschlossen wird; ich fand es dann zunächst unterhalb des obersten Schuppenblattes dieser Achse. Das sogenannte *folium radicale* gehört also bald zu der Grundachse des nächstjährigen, bald zu der des diesjährigen Blüthenstengels.

Die Grundachse ist bei ältern Pflanzen oft gegen einen Fuss lang, und auf dieser ganzen Strecke noch vegetationsfähig; an dem hinteren (untern) Ende stirbt sie ganz allmählich ab. Es ist klar, dass die einzelnen Jahrgänge derselben, die man indess äusserlich nicht zu unterscheiden vermag, so weit als die Grundachse Blüthenstengel producirt hat, immer Achselproducte des je zunächst voraufgehenden Jahrganges sind. Bei nicht blühenden Pflanzen ist hier, wie bei *A. Pulsatilla* und *silvestris*, die Hauptknospe eine terminale*).

Anemone ranunculoides verhält sich in ihren Vegetationsverhältnissen ganz so wie *A. nemorosa.* Auch hier ist das erste Blatt der Knospe ein Laubblatt; ich habe keinen Fall beobachtet, wo es an einer blühenden Pflanze zur Entwicklung gekommen wäre; es verwest sehr bald und ist oft zur Blüthezeit nicht mehr zu erkennen**).

---

*) Die jährliche Verlängerung der Grundachse von *A. nem.* wird von der keimenden Pflanze bis dahin, wo sie einen Blüthenstengel treibt (worüber gewöhnlich viele Jahre hingehen mögen) durch eine terminale Knospe bewirkt, so dass bis dahin die verschiedenen Jahrgänge, von denen die ältern absterben, sämmtlich Glieder einer Achse sind. So bietet diese Pflanze in ihrem frühern Stadium das Beispiel einer horizontalen Hauptachse. Wenn ein Blüthenstengel die Grundachse abgeschlossen hat, erst dann wird die Knospe, welche letztere fortsetzt, lateral; sie wird aber wieder terminal, wenn ein Jahrgang einmal keine Blüthe bringt. Wollte man die aus Seitenknospen hervorgegangenen horizontalen Achsen ausschliesslich Wurzelstöcke oder Rhizome nennen, so könnte diese Bezeichnung bei der Grundachse der *A. nem.* nur von der Zeit an, wo sie Blüthenstengel bringt, gebraucht werden. Aehnlich verhält sich auch *Asarum europaeum* und wahrscheinlich *Convallaria Polygonatum.* Will man nur den Pflanzen ein Rhizom beilegen, die gleich beim Keimen die Hauptachse nicht entwickeln, sondern nur durch horizontale Nebenachsen perenniren, so ist zu bemerken, dass diese Eigenthümlichkeit der Keimpflanze durchaus keine Eigenthümlichkeiten der Nebenachse hervorruft, die nicht auch bei andern Pflanzen, welche erst später durch Nebenachsen perenniren, vorkommen könnten. Dies und Anderes spricht dagegen, dass man den Wurzelstock als eine besondere Art der Achse unterschieden hat.

**) Was die Behaarung der einzelnen Theile bei *A. ranunculoides*

A. nemorosa und *ranunc.* schliessen sich also darin, dass der Blüthenstengel terminal ist, an *A. Pulsatilla* und *silvestris* an. Sie unterscheiden sich von ihnen in den uns hier angehenden Punkten dadurch, dass die Grundachse horizontal liegt und sich jährlich um ein Beträchtliches verlängert, so dass der vorjährige und diesjährige Blüthenstengel von einander wegrücken, während bei *A. Puls.* die Ansatzpunkte derselben dicht bei einander sind, so wie durch die Beschaffenheit und Zahl der grundständigen Blätter.

Von *A. Hepatica* entfernen sich *A. nemorosa* und *ranunc.* noch mehr, als *A. Puls.* — Schon in den keimenden Pflanzen sind *A. Hepatica* und *A. nemorosa* auffallend verschieden. Bei jener Art, deren Keimpflanzen in ihrer Zusam-

---

und *nemorosa* betrifft, die man zur Unterscheidung der Arten angewendet hat, so scheint mir nach den in unsern Gegenden gemachten Erfahrungen Folgendes constant zu sein. Bei *A. nemor.* ist der untere Theil des Stengels nach den drei Blättern (*involucrum*) zu mit einzelnen Haaren besetzt; die Behaarung steigert sich auf der Unterseite der Blätter, auch die Oberseite derselben ist behaart, so wie der Blüthenstiel. Auf der Aussen- oder Unterseite der Blüthenblätter verschwindet sie entweder gänzlich oder — und das ist nicht selten — sie findet sich noch hier, aber äusserst sparsam. Bei *A. ranunc.* ist der Stengel unterhalb der drei Blätter kahl und so auch die Unterseite der Blätter. An den Rändern sind die letzteren mit Härchen besetzt, auch auf ihrer Oberfläche finden sich solche, wenigstens einzeln; der Blüthenstiel ist stark behaart, so wie auch die Aussenseite der Blüthenblätter. Die Vertheilung der Behaarung ist also bei beiden Arten eine verschiedene. Die Form der Früchte ist bei beiden Arten auffallend abweichend, was man in den meisten Floren, die bei den andern Ranunculaceen oft sehr unbedeutende Verschiedenheiten der Früchte anführen, nicht angegeben findet, wohl aber in der gründlichen Monographie der Anemonen von Herrn Dr. Pritzel, *Linnaea* B. 15. — Die Wurzelzasern beider Arten sind zart und verästelt; bei *A. ranunc.* sind sie dicht mit zarten braunen Härchen bedeckt, wie bei *A. Hepatica*; bei *A. nemorosa* fand ich sie in der Regel kahl, und nur selten mit spärlichen Härchen besetzt. Bei *A. japonica* sind die Wurzeln sehr lang und auf ihnen bilden sich, wie bei *Solanum Dulcamara* zahlreiche Adventivknospen, durch die sich die Pflanze stark vermehrt.

mensetzung grosse Aehnlichkeit mit denen der Haselwurz haben, sind die Keimblätter breit oval (an der Spitze oft ein wenig ausgeschweift) und deutlich gestielt; der Stiel misst $^1/_3$—$^3/_4$ Zoll. Das weissliche, oder roth überlaufene Stengelchen ist dünn und ziemlich lang ($^1/_2$—$^3/_4$ Zoll), die Wurzel, in die sich das untere Ende desselben fortsetzt, ist braun, dicht mit Härchen besetzt und verästelt. Das junge Knöspchen besteht zu äusserst aus 2 (oder mehreren) Schuppenblättern. Es bleibt das erste Jahr (im Frühjahr findet man die keimenden Pflanzen) in diesem Zustande. Im zweiten Jahre tritt ein kleines, dreilappiges Laubblatt zwischen jenen Schuppenblättern hervor, welches mit seiner scheidigen Basis wiederum ein von Schuppenblättern gebildetes Knöspchen umfasst. Dann brechen aus dem Stengelchen unterhalb des Ansatzes der Kotyledonarblätter Nebenwurzeln hervor; die Hauptwurzel stirbt im zweiten oder dritten Jahre gänzlich ab. — Bei *A. nemorosa* sind die Keimblätter weit kleiner, verkehrt eiförmig und ungestielt. Die Fruchtschalen halten sie beide lange zusammen, was bei *A. Hep.* nicht der Fall ist. Der Stengel ist ganz kurz und verdickt sich sehr bald zu einem 1—1$^1/_2$ Linien langen Knöllchen, das in die fadenförmige, braune, sparsam verästelte, kahle Wurzel übergeht. Das erste, sich gleich bei dem Keimen ausbildende Blatt, das auf die Kotyledonarblätter folgt, und zwischen diesen seitwärts hervorbricht, ist ein zwar kleines, aber vollkommenes, dreitheiliges Laubblatt, welches mit seiner scheidigen Basis ein noch kleines, erst im nächsten Jahre sich entwickelndes zweites Laubblatt einschliesst. Aus der knolligen Achse, die übrigens mehrere Jahre dauert und nicht etwa, wie bei *Arum maculatum,* im nächsten Jahre verschrumpft, entwickeln sich bald Nebenwurzeln, und die primäre Wurzel stirbt ab. — Man sieht hieraus, dass die Anordnung der Blätter bei beiden Arten, wie in den spätern Perioden, so auch schon bei den Keimpflanzen eine ganz verschiedene ist.

A. Hepatica hat viel Uebereinstimmendes in der Anordnung der Theile mit ***Convallaria majalis,*** wo auch der laterale Blüthenstengel zunächst von unvollkommenen Blättern umschlossen wird, und über seiner Ansatzstelle erst die mit ihm vegetirenden Laubblätter kommen; so wie ***A. ranunculoides*** und ***nemorosa*** (weniger schon ***A. Pulsatilla***) sich mit ***Convallaria Polygonatum*** und noch ansprechender mit ***Paris quadrifolia*** parallelisiren lassen.

DENTARIA BULBIFERA *L.*

Bei dieser Pflanze ist die Grundachse, aus der die zarten Wurzelzasern hervorbrechen, fleischig; an ihr stehen ziemlich nahe bei einander, spiralig geordnet, die gleichfalls fleischigen Schuppenblätter, welche an ihrem abgerundeten Ende mit kleinen, neben einander stehenden Spitzen, den Andeutungen zu einer Lamina, besetzt sind; die Blätter, welche an dem Ende eines Jahrgangs stehen, da wo die Grundachse in den terminalen Blüthenstengel übergeht, sind nicht so fleischig; sie haben einen schmalen, etwas scheidig erweiterten Blattstiel und sind deutlich fiederspaltig; sie bleiben aber meist ganz klein und bleich. In der Achsel dieser Blätter stehen die Knospen, von denen die oberste die Fortsetzung der Grundachse bildet, die andern (sie fehlen auch zuweilen) Aeste derselben darstellen. Die Knospen in den Winkeln der Laubblätter am Blüthenstengel sind ganz wie die an der Grundachse gebaut; aber sie sind dunkel gefärbt (was indess zuweilen auch bei jenen der Fall ist) und kürzer. Aeusserlich gleichen diese Knospen sehr denen von ***Lilium bulbiferum,*** doch hat an jenen die Achse einen weit grössern Antheil, als bei diesen. — Die nicht mit einem Blüthenstengel versehenen Exemplare der Zahnwurz bilden ein Blatt der Grundachse (wie bei *Anemone* *nemorosa*) vollständig aus, und die Hauptknospe ist dann terminal. Durch die Dauer der Grundachse unterscheidet sich auch *Dentaria* von *Adoxa;* denn bei ersterer finden sich, wie bei *Anemone nemorosa* (wo aber die Blätter nicht so fleischig sind), an der Grundachse mehrere Jahrgänge vereinigt, und die ältern bleiben mehrere Jahre hindurch frisch, was bei *Adoxa* nicht der Fall ist. Ausläuferartige Gebilde finden sich bei *Dentaria* nicht.

Ueber Zwiebel- und Knollengebilde im Allgemeinen.

Die unendliche Mannigfaltigkeit, in welcher das vegetabilische Leben der Erde sich entfaltet, hat gar verschiedene Factoren. Als der zunächst auffallende, aber auch äusserlichste derselben erscheint die Raumerfüllung, indem die Dimensionen der ganzen Pflanzen in Bezug auf den äusserlichen (absoluten) Raum mächtig genug abweichen. Die hohen Bäume streuen, von den herbstlichen Stürmen durchbraust, die falben Blätter herab auf den Wanderer, dessen Fuss mit jedem Schritte das absterbende niedrige Gras und die auflebenden Flechten und Moospolster nieder tritt; schon diese triviale Beobachtung beweiset das Gesagte. Dann werden auch die Dimensionen der einen Theile zu den andern Theilen bei den verschiedenen Pflanzen oft ganz andere, wie denn z. B. die Blätter der meisten Palmen und Farnkräuter zu ihren Stämmen in einem ganz anderen Verhältnisse stehen, als die Blätter unserer Waldbäume, besonders der Nadelhölzer, zu ihren Stämmen, als die Grasblätter zu ihren Halmen. — Welch' ein gewaltiger Unterschied giebt sich uns kund, wenn wir die Blüthe der Gartentulpe und die des Tulpenbaums oder gar der Buche mit der Grösse der Gesammtpflanze, die sie hervorbringt, in Vergleich stellen! Sollten die Maasse der Blüthen zu der Gesammtpflanze bei den genannten Gewächsen proportional werden, so müsste der Kelch der Tulpe sich auf einen unscheinbaren Umfang zusammenziehen, oder der Tulpenbaum und die Buche müssten Blüthen erzeugen, in denen mit derselben Bequemlichkeit, mit welcher die Biene im Kelche der Tulpe haust, die Adler ihr Wesen treiben könnten.

Die grösste Mannigfaltigkeit aber wird durch Formverschiedenheit der einzelnen Pflanzentheile, vorzugsweise des Blattes herbeigeführt. Vermag doch selbst eine überreiche Kunstsprache nicht immer den Formenreichthum der Pflanzen glücklich wieder zu geben, obschon sie ihre Bezeichnungen aus allen Gebieten des menschlichen Lebens und Wissens entlehnt und, um der Proteusnatur der Pflanzen Herr zu werden, bald zum homerischen Hypokrater, bald zum Schwert, Spiess und Schild, bald zu Rosenkranz, Kaputze und Kreuz greift, ihrer Verlegenheit nicht weiter zu gedenken, in die sie sich versetzt sieht, wenn die Verschiedenheiten so subtiler Natur werden, dass sie, ähnlich wie der Steuermann auf der Windrose, zu allerhand wunderbaren Wortverbindungen ihre Zuflucht nehmen muss. Diese Mannigfaltigkeit der Formen steigert sich noch durch die Verschiedenheit in der Anordnung der Theile.

Eine andere Reihe von Verschiedenheiten gründet sich auf die Stoffe, welche die Pflanzenformen bilden. Die meisten Menschen ergötzen sich am bunten Farbenspiele der Blumen, sie laben sich am Safte der Früchte oder stillen den quälenden Hunger mit mehliger Speise, das Gefühl, der Geruch und selbst das Ohr — wer hätte nicht die verschiedenen Eindrücke empfunden, welche das Brausen des Laubwaldes, das Sausen des Nadelholzwaldes, oder das Rauschen reifender Saatfelder auf das menschliche Gemüth macht? — gehn nicht leer aus, während der Chemiker mit Presse, mit Wage und Reagenskasten, mit Feuer und Wasser hinter die Geheimnisse der Pflanze zu kommen sucht, die — näher oder ferner — all jenen Erscheinungen und Wirkungen zu Grunde liegen.

Andere Differenzen beruhen wieder auf Zahlenverhältnissen, wobei zu unterscheiden ist, ob dieselben als Ausdruck des „Nacheinander" gleichartiger Theile (Wiederholung), indem z. B. dem Erscheinen der Blüthe an einer Pflanze oder einem Zweige eine mehr oder minder numerisch fest bestimmte Reihe von Blättern voraufgeht, oder ob sie der Ausdruck eines Ensembles sind. Letzteres ist unter andern in der Blüthe der Fall; wobei sich aber gleichfalls noch häufig genug, wenn schon in meist leisen Andeutungen, wie in der Aestivation der Blüthenblätter und dem Stäuben der Antheren, das „Nacheinander" geltend macht, wie denn überhaupt die innere Zeitlichkeit sich in allen Erscheinungen des Pflanzenlebens wiederspiegelt.

Endlich ist es auch die Beziehung auf die Zeit*) oder die Dauer sowohl der ganzen Pflanze, als auch der einzelnen Theile einer Pflanze zu einander, durch welche sehr viele Verschiedenheiten hervorgerufen werden. Mit der Dauer der ganzen Pflanze, wonach man einjährige**), zwei- und mehrjährige

*) Man könnte, wie Raumerfüllung, so auch Zeiterfüllung sagen; diese ist aber nicht mit dem zu verwechseln, was ich erst mit dem Ausdrucke „innere Zeitlichkeit" andeutete.

**) Die einjährigen Pflanzen zeigen wieder eine grosse Variation, indem manche im ersten Frühjahr oder im Spätherbst keimen und dann bald zur Blüthe und Frucht gelangen und wieder vergehen, wie dies in der Regel bei *Veronica hederaefolia, praecox* und *triphyllos* geschieht, andere aber, um alle Stadien zu durchlaufen, längere Zeit brauchen, wie die meisten einjährigen Geranien. — Die eigentlichen Biennen bilden bis zum Herbste des ersten Jahres vorzugsweise die Wurzel und die Blätter aus, welche letztere, da die Internodien nicht entwickelt sind, meist rosettenförmig beisammen stehen; im zweiten Jahre strecken sich dann die neuen Internodien der Terminalknospe, und es erscheint ein deutlicher Stengel; so bei den zweijährigen Compositen, Dipsaceen,

(ausdauernde) zu unterscheiden pflegt, habe ich es hier weniger zu thun, sondern mehr mit der relativen Dauer bei den

---

Cruciferen, Umbellaten, Asperifolien und Verbasceen. Die zweijährigen *Melilotus*-Arten, z. B. *M. alba* und *macrorrhiza*, treiben im ersten Jahre einen oft fusshohen Stengel mit entwickelten Internodien, aus dessen obern Blattachseln Zweige hervorbrechen; in den Achseln der Kotyledonarblätter, unterhalb welcher der Stengel und die Wurzel ziemlich stark werden, bilden sich zwei von Schuppenblättern umschlossene Knospen, welche, nachdem der ausgewachsene terminale Trieb während des Winters abgestorben ist, im zweiten Jahre zu hohen Stengeln auswachsen. Häufig entwickelt sich dann die eine Knospe schwächer, oder auch gar nicht. Bei *M. dentata* gelangt der terminale Trieb, der bei jenen Arten, ohne zur Blüthe zu kommen, abstirbt, gleich im ersten Jahre zur Blüthe und verzweigt sich, und die Knospen in den Achseln der Kotyledonarblätter bilden sich nicht aus, sondern die ganze Pflanze stirbt ab; seltner fand ich im Monat August bei schwächern Exemplaren, deren Mitteltrieb aber gleichfalls blühte, an der bezeichneten Stelle (die Kotyledonen waren indess schon abgefallen) ziemlich dicke Knospen, welche dann im zweiten Jahre sich ausbilden. Ich bemerke noch, dass ich meine Beobachtungen an Exemplaren, die in der freien Natur gewachsen waren, machte; es ist möglich, dass die Kultur Abweichungen hervorbringt. — Manchmal kommen Biennen schon im ersten Lebensjahre, ohne die ersterwähnte Blattrosette auszubilden, zur Blüthe, und ihr ganzes Ansehen ändert sich dann. Dies beobachtete ich bei *Echinospermum Lappula Lehm.* Bekanntlich bildet auch diese Pflanze im ersten Jahre im Herbst eine Blattrosette, im zweiten Jahre erhebt sich dann ein Stengel, der erst circa 20—30 Blätter trägt, ehe er zur Blüthe gelangt. Kommt diese Pflanze, ohne eine Blattrosette getrieben zu haben, schon im ersten Jahre zur Blüthe, so tritt die erste Blume schon nach dem fünften oder sechsten Blatte auf (die Kotyledonen sind dann noch vorhanden), und es bildet sich nur e i n Blüthenstand (Wickel) aus, der aber oft einen Fuss lang wird. Man glaubt eine ganz andere Pflanze vor sich zu haben. Diese Form darf nicht mit den kümmerlichen zweijährigen, auch nur einen Blüthenstand (die Nota: *caule superne ramoso* ist nicht durchweg gültig) tragenden Exempl. verwechselt werden. Ganz ähnlich ist es bei *Hyoscyamus niger*; die einjährigen Exemplare, die gleichfalls zu unterscheiden sind von den zweijährigen unverästelten, hielt man bekanntlich für eine besondere Art (*H. agrestis*). — Auch zwischen den Biennen findet manche Verschiedenheit statt. So bringt z. B. das Früchtchen von dem eben genannten *Echinospermum Lapp.*, welches dieses Jahr reifte, im nächsten Jahre wieder Früchtchen. Dagegen kann von *Cynoglossum off.*, *Cirsium lanceolat.*, *Onopor-*

perennirenden Gewächsen, zu denen die Zwiebel- und Knollengewächse gehören.

Unter den ausdauernden Gewächsen hat man die Formen als Bäume und Sträucher bezeichnet, bei denen die über den Boden hervortretenden ausdauernden Achsengebilde ein besonderes Uebergewicht erlangen, und deren Elementartheile, nicht ohne Beziehung auf das erste Merkmal, eine mehr oder minder feste Beschaffenheit erlangen. Es trennen sich bei ihnen nur die Achsentheile los, welche mit der Blüthen- und Fruchtbildung in näherer Beziehung stehen, oder die äussersten Glieder der Zweige*). Es geht hier also sehr wenig verloren, wenigstens dem äussern Ansehen nach, besonders bei denen, wo selbst die Blätter mehrere Vegetationsperioden überdauern (den immergrünen Holzarten). Es darf aber nicht übersehen werden, dass nicht Allem, was bleibt und nicht verwest, noch Leben, oder wenigstens gleiche Lebensfülle inne wohnt; des grossen Dichters Wort: „doch innen im Marke lebt die schaffende Gewalt", erleidet manche Beschränkung, wie schon die „hohle Weide" — nach einem andern Dichter ein Gleichniss unsres unglücklichen Vaterlandes! — zeigt. Die dikotylischen Bäume gleichen häufig grünen Särgen, die ihr Todtes einschliessen. Der Uebergang von den Bäumen zu den Sträuchern ist natürlich ein in vielfacher Weise allmählicher; auch von diesen zu den Stauden findet ein solcher Uebergang statt**),

---

don Acanthium u. a. die in diesem Jahr reifende Frucht erst im zweitfolgenden Jahre wieder Frucht bringen. Diese letztern sind die eigentlichen Biennen; die wie *Echinosp.* sich verhaltenden vertheilen ihre Thätigkeit nur auf das Spätjahr des einen und das Frühjahr des nächsten Jahres. Es hängt dies wohl mit der frühern oder spätern Reifezeit der Früchte zusammen.

*) Man vergleiche einen Aufsatz des Herrn Prof. v. Mohl in der Hall. bot. Zeitung Jahrgang 1848, Spalte 6.

**) Wenn die Gegensätze zwischen Baum (Strauch) und Staude überall so deutlich ausgesprochen wären, wie z. B. zwischen der Eiche

was man zugeben wird, wenn man manche Arten des Ginsters und des Sonnenröschen (*Helianthemum*) und der Brombeeren genauer kennt. Und wenn man *Yucca gloriosa*, wenn man die verschiedenen Aloearten, wie *A. variegata* und *margaritifera*, zu den Bäumen oder Sträuchern, indem man ihre Diagnosen mit dem Saturnuszeichen (♄) versehen hat, rechnet, so möchte man kaum stichhaltige Gründe angeben können, warum man manche *Crinum*-Arten, *Gentiana Cruciata*, ja selbst unser Veilchen (*V. odor.*) nicht zu den Sträuchern gezählt hat; denn die länger dauernden Blätter der erstgenannten Pflanzen und die Rindenbildung, welche — oft sehr unbedeutend — an dem von Blättern entblössten Stamme eintritt, die etwas höhern, und etwas niedrigern Stämme, können hier keine sichern Kriterien bilden.

Die Bezeichnung: Staude, braucht man als Collectivnamen für diejenigen ausdauernden Gewächse, deren lebendig bleibende Theile sich wenig oder gar nicht über den Boden er-

und dem Haselnussstrauch einer-, und der unter ihnen wachsenden Haselwurz und der *Anemone nemorosa* (die in Bezug auf das Wachsthum ihrer Grundachse — freilich nicht in ihrer anatomischen Structur — mit *Paris quadrifolia*, *Convall. Polyg.* u. a. Monokotylen übereinstimmen,) andererseits, so wäre die Unterscheidung in Bäume und Stauden nicht schwer, indem bei den ersteren sich auf die ältern Achsentheile jährlich neue peripherische Schichten (Jahresringe) auflegen, während bei diesen eine solche Schichtenbildung nicht Statt hat, sondern nur Jahresansätze an der Spitze eintreten. Dort ist das Alte innen, hier unten oder hinten. Andere Stauden aber, wenn ich mich nicht täuschte, z. B. *Dianthus Carthus.* und *Gypsophila fastigiata*, zeigen an den ältern Theilen der bleibenden Achsentheile auch Jahresringe, die kaum undeutlicher, als bei manchen Sträuchern, z. B. bei *Helianthem. Fumana* und *vulgare*, sein dürften. Nach einigen Untersuchungen glaube ich, dass dies nicht bei allen den Stauden der Fall ist, deren Hauptwurzel bleibt und Jahresringe bildet. Ich weiss nicht, ob ein Pflanzenanatom bereits diese Verhältnisse untersucht und aufgeklärt hat. Wäre es noch nicht geschehen, so könnte man solche Untersuchungen als sehr lohnend empfehlen.

heben, deren vergängliche Theile gewöhnlich — nicht immer — die bleibenden überwiegen; und diese Verhältnisse scheinen oft wichtiger für die Physiognomie der Landschaft, als für die Morphologie zu sein. Die beschreibende Botanik sollte indess mehr die Verschiedenheiten zwischen den einzelnen Pflanzenarten, die sie gewöhnlich schlechthin nur als Stauden (♃) bezeichnet, berücksichtigen. Während bei sehr vielen Stauden sämmtliche Achsentheile oberhalb des Bodens absterben, stirbt z. B. bei ***Thymus Serpyllum, Teucrium montanum*** und ***Chamaedrys,*** falls nicht allzustrenge Winter hierin eine Aenderung hervorrufen, die oberirdische Achse nur so weit ab, als sie Blüthenstände trägt oder noch ein bis drei Stengelglieder unterhalb dieser Strecke; die andern, mit Blättern besetzten, an dem Boden angedrückten kurzen Stengeltheile bleiben und treiben wieder Zweige; ja, bei ***Glechoma hederaceum*** und ***Lysimachia Nummularia*** stirbt nicht einmal die Achse, welche die Blüthen trägt, ab, sondern verlängert sich und schlägt Wurzeln. Aehnlich wie bei ***Th. Serp.*** ist es bei ***Polygala amara,*** und bei ***Viola hirta*** scheiden von den Achsengebilden nur die Blüthenstiele aus dem Zusammenhange der bleibenden Pflanze. Wichtiger, als diese Einzelnheiten ist aber für unsern Zweck Folgendes.

Es machen sich nämlich auch in Bezug darauf, was für eine Verbindung zwischen dem bereits vorhandenen und zwischen den neu hinzukommenden Gebilden, seien sie durch terminale oder laterale Knospen hervorgerufen, statt hat, unter den perennirenden Gewächsen mancherlei Verschiedenheiten geltend. Die wichtigsten will ich in Folgendem zu charakterisiren versuchen.

1.

Es bleiben die Neubildungen, unter denen ich hier bloss die Achsentheile verstehe, die mit der Fruchtbildung in näherer Beziehung nicht stehen, in den meisten Fällen in innigem

Zusammenhange mit dem bereits Vorhandenen, indem dieses letztere in seinen Theilen eine angemessene Erweiterung erleidet, oder mindestens im Stande bleibt, den Neubildungen die nöthige Nahrung zuzuführen und sie dadurch zu weiterer Production zu befähigen. Das erstere bemerken wir an unsern Waldbäumen; sie treiben jährlich neue Aeste, aber auch neue Stammringe und neue Wurzeln oder erweitern diese letztern durch Ansetzung neuer Schichten, so dass das ganze Gewächs auf seiner ganzen Oberfläche sich weiter bildet und lebensfrisch bleibt; das letztere scheint bei der *Yucca* der Fall zu sein, wo, ohne dass der Stamm, wenn er einmal einen gewissen Umfang erreicht hat, angemessen sich verdickt, doch die Spitze der Pflanze sich verlängert. Diese empfängt aber die Nährstoffe, welche die Wurzel aufnimmt, immer nur vermittelst des Stammes. Es gehen mithin von den älteren Theilen keine verloren, die zur Ernährung und Weiterbildung — wenn auch Pausen in der Vegetation eintreten — nöthig sind.

Ebenso verhalten sich in Bezug hierauf, bei allen sonstigen Verschiedenheiten, die meisten unserer Stauden, um nur einige zu nennen: ***Hypericum perfor., Dianthus Carth., Lavatera thuring., Potentilla argent., Medicago falcata, Falcaria Rivini, Eryngium campestre, Centaurea Scabiosa, Artemisia campestris, Scorzonera hisp., Phyteuma spicatum, Salvia pratensis, Plantago media.*** Bei allen diesen werden die sämmtlichen Neubildungen durch die Erweiterung der bleibenden Hauptwurzel (Pfahlwurzel) gemeinschaftlich ernährt.

2.

In andern Fällen wird die fernere Ernährung und die weitere Entfaltung der Neubildungen nicht mehr durch die ältern Theile oder deren Zuwachs vermittelt, sondern, indem diese letztern entweder gänzlich absterben oder mindestens der organische Zusammenhang zwischen ihnen und den jüngern (wenn nicht aller, so doch einiger) Theile aufgehoben wird, müssen sich diese letztern unabhängig von den älteren weiter bilden*). Dieses geschieht, ohne dass irgend eine auffallende Veränderung in der Organisation der Pflanze hervorgerufen würde, gar leicht, wenn die Neubildungen vor ihrem Ausscheiden aus dem lebendigen Verbande mit der Mutterpflanze alle wesentlichen Theile ausgebildet haben, mit deren Hilfe sie weiter wachsen. Man nehme die Erdbeere. Die Mutterpflanze bleibt hier, indem an der Spitze ihrer Grundachse nur die sie begrenzenden (terminalen, nicht lateralen) Blüthenstengel dem Verderben anheimfallen; sie treibt auch axilläre, dünn- und langgliedrige Seitenachsen oder Ausläufer; diese Ausläufer schlagen Wurzeln, wenn sie noch von der Mutterpflanze ernährt werden; dann löst sich durch Absterben**) der dünnen Achsenglieder, früher oder später, der Zusammenhang zwischen der Mutterpflanze und den jungen Gebilden. Bei ***Nasturtium officinale*** bilden sich, wenn es im Wasser steht, an den ganz jungen Zweigen, während sie noch in den Achseln der Mutterblätter stehen, Wurzelzasern, mit deren Hilfe sie, wenn der Stengel der Mutterpflanze zu Grunde geht, sofort weiter wachsen können und bald wieder blühen. Bei ***Epilobium montanum*** bilden sich die Knospen am Grunde der blühenden Mutterpflanze frühzeitig zu kurzgliedrigen Zweigen; sie bewurzeln sich und treiben Blätterrosetten noch in Verbindung mit der

---

*) Ein „Sich-erhalten" in dem Sinne, wie es bei den Thieren Statt hat, kommt den Pflanzen ihrem eigensten Wesen nach nicht zu. (Man vergl. einen kleinen Aufsatz von mir: der Anorganismus, die Pflanze, das Thier. Sondersh. 1842 und das Programm des Sondershäuser Gymnasiums von 1849).

) Die Neubildungen können selbstständig werden: *a*) indem die ganze alte Pflanze zu Grunde geht (z. B. bei *Gagea*); *b*) indem der Theil der Neubildung, mit dem sie mit der Mutterpflanze zusammenhängt, abstirbt, so bei *Fragaria* und einigen Potentillen; *c*) durch beides, z. B. bei ***Epilobium palustre*, ***Adoxa Moschat.*** und ***Solanum tuberosum.***

Mutterpflanze. Geht nun diese zu Grunde, so werden dadurch die Neubildungen nicht weiter gestört; sie haben, was sie bedürfen, schon zur rechten Zeit erworben. Aehnlich ist es bei *Samolus Valerandi,* wo bereits zur Blüthezeit die kurzen, grundständigen Aeste sich bewurzelt haben. — Es geht übrigens schon aus dem Gesagten hervor, dass der Begriff des Perennirens der Pflanzen nicht richtig aufgefasst wird, wenn man definirt: „eine perennirende Pflanze ist eine solche, die länger als ein Jahr dauert." In diesem Sinne giebt es eigentlich gar keine Pflanze, welche perennirt; denn immer geht bei älteren Pflanzen doch ein Theil, mindestens Blätter und Blüthen, verloren, die sicher auch zur „Pflanze" gehören; ja, ein eigentliches „Dauern" widerstrebt der Natur der Pflanze überhaupt. Aber abgesehen hiervon, umfasst jene Definition auch die Pflanzen nicht, wo nur die Neubildungen übrig bleiben. Richtiger könnte man wohl sagen, perennirende Pflanzen seien solche, wo zu vorhandenen Jahresprodukten wiederholt, wenn auch nicht ins Unendliche, so doch mehrmals, neue hinzutreten. Es ist dann gleichgültig und nur zu weitern Eintheilungen veranlassend, wie sich weiterhin das Vorhandene verhält, ob es im Zusammenhange mit dem Hinzugekommenen bleibt und wie*).

---

*) Und die obige Begriffsbestimmung passt ebenso gut auf die afrikanische Adansonie (Baobab), wie auf die Wasserlinse unserer stehenden Gewässer, zwischen welchen Gewächsen in Bezug auf das Perenniren eine ununterbrochene Reihe von Mittelstufen liegt. Die meisten Systematiker zählen zwar die Lemna-Arten zu den einjährigen Pflanzen; aber sicher mit Unrecht. Man müsste consequent dann noch viele andere Pflanzen, die in ihrer Dauer sich nicht wesentlich von *Lemna* unterscheiden, z. B. unsere Gartentulpe, zu den annuellen rechnen. Wie sollten sich denn auch die Wasserlinsen in solchen unzählbaren Massen erhalten, wenn nicht die Neubildungen blieben, da, wenigstens in sehr vielen Gegenden, die Vermehrung durch Samen eine sehr spärliche ist? Und weist man sie aus der Zahl der Perennen, so wird man finden, dass sie auch unter die andern Abtheilungen, in welche man die Pflan-

Wenn bei diesen (unter 1 und 2 geschilderten) Gewächsen ein Stillstand in der Vegetation eintritt, so ruhen nur die Functionen, die Theile, denen sie obliegen, bleiben so lange, bis zum Wiedereintritt derselben; und bei Ablagerung von Nährstoffen finden dieselben in den bereits vorhandenen Theilen Raum genug, ohne dass diese eine besondere Erweiterung erleiden. Als in der Mitte stehend zwischen den Pflanzen der ersten und zweiten Abtheilung möchten solche zu betrachten sein, wo die ältern Theile, welche die Nahrung aufnehmen und weiterleiten, bleiben, und für die Ernährung der Neubildungen mitsorgen, diese aber auch gleich Wurzeln schlagen, durch welche sie, auch abgetrennt von den ältern Theilen, wenn schon nicht ganz so kräftig, fortwachsen können. So ist's bei *Anemone nemorosa* und *ranunculoides*, *Asarum europaeum* u. a.

3.

a) Im Gegensatz zu dem ersten Fall (1) giebt es Pflanzen, bei denen zwar das Neugebildete im organischen Zusammenhang mit den früher vorhandenen Theilen bleibt, bei denen aber die an diesen letzteren befindlichen, für die Ernährung nothwendigen Organe für längere oder kürzere Zeit gänzlich absterben, oder doch in ein Stadium eintreten, in dem sie ihre Funktionen gehörig zu leisten nicht mehr im Stande sind, bevor sich die entsprechenden Theile an den Neubildungen wieder gebildet haben, oder ohne dass die Neubildungen über-

---

zen in Bezug auf ihre Dauer zerfällt hat, nicht passt; mindestens gehören sie nach der Definition, die ein bekanntes Handbuch der Botanik von den einjährigen Pflanzen giebt, wonach sie solche Pflanzen sind, bei denen die Hauptachse schon im ersten Jahre ihres Lebens zur Blüthe und Frucht gelangt, und die schon im ersten Jahre ihres Lebens sterben, nicht zu diesen. Ueber das Wachsthum der Lemnaceen ist zu vergleichen eine Abhandlung Schleiden's in der *Linnaea* XIII. 388 und Meyen's Pflanzenphys. III. 52.

haupt in nächster Zeit diese Theile ausbilden. So finden wir z. B. bei ***Muscari botryodes*** u. a. die Neubildungen, mindestens die Hauptknospe noch in lebendigem Zusammenhange mit den ältern Theilen der Pflanze, und getrennt von letzteren würden sie sich nicht weiter zu bilden vermögen; aber es sterben die Wurzelzasern mit der Blüthezeit gänzlich ab, und neue brechen noch nicht hervor. Man vergleiche mit diesem Verhalten das einer Pflanze, die in Bezug auf die Art ihres Perennirens zu den unter No. 1. geschilderten gehört, z. B. ***Aloe margaritifera.*** Hier sterben zwar auch die Grundachse und die an ihr stehenden appendiculären Theile von unten nach oben ab; aber es haben sich, bevor die ältern Wurzelzasern absterben, bereits neue gebildet. — Bei ***Spiranthes*** sind zwar eine oder mehrere Wurzelzasern zur Blüthe- und Fruchtzeit noch vorhanden, aber sie sind bereits auf dem höchsten Punkte der Entwicklung angekommen, von wo ab sie abzusterben beginnen und die Fähigkeit verlieren, als Wurzeln zu fungiren.

b) In einen Gegensatz zu den unter 2. geschilderten Pflanzen treten endlich solche, bei denen zwar auch, wie bei jenen, die ältern Pflanzentheile, wenn nicht alle, so doch die, welche den Zusammenhang mit den Neubildungen vermitteln, gänzlich absterben, bei denen aber diese letztern noch nicht mit den zur Weiterbildung nöthigen Organen versehen sind, oder an deren Neubildungen die bezeichneten Organe zwar sich finden, aber bereits eine solche Stufe der Entwicklung erreicht haben, dass sie sich receptiv nicht mehr verhalten, also für die Neubildungen, denen sie angehören, die Bedeutung als Nahrung aufnehmende Organe nicht mehr oder nur noch für kurze Zeit haben, und durch wirklich als solche wirkende noch nicht ersetzt sind. Das Gesagte zu erläutern, erinnere ich an ***Gagea,*** wo alle Theile der alten Pflanze mit der Fruchtreife gänzlich absterben, die Neubildungen aber, die

Zwiebel, zu dieser Zeit noch wurzellos ist, ferner an die Stengelzwiebel von *Lilium bulbiferum**) und an *Orchis*. Bei letzterer ist zu der eben erwähnten Zeit, wo die alten Pflanzentheile ihre Vegetationsfähigkeit verlieren, zwar an der Neubildung eine grosse, verdickte Wurzel vorhanden, aber diese hat dann auch die höchste Ausbildung erreicht und dient fortan nicht mehr oder mindestens nicht mehr genügend zur Aufnahme von Nahrungsstoffen aus dem Boden, die dünnen hierzu geschickten Wurzelzasern haben aber noch nicht ausgetrieben; ja es ist gar nicht unwahrscheinlich, dass hier und in andern Fällen diese spätern Wurzelzasern nicht sowohl zur Ausbildung der Achse, aus der sie brechen, und deren Theile, indem dieselben durch Resorption der abgelagerten Nährstoffe vollendet werden, sondern vielmehr (mindestens vorzugsweise) zur Ernährung der Neubildungen dienen, so dass also der Mutterpflanze diese Wurzelzasern eigentlich nicht mehr zu Gute kommen, sondern sie in späterer Zeit zwar Wurzeln hat, aber für sich (physiologisch) derselben nicht mehr bedarf. Analoges kommt auch in Bezug auf die Blätter vor.

Bei diesen (unter 3 zusammengefassten) Gewächsen, bei denen, wie es nicht anders sein kann, die Hauptwurzel entweder sich gleich ursprünglich nicht ausbildet oder doch bald wieder zu Grunde geht, und auch die Grundachse allmählich abstirbt (was beides aber ihnen nicht ausschliesslich zukommt, da auch Pflanzen der Abth. 1. u. 2. dieselben Erscheinungen wiederholen) finden wir nun, dass die Nährstoffe sich sehr stark ansammeln, und dass dadurch regelmässig eine mehr

---

*) Die Zwiebeln, welche bei *L. bulbif.* aus dem untern, in der Erde verborgenen Theile des Stengels hervorbrechen, bilden häufig schon in der Verbindung mit diesem letzteren, Wurzelzasern, durch welche das Wachsthum der Zwiebeln gefördert wird. Aber diese Wurzelzasern sterben bald wieder ab, verhalten sich also ähnlich wie die, welche bei *Crocus* an der jungen Knolle hervorbrechen und oft rübenartig sind.

oder minder auffallende Umwandlung eines Pflanzentheiles hervorgerufen wird. Man könnte meinen, dass der bei diesen Pflanzen eintretende Ruhezustand*) allein diese Erscheinungen hervorzurufen im Stande wäre; dem aber widerspricht die Erfahrung. Es treten z. B. in dem Lebensgange der Leberblume**), die in unserer Gegend der Herold des wiederkehrenden Frühlings ist, fast dieselben Pausen der Vegetation, wie bei der Schlangenblume (*Leucojum vernum*), die die Rolle eines bescheidenen, noch nicht ganz sicheren Vorbotens des Frühlings spielt; dort aber bleiben die Wurzeln den Sommer hindurch fähig zur Aufnahme der Nahrungsstoffe und neue treten zu den ältern hinzu, und die Pflanze schützt sich nur gegen die Winterkälte durch haarige Schuppenblätter, während bei dieser Pflanze für den Sommer die Wurzelzasern absterben, und eine Anhäufung von Nahrungsstoffen eine Erweiterung einzelner Theile hervorruft. Man halte ferner ***Ranunculus auricomus*** mit ***R. Ficaria*** zusammen; die Vegetationszeit beider im Frühling (seltener blüht die erste Art zum zweiten Mal in einem Jahre im Herbst) ist fast gleich, und bei beiden bleibt von den ältern Theilen wenig oder nichts receptions- und productionsfähig. Bei der ersten Art hat aber die Neubildung (die Hauptknospe steht dicht neben dem Blüthenstengel) zur Blüthezeit der Mutterpflanze bereits sehr viele Wurzelzasern getrieben, durch welche sie beim Wiederbeginn

---

*) Hiervon könnte man wohl die blosse (nur durch äussere Verhältnisse herbeigeführte) Unterbrechung oder den Stillstand der Vegetation unterscheiden. Ein solcher findet z. B. bei *Plantago lanceolata* statt; spät im Herbst stellt die Pflanze ihre Thätigkeit ein, bald im Frühjahr beginnt sie dieselbe wieder. Es findet sich keine Knospenhülle oder sonst eine Veränderung; ganz anders ist es bei *Convallaria majalis*, da tritt „Ruhe" ein.

**) Aehnlich wie die Leberblume verhalten sich *An. Pulsat.*, *Pulmonaria offic.*, *Primula elatior* und *offic.* Bei den drei letztern bilden sich aber keine so auffallende Knospenhüllen.

der Vegetation ernährt werden kann, es findet sich daher auch kein wegen Ablagerung von Nährstoffen auffallend umgebildeter Theil. Bei *R. Fic.* dagegen finden sich bei dem Absterben der Mutterpflanze keine zur Aufsaugung von Nährstoffen mehr fähige Wurzelzasern, wohl aber ein Nahrungsbehälter. Zu analogen Resultaten wird man gelangen, wenn man die zwiebeltragenden Laucharten mit den zwiebellosen, und wenn man *Oxalis tetraphylla* mit *O. Acetosella* vergleicht. Besonders geeignet, dies anschaulich zu machen, ist das Gegeneinanderhalten der knollentragenden Orchideen mit den knollenlosen, welche letztere — ich erinnere nur an *Epipactis* und *Cypripedium* — den Gesetzen ganz derselben Periodicität unterworfen sind, wie viele von jenen, z. B. mehrere *Orchis*-Arten und *Gymnadenia Conopsea.*

Es muss also zu der Ruhe der Vegetation noch ein anderes Moment hinzutreten, um die bezeichneten Umwandlungen herbeizuführen; die Pflanzen müssen so zu sagen von der Unthätigkeit und Ruhe einzelner Organe für einen Zeitraum ihres Lebens noch einen Schritt weiter thun und zum Aufgeben, zum Absterben derselben fortgehen*). Statt ausgebildeter oder neuer Organe, die die Nahrungsstoffe sofort wieder zuführen könnten, bekommen diese Pflanzen eine grössere Masse von Nahrungsstoffen mit, durch welche sie später die nöthigen Bildungen wieder ausführen.

Wollte man ferner annehmen, die Umbildungen einzelner Theile zum Behufe der Aufnahme von Nährstoffen hätten lediglich darin ihren Grund, dass bei den damit versehenen Pflanzen die Nährstoffe erst innerhalb des pflanzlichen Organismus eine Reihe von Veränderungen während des Ruhe-

*) In dem hier und oben Gesagten ist zugleich angedeutet, wodurch die Uebergänge von solchen Pflanzen, bei denen die starke Ablagerung von Nährstoffen besondere Bildungen bewirkt, zu denen, wo dies nicht der Fall ist, hervorgerufen werden.

standes — gleichsam durch Ablagerung — erleiden müssten, bevor sie zur Verwendung auf Neu- und Ausbildungen geeignet seien, so ist dagegen zu erinnern, dass man das wohl annehmen muss*), aber darin nicht das Princip, der ausschliesslich veranlassende Grund zu jener Eigenthümlichkeit erkannt werden kann; denn es kommen solche Ablagerungen von Nährstoffen auch bei vielen andern Pflanzen vor, und doch finden solche Umbildungen nicht statt, weil bei ihnen die abgelagerten Nährstoffe ohne Erweiterung der Theile Platz finden. Das aber hat wieder darin seinen Grund, dass bei solchen Pflanzen die zur Ernährung nothwendiger Theile nicht gänzlich absterben oder gänzlich unthätig werden.

Es fragt sich nun, wie man zu einer übersichtlichen Eintheilung der hieher gehörigen Pflanzen gelangt. Da die hier in Betracht gekommenen Verschiedenheiten nur als verschiedene Weisen des Perennirens (*modi perennandi*) sich ergeben, so würde es den Anforderungen der Logik am angemessensten sein, die nächsten Eintheilungsgründe demgemäss zu wählen. Ich halte es aber für übersichtlicher, hier den nächsten Eintheilungsgrund von der morphologischen Bedeutung derjenigen Theile, in welchen jene Umbildungen hervortreten, zu entnehmen und dann den erst bezeichneten zu weitern Abtheilungen zu benutzen. In einem allgemeinen Werke über Botanik würde diese Unregelmässigkeit sich leicht wieder gut machen lassen. Demnach kann man nach den Grundorganen der (vollkommeneren) Pflanzen unterscheiden:

---

*) Analoge Erscheinungen kehren auch bei den Samen der Pflanzen wieder, indem viele erst nach längerer Trennung von der Mutterpflanze keimen, innerhalb welcher Zeit die Stoffe des Samens sicherlich manche Veränderungen erleiden. Andere Samen müssen sofort bei der Trennung von der Mutterpflanze solchen Einflüssen ausgesetzt werden, unter denen sie keimen können, ausserdem verlieren sie ihre Keimfähigkeit; so ist's z. B. bei den *Melampyrum*-Arten.

1. Solche Pflanzen, wo in Folge der erörterten Verhältnisse eine Ablagerung von Nährstoffen eine auffallende Umwandlung der Achsen- (Stengel-) Gebilde hervorruft. Den umgebildeten Theil kann man Achsen- (oder Stengel-) Knolle nennen (*tuber caulogenum*).

2. Solche, wo die Wurzel die Umbildung erleidet; den umgebildeten Theil kann man Wurzelknolle (*tuber rhizogenum*) nennen*).

3. Solche, wo Blätter oder Blatttheile (mindestens vorzugsweise) zu jenem Zwecke umgebildet werden. Diese Bildungen nennt man Zwiebeln (*bulbi*); es entspräche den Bezeichnungen von 1. und 2. die Benennung: Blattknolle (*tuber phyllogenum*); aber es kommt auf die Worte nicht an.

Es ist mit dieser Eintheilung keineswegs gesagt, dass nicht auch Mittelformen vorkommen könnten; doch habe ich solche an den von mir untersuchten Monokotyledonen nicht gefunden; denn wenn bei manchen Zwiebeln, z. B. bei den Lilien, auch Achsentheile (die Grundachse) zu Nährbehältern mit dienen, so ist es doch keinem Zweifel unterworfen, dass auch in diesen Fällen vorzugsweise die Blätter als solche dienen. — Ich gehe nun zu der Betrachtung der einzelnen Abtheilungen über.

1. Pflanzen mit Stengelknollen.

a) Unter den von mir untersuchten monokotylischen Gewächsen mit Stengelknollen habe ich keines gefunden, bei wel-

*) Es sind dann die *radices tuberosae* (z. B. von *Oxalis tetraphylla* und manchen Culturgewächsen, wo die Verdickung der Wurzel erst durch die Cultur herbeigeführt worden ist) und die *radices tuberculatae* (z. B. von *Trifolium*, von *Vicia* und vielen andern Leguminosen) zu unterscheiden; ebenso die *caules v. trunci tuberosi* bei *Cyclamen* (cf. Schleiden w. Bot. II, 212) und manchen Culturpflanzen. Thäte man das nicht, so dürfte man auch die fleischigen Blätter mancher Pflanzen (z. B. vieler *Sedum*-Arten) nicht von den Zwiebeln trennen.

chem alle ältern Gebilde zu Grunde gehen, und die Knolle mit den Neugebilden zu einer Achse gehört und sich vor den andern Theilen derselben ausbildet. Das Vorkommen einer solchen Stengelknolle *) bei den Monokotyledonen ist aber *a priori* nicht zu bestreiten. Unter den Dikotyledonen sind die bekanntesten Beispiele die Kartoffelpflanze**) und *Stachys palustris*. Man könnte hieher auch *Adoxa Moschatellina* rechnen; es ist dies aber eine von den Pflanzen, wo ausser der Achse auch die Blattgebilde in ziemlich gleichem Maasse fleischig werden.

b) Weit häufiger sind die Stengelknollen, die sich erst nach den andern Theilen, die mit ihnen zu einer Achse gehören, ausbilden, so dass sie und die Neubildungen, zu deren Ausbildung sie verwendet werden, zwei Achsen (mindestens zwei verschiedenen Ansätzen oder Trieben einer Achse) ange-

---

*) Eine solche findet sich wohl bei *Cyperus esculentus*.

**) Bei der Kartoffel (man vergl. Meyen Pflanzenphysiologie III. 22) ist es besonders deutlich, dass der Inhalt der Knolle nicht etwa bloss dazu verwendet wird, die neuen Knollen zu bilden. Dies geht einmal daraus hervor, dass der Inhalt einer einzigen alten Knolle nicht hinreichen würde, die zahlreichen neuen damit zu versorgen; dann, dass man die im Keller getriebenen, gestreckten, bleichen Keime, auch getrennt von ihrer Knolle, pflanzen kann, an denen sich doch neue Knollen bilden. Dies geschieht mithin jedenfalls durch die von den neuen Wurzeln aufgenommenen Nahrungsstoffe unter Beihülfe des Krautes. — Der Inhalt der Knollen dient vielmehr dazu, die auf ihnen stehenden Augen in der Entwicklung rasch und kräftig zu fördern. Bei der Kartoffel sind aber die Stengeltriebe ziemlich unabhängig von der Knolle und können sich ohne dieselben, aber anfangs langsamer und schwächer, bis sie genug Wurzeln gebildet haben, entwickeln. Weit abhängiger ist aber die Ausbildung der Knospe von dem Zusammenhange mit der Knolle bei den monokotylischen Knollengewächsen, z. B. bei *Crocus*, wo die Wurzeln am Grunde der ausgebildeten Knolle hervorbrechen. Auch manche Zwiebelgewächse bekunden deutlich, dass die in den Nährblättern niedergelegten Nahrungsstoffe zur Ausbildung der Knospentheile, nicht zur Füllung der künftigen Nährblätter verbraucht werden. So wird z. B. der Inhalt der Nährblätter bei *Allium oleraceum* und *vineale* schon durch die Ausbildung der ersten Laubblätter resorbirt, wo die neue Zwiebel noch ganz klein ist. In diesen Verhältnissen können natürlich viele Modificationen herrschen.

hören. Hieher gehören die Stengelknollen von ***Sturmia*** und ***Malaxis***, von ***Arum maculatum***, von ***Colchicum***, ***Crocus***, ***Ranunculus bulbosus****).

Die Momente zu fernern Abtheilungen der Stengelknollen können hergenommen werden von der Zahl der Achsenglieder, die die Knolle bilden, womit gewöhnlich auch die Zahl der Knospen zusammenhängt. Bei ***Sturmia*** und ***Malaxis*** z. B., wenigstens an den blühenden Exemplaren, erleidet nicht einmal ein ganzes Achsenglied, d. h. ein Stengeltheil von einem Blattansatz bis zum nächstfolgenden, die Umbildung, bei ***Colchicum*** ein einziges, mindestens bei der Hauptknospe; denn bei den obern Knospen ist es nur ein Theil eines Stengelgliedes, der von der Umwandlung betroffen wird; bei manchen Maxillarien und bei ***Crocus***, ***Gladiolus*** und ***Arum*** mehrere. Man kann darauf sehen, welche Achsenglieder sich dabei betheiligen; so bei ***Malaxis*** das oberhalb des obersten Blattes der Grundachse, bei ***Colchicum*** das zwischen dem dritten und vierten; bei ***Crocus*** sind es vorzugsweise die mittlern. Auch die Stellung oder Lage, welche die Knolle zu den von ihr zu ernährenden Knospen (vorzugsweise zu der Hauptknospe) einnimmt, kann berücksichtigt werden. Bei ***Colchicum*** z. B. ist die Knolle seitenständig, ebenso bei ***Malaxis***, bei ***Crocus*** (mindestens in Bezug auf die Hauptknospe) unterständig, weil sich dort die Stengelglieder oberhalb der Ansatzstelle des Blattes, aus dessen Achsel die Knospen entspringen, hier unterhalb derselben zu Knollen bilden. Es hängt dies

*) Dass bei dieser Pflanze die Knolle eine Umwandlung der Achsentheile sei, erkennt man leicht schon an den keimenden Pflänzchen. Die Knolle bildet sich oberhalb der Kotyledonen. Die Entwicklung der oft zahlreichen Blüthenstengel bei dieser Pflanze ist centrifugal; die frischen Blätter treten meist schon im Herbst aus der Erde. — Auch die Knolle von ***Phleum prat. v. nod.*** kann man hierher zählen. Einige kürzere Stengelglieder erleiden hier die Anschwellung. Die Neubildungen treiben jedoch bald wieder Wurzeln.

wohl auch damit zusammen, dass bei *Colchicum* die Energie der Pflanze in der Ausbildung der Knospen eine von unten nach oben abnehmende*) ist (ähnlich wie in der Entwicklung der Blüthen eines centripetalen Blüthenstandes), während sie bei *Crocus* von unten nach oben zunimmt (ähnlich wie in der centrifugalen Entwicklung der Blüthen). — Bei *Arum maculatum* ist die Knolle ebenfalls unterständig, obschon sich dieses Verhältniss scheinbar dadurch ändert, dass die Grundachse gewöhnlich (nicht immer) eine andere absolute Lage, die horizontale, annimmt, als bei *Crocus,* wo sie mehr vertical steht. — Die Hauptknospe ist endlich bei manchen Knollenpflanzen, auch wenn sie nicht zur Blüthe gelangen, axillär, z. B. bei *Colchicum* und *Malaxis,* bei andern Arten nur bei blühenden Exemplaren, bei nicht blühenden dagegen terminal, wie bei *Crocus* und *Arum.*

Auf den Unterschied, dass bei manchen Knollengewächsen beim Wiederbeginn der Vegetation die Wurzeln aus der Neubildung hervorbrechen, z. B. *Arum,* bei andern dagegen, z. B. bei *Crocus,* aus der Basis der ausgebildeten, vorjährigen Knolle, ist schon im speciellen Theile (in der Schilderung der Knollenbildung von *Crocus*) aufmerksam gemacht worden. Im letzteren Falle steht der vorjährige Theil mit dem diesjährigen in einem weit innigern Zusammenhang, als im ersteren.

In Bezug auf die Blätter, die an oder unter den knolligen Achsentheilen stehen, kann man unterscheiden, ob sie mit ihren Grundtheilen vertrocknen und stehen bleiben (*tuber tu-*

*) Nachdem die Kraft, Laubknospen zu entwickeln, erloschen ist, hebt dann die Kraft der Blüthenknospenbildung an, welche gleichfalls von unten nach oben abnimmt. Bei *Orchis* nimmt die Kraft der Laubknospenentwicklung von unten nach oben zu, während die Blüthenentwicklung, wie bei *Colchicum,* von unten nach oben abnimmt. Aehnliche Vergleichungen, durch welche man zur Kenntniss der Productionskraft und ihrer Fluctuationen gelangt, lassen sich natürlich auch bei anderen Pflanzen anstellen.

nicatum), z. B. *Gladiolus* und *Crocus*, oder ob sie bald verwesen (*t. nudum*), wie bei *Arum*.

Man sieht leicht ein, dass viele von diesen Eintheilungsgründen den Knollen als solchen nicht ausschliesslich zukommen, sondern überhaupt der Pflanzenachse, insofern Knospen und Blätter an ihr stehen, oder insofern sie mehr oder weniger Glieder zählt. Bei einem allgemeinen Werke über Botanik müssen also diese Verschiedenheiten in den Abschnitten über die Pflanzenachse und über die Blätter und Knospen an passenden Orten eingeschaltet werden, und sie dürfen bei der Knolle nicht als besondere Eigenthümlichkeiten derselben dargestellt werden. Das gilt in einem noch höhern Maasse von so vielen Prädikaten, die man in botanischen Handbüchern der Knolle beigelegt hat, ob sie kugelig, rund, glatt u. s. w. ist.

Uebergänge in die gewöhnliche Zweigbildung geben unter andern *Oxalis stricta, Lycopus europ.* und *Mentha arvensis*, wo die Neubildung noch bei ihrer Verbindung mit der Mutterpflanze einige wenige Wurzelzasern treibt, manche *Iris*-Arten, wo die Mutterpflanze noch längere Zeit frisch bleibt, ferner *Anemone nemorosa, Convallaria Polygonat.* und *multiflora.*

2. Pflanzen mit Wurzelknollen.

Es sind mir nur zwei Modificationen genauer bekannt; die eine bei der Gattung *Orchis* und den ihr nahe stehenden, mit einer *radix bituberata* versehenen Gattungen*), die andere

*) Vielleicht, dass auch die Knollenbildung von *Ranunculus Ficaria* hierher gehört; es scheint mir nicht unpassend, hier einige Bemerkungen über diese Pflanze anzuknüpfen. In einer kleinen Schrift des Hrn. Dr. A. Oschatz („drei agronomische Abhandlungen; zunächst für Landwirthe. Berlin 1848.") werden die Knollen dieser Pflanze auch als Achsengebilde dargestellt und bemerkt, dass sie sich hierin ganz wie die von *Orchis* verhielten. Leider habe ich die Knospen von *R. Fic.* in ihren frühesten Zuständen noch nicht untersucht; was ich aber sonst an ihnen beobachtete, spricht mehr dafür, dass auch hier die Knollen

bei *Spiranthes*. Ganz wie bei den mit Stengelknollen versehenen Pflanzen der ersten Abtheilung (*a*) bildet sich die

---

den Wurzelgebilden beizuzählen seien. Das Wachsthum und der Gefässbündelverlauf ist ganz wie bei den gewöhnlichen Wurzelzasern. Wären sie eine Ausbauchung der Achse, so müssten wohl die Gefässbündel bogig nach aussen hervortreten und nach oben, unter der Knospe wieder zur Achse zurückkehren; was aber hier so wenig, wie bei *Orchis*, der Fall ist. Besonders die Knollen unter der Erde werden oft bei einer geringen Dicke einen Zoll lang und so den gewöhnlichen Wurzelzasern sehr ähnlich. Die Epidermis der Knollen bedeckt sich, auch wenn sie nicht mit dem Boden in Berührung stehen, besonders an feuchten Standorten, mit sehr zarten Härchen. — Wenn die Knolle noch ziemlich jung war, so beobachtete ich jedesmal eine mit ihrem untern Rande frei, aber dicht auf der Knolle aufliegende, äusserst zarte Membran, die sich bis unter den Ansatzpunkt des ersten Blattgebildes der Knospe, die auf dem Gipfel der Knolle steht, ringsherum zurückschieben liess und hier rings angewachsen war. Erst auf der aus dieser Membran herausgetretenen Oberfläche der Knolle bilden sich die erwähnten Härchen. Dass jene Membran nicht etwa ein Theil des häutigen Scheidentheils des ersten Blattes der Knospe (welches bald sehr klein ist, bald eine Lamina hat) sei, davon habe ich mich überzeugt; sie löst sich schon früh auf. Sollte sich diese Knolle wohl unter einer ebensolchen Hülle, wie bei *Orchis*, bilden? — Wäre letzteres aber auch nicht der Fall, immer hat die Deutung dieser Knolle als Wurzelgebilde mehr für sich, als die Deutung als Achsengebilde. Aus der jungen Knospe auf dem Gipfel einer Knolle brechen oft gleich wieder fernere Knöspchen, die eine kleine Knolle haben, hervor. Die Knöspchen auf der Spitze der in den Blattachseln des Stengels hervorbrechenden Knollen bilden sich, wie bekannt, im nächsten Jahre aus; hierin schlössen sie sich also auch an *Orchis* an. Die Knöspchen aber (sie sind meist sehr klein) auf dem Gipfel der Knollen, welche sich aus der unterirdischen Basis der blühenden Pflanze, ringsherum in grosser Anzahl entwickeln, kommen in der Regel nicht zur völligen Ausbildung. Es bildet sich nämlich unten neben dem Blüthenstengel eine Hauptknospe aus (wie z. B. auch bei *Ran. auricomus* und *Caltha palustris*), oft auch einige grosse Knospen; der Theil der Grundachse, aus welchem jene Hauptknospe hervorgebrochen ist, bleibt nach Zerstörung des Stengels stehen; er bleibt frisch und bildet einen niedrigen Ring, an welchem ringsherum die erwähnten grundständigen Knollen dicht gedrängt stehen. Im nächsten Frühjahr bildet sich nun die Hauptknospe rasch aus und empfängt offenbar den Stoff zu dem schnellen Wachsthum aus allen diesen Knollen, die allmählich ausgesogen werden, ohne dass ihre

Knolle von *Orchis* vor den Theilen, die mit ihr zu einer Achse gehören, aus, und ihr Inhalt wird durch die Ausbildung jener Theile resorbirt, und sie geht mit ihnen zu Grunde. Bei *Spiranthes* dagegen überdauern in Verbindung mit der kurzen Grundachse, an welcher die Neubildung (die Blattrosette) steht, die Knollen die andern Theile derselben Achse, und ihr Inhalt

---

Knospen sich ausbildeten. Dieses Verhalten gleicht in physiologischer Hinsicht mehr dem bei *Spiranthes*. — Pflänzchen, welche ich, obschon ich ihr Hervorbrechen aus den Früchtchen nicht beobachtete, doch für Keimpflänzchen halten muss, zeigten folgende Bildung. Sie hatten ein einziges, 1—1½ Zoll lang gestieltes Keimblatt. Die Lamina war ziemlich breit, und verkehrt herzförmig; der Stiel zeigte auf der Oberseite eine seichte Furche. Da, wo das Blatt in die sehr kurze Achse (*cauliculus*), aus welcher gewöhnlich drei (seltner zwei, wenn sich die mittlere Zaser nicht entwickelt hatte) Wurzelzasern (eine mittlere, als Fortsetzung der Stengelachse, aber etwas dünner als diese, und zwei seitliche, dicht oberhalb der mittlern aus der Stengelachse (als Nebenwurzeln) hervorgehende) entsprangen, bildete der Blattstiel eine häutige Scheide. Diese umschloss ein (terminales) Knöspchen, dessen erstes, kleines Scheidenblatt mit dem (Keim-) Blatte (um 180°) alternirte. Unter diesem Knöspchen drängte sich nach aussen eine kleine, behaarte Knolle hervor. Nach Absterben des Keimblattes mit seiner Achse und seinen Wurzeln unterscheidet sich eine solche Knospe mit ihrer Knolle nicht von den aus den Blattachseln älterer Pflanzen hervorgegangenen Knospen. Der scharfwinkelige Einschnitt am breiten Oberrande des Keimblattes, wodurch dessen verkehrt-herzförmige Gestalt hervorgerufen wurde, liess mich erst glauben, es habe hier eine einseitige Verwachsung zweier Keimblätter stattgefunden; allein die erwähnte Blattscheide, der Verlauf der Nerven in der Lamina, zwei hohle, enge Kanäle, die in dem Innern des Blattstiels, ganz wie bei den andern, mehrlappigen Blättern der Pflanze, links und rechts neben dem mittlern Gefässbündel verliefen, so wie endlich das obschon seltene Vorkommen ganz gleichgestalteter Blätter auch an den Blüthenstielen (manchmal ist ein solches Blatt selbst ganzrandig und stumpf oval) überzeugten mich, dass es, wie bei *Corydalis cava* und *fabacea* nur ein Blatt sei. — *Ranunculus rutaefolius*, *millefoliatus*, *asiaticus* u. a. verdienten wohl auch hinsichtlich ihrer Knollen eine genauere Untersuchung. Sollten diese Knollen bloss Wurzelgebilde ohne darauf sitzende Knospen sein, so würden sich die Pflanzen ihrer Oekonomie nach ähnlich, wie *Spiranthes*, verhalten.

wird zur Ausbildung der Theile der nächstfolgenden Achse verwendet. Diese Wurzelknollen entsprechen also hierin den Stengelknollen der zweiten Abtheilung. — Andere Unterschiede, die zwischen den Knollen von *Orchis* und *Spiranthes* herrschen, sind schon in dem speciellen Theile dieser Schrift abgehandelt worden.

3. Zwiebelgewächse.

Auch diese lassen sich ganz einfach in solche eintheilen, bei denen sich die Nährblätter früher ausbilden, als die mit ihnen zu einer Vegetationsreihe gehörigen übrigen Theile, und dann in solche, wo sich die Nährblätter erst nach der Entwicklung der mit ihnen einer Vegetationsreihe angehörigen Theile, als solche ausbilden.

a. Die erste Abtheilung entspricht ganz der ersten Abtheilung der Stengel- und Wurzelknollen. Es gehören hieher die *Gagea*-Arten, wo, wie gezeigt worden ist, die Nährblätter vollkommen fertig sind, wenn die auf sie folgenden und mit ihnen zu einer Reihe gehörigen grundständigen Laubblätter und (falls es blühende Exemplare sind) auch die Blüthenstengel noch ganz rudimentär sind. Laubblätter und Blüthenstengel werden von jenem fertigen Nährblatt längere Zeit eingeschlossen und entfalten sich mit Hülfe seines Inhaltes rasch. Es gehören hieher noch *Tulipa, Allium ursinum, Moly, vineale, rotundum* u. a., (nicht aber *A. fallax, fistulosum* und *Schoenoprasum*, denen in dem speciellen Theile p. 15. 16 nur nach dem Herkommen Zwiebeln beigelegt wurden,) ferner *Tigridia Pavonia, Iris Xiphium, I. persica, Oxalis tetraphylla, Saxifraga granulata* und *Epilobium palustre**).

---

*) In Bezug auf letztere Pflanze vergl. man einen Aufsatz: über die Stolonen von *Ep. palustre,* Hall. bot. Zeit. 1847. No. 1. Zu dem dort Mitgetheilten bemerke ich nur noch, dass man die Zwiebeln dieser Pflanze oft schon Ende Augusts ausgebildet findet. Um diese Zeit

b. Die zweite Abtheilung möchte ich wieder in zwei Unterabtheilungen zerfällen:

---

sind ihre Schuppenblätter noch nicht mit einer, Luft enthaltenden Höhlung versehen, sondern noch solide; auch sind sie, besonders wenn die Pflanze in der moosigen Decke von Sümpfen und nicht an offenem Wasser wächst, weiss. Der Unterschied in der Vegetation von *Ep. p.* und einer *Gagea*-Art besteht darin, dass jene Pflanze zu ihrer Ausbildung längere Zeit nöthig hat, weshalb zwischen der Resorption der Nährstoffe der alten Zwiebel (deren alte, braune Schuppen noch im Herbst an der Basis der absterbenden Pflanze zu finden sind) und der Bildung der neuen Zwiebeln eine grosse Pause eintritt, während bei *Gagea* die Vegetationszeit sehr kurz ist, und so auch Resorption der alten und Füllung der neuen Zwiebel ziemlich genau zusammenfallen; die Mitte zwischen beiden halten in Bezug hierauf einige *Allium*-Arten, z. B. *A. oleraceum*. Alle Unterschiede, durch welche sich *Ep. pal.* und auch *Saxifr. gran.* von den monokotylischen Zwiebeln zu entfernen scheinen, werden sich bei genauer Prüfung als unwesentlich herausstellen. Entwickelten sich z. B. bei *Lilium bulbiferum* auch aus dem untersten Theile der Stengelachse zwischen den hier sich findenden Wurzeln (nicht an der Grundachse) solche Zwiebeln wie an dem oberirdischen Theile, wären diese gestielt und kämen sie im nächsten Jahre schon zur Blüthe, so wäre in Bezug auf die Vegetation zwischen ihm und *Ep. pal.* gar kein Unterschied. Alle diese, die Gleichheit hervorrufenden Punkte sind aber solche, die sich mit der Natur der Zwiebel gar wohl vertragen und auch bei Zwiebelbildungen, die allgemein als solche angenommen werden, auftreten. — Auch bei *Ep. montan.* stirbt, wie früher bemerkt wurde, die ganze Mutterpflanze ab. Die jungen Triebe, deren erste Blätter gleichfalls dicht zusammengedrängt, schuppenförmig und etwas fleischig sind, sind sitzend; sie treiben schon im Herbst (bei *E. pal.* erst im Frühjahr) Wurzeln und entfalten auch in jener Jahreszeit schon ihre grundständigen, rosettenartig gestellten Laubblätter. Vergleicht man hierzu *E. parviflorum*, wo die Triebe noch an der (später gänzlich zu Grunde gehenden) Mutterpflanze Wurzel schlagen und ihre Blätter ausbilden, so hat man an den Arten dieser Gattung Gelegenheit, sich von der Richtigkeit dessen, was ich von den Bedingungen des Zustandekommens der Zwiebel- und Knollenbildung gesagt habe, zu überzeugen und kann sich zugleich eine sichere Vorstellung machen, wie die an das Vorhandensein von Zwiebelbildungen gebundenen Pflanzen allmählich sich dem Verhalten der nicht zwiebeltragenden Pflanzen nähern. — Wahrscheinlich wird man auch die Gebilde, durch welche unsere Utricularien perenniren, zu den Zwiebeln rechnen müssen. Man vergl. eine Abhandlung von Herrn Benjamin, Hall.

α. In solche Zwiebelgewächse, wo zur Ernährung der diesjährigen Gebilde nur Nährblätter dienen, die von der nächstvorjährigen Vegetationsreihe herrühren und die übrigen Gebilde (mit Ausnahme des bleibenden Achsentheils, an welchem die Nährblätter sitzen, und welcher die Verbindung zwischen ihnen und den zu ernährenden diesjährigen Bildungen erhält) derselben überlebt haben. Hierher gehören *Galanthus nivalis, Frittilaria Meleagris* und *imperialis, Ornithogalum umbellatum* (und wahrscheinlich *Lilium candidum*). Sie correspondiren ganz der zweiten Abtheilung bei den Stengel- und Wurzelknollen.

β. In solche Zwiebelgewächse, bei denen die diesjährigen Gebilde sich entwickeln mit Hülfe von Nährstoffen, die in Nährblättern niedergelegt sind, die der zweitvorjährigen Vegetationsperiode und oft einer noch früheren angehören, oder wo wenigstens Blattgebilde nicht bloss des nächstvorhergehenden Jahrganges, sondern auch noch früherer Jahrgänge mit Nährstoffen erfüllt sind, was bei den unter *α.* charakterisirten nie der Fall ist. In diese zweite Unterabtheilung gehören *Ornithogalum nutans, Hyacinthus orientalis, Muscari racemosum, botryodes, moschatum, Scilla amoena, Lilium Martagon* und *bulbiferum, Leucojum vernum, Narcissus Pseudo-Narcissus, Amaryllis formosissima.* Es ist natürlich zwischen dieser Unterabtheilung und der ersten nicht ein so fester Gegensatz, wie zwischen beiden und der ersten Abtheilung, immer aber lassen sich, wie ich das in dem speciellen Theile nachgewiesen habe, beide Unterabtheilungen ohne Schwie-

---

bot. Zeit. 1847. No. 1. u. f. Aehnlich wie *Ep. pal.* oder *montanum* perennirt wahrscheinlich auch *Pinguicula vulgaris*; wenigstens sterben auch bei ihr die Theile der alten Pflanze ab, und die Neubildungen drängen sich in eine von kurzen Blättern gebildete Knospe zusammen; ich weiss aber nicht, ob diese Neubildungen schon im Herbst Wurzel treiben oder erst im nächsten Frühjahr.

rigkeiten wieder erkennen. Den allmählichen Uebergang von den hieher gehörenden Zwiebelgewächsen zu den mit auffallend umgebildeten Blättern nicht versehenen ausdauernden Monokotyledonen macht man sich am deutlichsten, wenn man *Leucojum, Amaryllis formosissima,* die *Crinum*- und *Aloe*-Arten mit einander vergleicht.

Es fragt sich nun, wie man im Interesse der beschreibenden Botanik diese bei den Knollen- und Zwiebelbildungen herrschenden Verschiedenheiten kurz bezeichnen soll. Man könnte die Zwiebeln und Knollen der ersten Abtheilung einjährige (*bulbi annui, tubera annua*), die Knollen der ersten Abtheilung und die Zwiebeln der Unterabtheilung *α.* zweijährige (*biennes*), endlich die Zwiebeln der Unterabtheilung *β.* mehrjährige (*perennes*) nennen*). Wenn man den richtigen Begriff damit verbindet, so ist dagegen wohl nichts zu bemerken. Es lässt sich aber nicht verkennen, dass auch Manches gegen diese Bezeichnungen spricht, unter andern, dass es wie eine *contradictio in adjecto* klingt, wenn man von einer perennirenden Pflanze mit ein- oder zweijähriger Zwiebel, oder auch wie ein Pleonasmus erscheint, wenn man von einer perennirenden Pflanze mit perennirender Zwiebel spricht; dann auch dass die Bildung und das Vergehen der einjährigen Zwiebel gerade wie bei den eigentlichen Biennen in zwei Erdjahre fällt. Wollte man aber diese Zwiebeln zweijährige nennen, so wäre man wieder wegen eines Ausdrucks für die zweite Abtheilung in Verlegenheit. Ich gestehe, dass ich mit

*) Man wird leicht erkennen, dass meine Bezeichnungsweise eine andere ist, als die in der Schrift des Hrn. von Berg: Biologie der Zwiebelgewächse, und in der Pflanzenphysiologie von Meyen. Denn nach diesen Schriftstellern gehört auch *Colchicum* zu den einjährigen Zwiebeln (Knollen), so wie auch *Fritillaria*. Diese gehören nach meiner Bezeichnungsweise zu den zweijährigen Knollen und Zwiebeln. *Tulipa* dagegen rechne ich, wie jene, zu den einjährigen Zwiebeln.

dem Auffinden anderer, angemessener Bezeichnungen nicht glücklich gewesen bin. Am passendsten erschien es mir noch, wenn man die erste Abtheilung ***bulbi praevenientes*** (oder ***praeventitii***), ***tubera praevenientia*** nennen würde, weil doch die Theile, welche die Zwiebel oder Knolle bilden, den andern zuvorkommen. Die zweite Abtheilung wäre demnach als ***bulbi relicti, tubera relicta*** (***postventitia***) zu bezeichnen, und man könnte durch Zusätze wie: ***unius anni*** und ***plurum annorum*** die Unterabtheilungen α. und β. bei den Zwiebeln bezeichnen. Wenn man mit G (Gegenwart) die zum diesjährigen Blüthenstengel gehörigen Theile der Grundachse, mit V die Theile, die aus frühern Jahren als Nährblätter übrig geblieben sind, mit Z endlich die nächstjährigen Theile bezeichnet, so könnte man sich durch folgende Formeln: $G+Z$, die ein-, durch: $1V+G+Z$, die zwei-, durch: 2 (bis circa 5) $V+G+Z$ die mehrjährigen Zwiebeln (und durch die erste und zweite Formel die beiden Abtheilungen der Knollen) veranschaulichen. — In vielen Fällen wäre aber wohl eine solche Umschreibung angemessener, durch welche die Analogie mit verwandten, aber nicht mit Knollen oder Zwiebeln versehenen Arten und Gattungen, oder die Verschiedenheit von diesen deutlich hervorträte. Leider fehlt es auch anderweitig an bezeichnenden Ausdrücken für die verschiedenen Modifikationen des Perennirens der Stauden, sonst wäre leichter geholfen.

Wie man die Blätter einer Pflanze überhaupt unter sehr verschiedenen Gesichtspunkten betrachten kann, so auch die der Zwiebel. Berücksichtigt man die Zahl der zu Niederlagen von Nährstoffen umgewandelten Blätter, so kann man Zwiebeln mit einem Nährblatte, mit einigen (armblättrige) und mit vielen (reichblättrige) unterscheiden. Die ersten werden als ***bulbi solidi*** bezeichnet*). So bei ***Gagea***, bei ***Allium Moly***,

---

*) So in Schleiden's wissenschaftlicher Botanik. — Bischoff,

A. vineale, Scorodoprasum u. a., zwei Nährblätter hat *All. oleraceum* und gewöhnlich *Fritillaria Meleagris;* einige: *Tulipa Gesneriana, Fritillaria imperialis;* viele: *Hyacinthus orientalis* und die Lilien. — Bei manchen wird nur der Scheidentheil eines Laubblattes oder mehrerer, oder nur die untersten Theile der Scheidenblätter zum Nährbehälter, z. B. *Allium ursinum, Leucojum vernum,* bei andern sind es ganze Scheiden- oder Schuppenblätter, wie bei *Gagea* und *Lilium Martagon,* oder beide Modifikationen sind vereinigt, bei *Hyacinthus* und *Lilium candidum.*

Man kann auch die Anordnung der Blätter an der Grundachse berücksichtigen, ob sie spiralig oder streng alternirend stehen; ersteres ist der Fall bei *Hyacinthus* und *Lilium,* letzteres bei *Leucojum.* Sind im ersten Falle die einzelnen Blätter im Verhältniss zur Grundachse schmal, so entsteht die schuppige Zwiebel (*bulb. imbricatus*) z. B. bei *Lilium,* wo aber die jüngsten Zwiebeln auch schalig sind, cf. Meyen Pflanzenphysiol. III, 34; sind sie aber breit und scheidenförmig, so nennt man sie häutig oder schalig (*b. tunicatus*). Bei manchen sind die Nährblätter mit einander stellenweise verwachsen, so bei *Fritillaria imperialis* und *Ornithogalum umbellatum;* bei den meisten decken sie sich nur oder umschliessen sie sich nur fest, ohne zu verwachsen.

Einige sind mit trockenen Häuten bedeckt, so die *Gagea*-Arten, *Hyacinthus* u. a.; andere haben keine solche, z. B. *Fritillaria.* Jene entsprechen den *tuberibus vestitis* bei *Colchicum,* diese den *tuberibus nudis* von *Arum.* Die Häute nehmen übrigens, wie das bei den einzelnen Zwiebeln nachgewiesen worden ist, einen sehr verschiedenen Ursprung und

---

Handbuch der bot. Terminologie, nennt dichte (*solidi*) Zwiebel die, wo die Blätter der Zwiebeldecke zu einer dichten Masse verschmolzen sind, und rechnet hieher *Crocus* und *Colchicum.*

können sehr verschiedene Beschaffenheit haben, was aber mit der Zwiebel als solcher nicht in Beziehung gesetzt werden darf.

Manche dieser Bestimmungen, die noch leicht vermehrt werden könnten, wenn man z. B. auch darauf Rücksicht nähme, ob die Blüthenstengel terminal oder lateral wären, sind den Zwiebelpflanzen keineswegs eigenthümlich, sondern sind ihnen gemeinschaftlich mit andern Pflanzen, treten aber bei jenen meistens, weil die Theile nahe an einander gerückt und auffallend umgebildet sind, anschaulicher hervor. Dass die Zwiebeln vorzugsweise bei den Monokotyledonen auftreten, hat wohl seinen Grund darin, dass bei diesen die Blattbildung überhaupt vorwaltet.

Ich will nun die wichtigsten Ansichten über die Natur der Zwiebeln und Knollen darzustellen, und insbesondere diejenigen, welche man als die jetzt verbreitetsten und die meisten Bekenner zählenden anzusehen hat, genauer zu prüfen versuchen. Bei andern, die bereits alle Geltung verloren haben, wird die blosse Relation genügen. Da es keineswegs meine Absicht ist, eine nur einigermaassen vollständige Geschichte der Ansichten, die sich im Laufe der Zeit über diese Gebilde geltend gemacht haben, zu liefern, so bedarf es nicht einer Rücksichtsnahme auf sehr viele botanische Schriftsteller; es wäre zur Ausführung einer solchen Absicht die Benutzung einer vollständigen Bibliothek erforderlich, auch würde das Resultat zuletzt doch kaum von grösserer Bedeutung sein, und man würde, um die Ansichten über einen so speciellen Gegenstand gehörig würdigen zu können, immer auf vieles Andere, ja auf den Entwicklungsgang der ganzen Wissenschaft zurückkommen müssen. Ich werde mich also darauf beschränken, nur die Ansichten einiger weniger Schriftsteller anzuführen.

Das Leben schuf sich die Namen für die Erscheinungen, die es umgeben, ausgehend von einfacher Anschauung, zufrieden, dass dieselben bei dem Austausch der Gedanken und überhaupt für den geistigen Verkehr passende Aequivalente für die Gegenstände der wirklichen Welt waren, und unbekümmert um strenge Begriffe. Die Wissenschaft, auf dem Boden des Lebens erwachsen, und in ihren ersten Stadien ganz im Dienste desselben und den praktischen Bedürfnissen desselben zu Hülfe kommend, übernahm ohne Weiteres die Namen für die Gegenstände, mit denen sie zu operiren hatte, und erst später, wo sie aus dem Kindesalter heraustrat, da stellte sich die Nothwendigkeit heraus, mit den Namen bestimmte Begriffe zu verbinden. Es werden daher anfänglich die Namen (oft nur etymologisch) erklärt und gesagt, was darunter zu verstehen sei. Man geht dabei vom Namen aus, der irgend eine Anschauung fixirt hat. Erst da, wo die Wissenschaft wahrhaft Wissenschaft wird, indem sie sich wirklich zur Herrin ihres Gegenstandes macht und ihn durchdringt, verfährt sie anders: sie geht von ihm selbst aus, und indem sie das, was sie von ihm erfasst hat, festzustellen bemüht ist, sucht sie nach angemessenen Ausdrücken und greift dabei nach denen, die ihr die Sprache des Lebens — und wäre es auch die eines untergegangenen Lebens — bietet, oder falls diese zu arm oder zu unbestimmt ist, bildet sie sich selbst ihre Bezeichnungen.

So ist es denn auch mit den uns hier angehenden Bezeichnungen. Es ist nicht die Aufgabe der Naturgeschichte, sondern der Etymologie, nachzuweisen, von welchen Merkmalen die Anschauung bei der Namengebung für die Bildungen, die wir jetzt Knollen und Zwiebeln nennen, sich geheftet hat, und welche Metamorphosen diese Namen oft auf ihrer Wanderung aus der Sprache des einen Volkes zu der des andern erlitten. Uns interessirt es hier nur, dass man jene Bildungen, die man bei vielen Gewächsen kannte, zu den Wurzeln rechnete, weil sie sich an der Stelle finden, wo man sonst die Wurzeln zu finden gewohnt ist, und Wurzel der Collectivname für alle Theile der Pflanze war, mit denen sie sich in der Erde befestigt, oder die in derselben verborgen sind.

So sagt unter andern Plinius *hist. nat. XIX, 6: aliis (sc. herbis hortensiis) radices carnosae, ut betae aut magis etiamnum croco.* In einem alten Werke (*Bartholomaeus anglicus de ordine fratrum minorum de proprietatibus rerum,* gedruckt 1480) finde ich manche recht gute Bemerkungen über die Beschaffenheit einiger Knollen und Zwiebeln, die gleichfalls zu den Wurzeln gerechnet werden. Es wird dabei immer citirt: Aristoteles *liber vegetabilium**). Einige will ich hier mittheilen: *crocus habet magnam convenientiam et similitudinem cum cepa et ascolonia in radice; differt autem ab utraque quoniam cepa sive radix croci est continua rarius* (diese Stelle ist vielleicht umzuändern in: *et non rara;* sie ist dicht und nicht locker) *et non facit semen sicut ascolonia, sed etiam est tota ratio ejus seminativa in radice. omnes tunicae croci sunt macrae. et non recipiunt tunicae ejus oriri ab una parte* (aus einer einzigen Stelle) *cepae suae, sicut accidit in ascolonia et domestica cepa. sed incipiunt tunicae croci a locis germinationum venarum cepularum. Habet autem cepa croci radices capillares, quibus adhaeret terrae et attrahit sibi nutrimentum, ut lilium et allium et hujus modi. et quando cepa croci est grossa et jam matura, incipit dividi et multiplicari in capita multa proprias tunicas et radices habentia; ex singulis crescit planta. Ex quo patet, quod in ejus capite seu radice est ejus virtus seminativa, quae est sui multiplicativa et suae speciei con-*

*) Woher diese Stellen entlehnt worden sind, das will ich hier unerörtert lassen. Aus der Schrift: *de plantis,* welche früher dem Aristoteles zugeschrieben worden ist, und die Herr Prof. Meyer zuletzt herausgegeben hat, stammen sie nicht. — Leider steht mir weder der Theophrast, noch der Dioskorides, noch Albertus Magnus zu Gebote.

servativa. Diese Schilderung ist in ihrer Art (abgesehen von der vielleicht verderbten oder von mir nicht richtig verstandenen Stelle) vortrefflich. Unter dem Abschnitt: *cepa,* heisst es: *habet cepe stipitem, in quo facit semen, et habet radicem pluribus tunicis vestitam; et sub radice habet alias radices quasi capillares, quibus nutritur grossa radix; ad totam herbam humor transmittitur radicalis.* Eine Stelle aus *Isidorus Hispal.* wird daselbst citirt: *cepa vel cepe est herba cujus vis tota est in radice et ideo cepe vocatur, quia non habet nisi caput.* Auch die Zwiebeln der Lilien und Laucharten werden angemessen beschrieben. Hieronymus Bock, um aus der Periode der wiedererwachenden Wissenschaft wenigstens einen Gewährsmann anzuführen, sagt in seiner naiven Weise (Kräuterbuch f. 264): „was ist *bulbus* anderst, dann ein vilfache Zwibelwurtzel, es sei gleich Knoblauch oder anders, so muss man mit Plinio sagen, das vil wurtzeln, sonderlich die vilfältige zusammengedrungen werden, Bulbi heissen. Inn summa was järlich newe Augen oder nebenwurtzel stosst, als die Gilgen, als Zwibel, der Alant, die Goldtwurtzel, der Aron u. s. w. mag alles Bulbosum genandt werden."

Tournefort (*hist. rei herb. I.* 673) unterscheidet *radices tuberosae,* von denen er zwei Unterabtheilungen macht, ob die Knollen auf einander sitzen (bei *Crocus* und *Gladiolus*), oder ob sie an einander geheftet sind (*Fritillaria Meleagris* und *Colchicum*), *radices squamosae* (*Lilium*) und *radices bulbosae* (auch schlechtweg *bulbi* genannt), die aus Häuten, die sich umfassen, gebildet werden; er nennt die letzteren auch *radices tunicatae* und gibt als Beispiel *Narcissus* und *Hyacinthus* an. Einer besondern Kritik der Ansicht, nach welcher man alle Zwiebeln und Knollen zu den Wurzeln zählte, bedarf es jetzt nicht mehr.

Eigenthümlich ist die Auffassung der Zwiebeln bei Linné

in der *philosophia botanica p.* 37 ff. Die Theile (*partes constitutivae*) der Gewächse sind: *radix, herba, fructificatio.* Zur Wurzel, die aus *radicula, caudex descendens* und *adscendens* besteht, rechnet er allerdings sehr viel; denn „Alle Bäume und Sträucher sind Wurzeln über der Erde." Zur *herba* gehört ausser *truncus, folia, fulcra* auch das *hybernaculum.* Das letztere nennt er *herbae compendium supra radicem* oder *pars plantae includens herbam embryonem ab externis injuriis;* es wird unterschieden in *bulbus* und *gemma.* Der *bulbus* ist ihm (p. 50) das Winterlager, welches dem *caudex descendens,* die Knospe aber dasjenige, welches dem *caudex adscendens* aufsitzt. So ist ihm also *bulbus* ein der Knospe co-, nicht subordinirter Begriff, und indem er jenen als ein Winterlager bezeichnet, hat er mindestens eine Ahnung des richtigen Verhaltens. Er unterscheidet einen *bulbus squamosus* (*Lilium*), *solidus* (*constans substantia solida* mit *Tulipa* als Beispiel!), *tunicatus* (*Cepa officinarum*) und endlich *articulatus,* wozu er *Lathraea, Martynia* und *Adoxa* rechnet.

Ueber Knollenbildung findet sich weniger in der *philosophia botanica.* Linné rechnet sie zum *caudex descendens.* Auch in der Einleitung, welche Linné dem *systema vegetabilium* vorausschickt, kehren Zwiebel und Knospe als Unterarten des Winterlagers (*hybernaculum: compendium Herbae totius squamosum*) wieder. Sie werden hier nach ihrer Zusammensetzung unterschieden; die Zwiebel, heisst es, wird gebildet, aus den Grundtheilen der vergangenen Blätter, die Knospe aus den Anfängen der künftigen Blätter. Uebrigens wird wieder zum Behufe der Pflanzenbeschreibung (*delineatio plantarum in syst. veget. p.* 11) eine *radix globosa* (*tuberosa, fascicularis, palmata*) und *bulbosa:* (*granulata*) *tunicata, solida, squamosa,* unterschieden, und so Knollen- und Zwiebelgebilde zur Wurzel gerechnet. Auch in der *philos. bot. p.* 102, wo vom Habitus der Pflanzen geredet wird, gedenkt Linné bei der Anordnung der Wurzel (*radicatio*) der Zwiebeln und Knollen; aber im *Syst. veget.*, wo bei dem Habitus gar nicht mehr die *radicatio* erwähnt ist, wird der *bulbus* wieder unter der Knospung (*gemmatio*) angeführt.

Wir sehen daraus, dass sich bei Linné über die Bedeutung der Zwiebeln und Knollen manches Schwankende findet. Ueberall tritt das Bestreben hervor, die Natur dieser Gebilde zu erfassen, aber zu einer festen Ansicht ist er noch nicht gelangt. In seinen systematischen Werken nimmt er im Ganzen nur wenig Rücksicht auf die Zwiebeln und Knollen; er erwähnt z. B. in seinem *Syst. veget.* der letzteren bei den Fumarien gar nicht, während er es doch bei *Orchis* thut. Der Meister erfreute sich mehr an den Blättern und Blüthen und stieg allenfalls dann zu dem Unterirdischen, wenn das Oberirdische hinreichende Entscheidungen über die Trennung der Arten nicht gewährte.

Ein ähnliches Schwanken tritt uns auch in C. Sprengel's Schriften entgegen. In der ersten Ausgabe seiner Anleitung zum Studium der Gew. I, 249 rechnet er die Zwiebeln zu den Knospen (weil beide im Bau übereinstimmen und eine ähnliche Bestimmung haben). „Die Zwiebel," heisst es, „ist mit eigenthümlichen Hüllen oder Schuppen umgeben, wie die Knospe; unter ihnen sind die Blätter befindlich, die sie hervortreibt, und in der Mitte aller dieser Umgebungen ist die künftige Pflanze, welche geschützt durch alle diese Hüllen hervortreibt, wenn die Zwiebel von ihrem Mutterkörper getrennt ist. Was der Wulst bei Knospen ist, das ist der feste Grundkörper (feste runde Scheibe) bei Zwiebeln, und so wie die Knospe nur Wurzeln schlägt, wenn sie von der Mutterpflanze getrennt der Erde anvertraut wird, so treibt auch die Zwiebel nur Wurzeln, wenn sie sich von der Mutterzwiebel abgerissen hat (?)." Er unterscheidet ächte und unächte oder feste Zwiebeln, „bei letztern bilden sich keine Schuppen, und die junge

Brut bricht nicht wagerecht, sondern über der Mutterzwiebel hervor." Als Beispiel wird *Colchicum* angeführt. Die Knollen werden dadurch charakterisirt, dass sie ihre Brut nach allen Seiten ansetzen und nach allen Seiten Wurzeln schlagen, was bei den ächten und festen Zwiebeln nur an dem untern Theile der Fall sei. — In der zweiten Ausgabe jener Schrift werden die Knospen, Knollen, Zwiebeln und Keime: blosse Abänderungen derselben Zusammendrängung der Urformen und der organischen Massen in verschiedenen Pflanzenfamilien, genannt. An einer andern Stelle werden die Knollen und Zwiebeln als Behälter der Nahrungssäfte, als Werkzeuge der Vermehrungskraft bezeichnet, und sie werden in angemessener Weise mit den Samen in Vergleich gestellt. Trotz dessen kommen bei den Kunstausdrücken für die Modificationen der Wurzel und des Stammes auch die Zwiebel und die Knolle wieder vor (I. p. 321), und in den Grundzügen der wissenschaftlichen Pflanzenkunde (von 1820) werden die Knollen und Zwiebeln ohne Weiteres zu den Wurzeln gezählt.

Herr Prof. Bischoff rechnet in seinem Handbuche der bot. Terminologie die Knollen und Zwiebeln zu den Vermehrungsorganen und coordinirt dieselben den Knospen und den Lenticellen. Die Zwiebel ist nach ihm: die knospenähnliche, aus dem unterirdischen Stocke oder aus den Knoten des Stengels sich entwickelnde Anlage zu einem neuen Stengel oder zu einer neuen Pflanze, deren Unterlage (Stock) bleibend ist, während die Knospe als die aus den Knoten des Stammes sich entwickelnde Anlage zu einem neuen Aste definirt wird. Der Unterschied wird also darin gefunden, dass hier die neuen Theile in Verbindung mit den ältern bleiben, dort aber sich lostrennen von ihnen. Der Knollen wird zu der Zwiebel in Gegensatz gestellt: „er ist eine verschieden gestaltete fleischige Unterlage, welche die Anlage zu einem oder mehreren Stengeln oder neuen Pflanzen auf ihrer Oberfläche trägt und nach Entfaltung der letztern (früher oder später) abstirbt." Zu den Zwiebeln werden (als *bulbi solidi*) auch *Crocus, Gladiolus, Colchicum*, zu den Knollen auch *Saxifraga granulata* gerechnet.

Herr Prof. Schleiden ordnet die Theile oder Organe (über den Begriff eines Organs bei den Pflanzen ist zu vergl. wissenschaftl. Botanik II, 6) der phanerogamen Pflanzen unter fünf Rubriken: Wurzelorgane, Axenorgane, Blatt- und Knospenorgane, und das neue Individuum. Zu den Knospenorganen, mit welchen wir es hier allein zu thun haben, gehören (ausser der horizontalen Axe, dem Blüthen- und Fruchtstand p. 115) die Knospen. „Knospe ist das unentwickelte, aber entwicklungsfähige Ende einer Haupt- oder Nebenaxe." Es werden nun die Knospenorgane nach mancherlei Rücksichten unterschieden. Uns interessirt hier vorzugsweise die Eintheilung in *gemmae plantiparae* (Brutknospen) und *g. ramiparae*. „Man kann," heisst es (II, 198), „unterscheiden Knospen, die sich im natürlichen Lauf der Vegetation von der Mutterpflanze trennen und zu selbstständigen Pflanzen werden (*g. plantip.*), und solche die mit der Mutterpflanze für immer verbunden bleiben (*g. ramip.*)." Als ein wesentlicher Unterschied zwischen Brut- und Zweigknospen*) wird an einer andern Stelle

*) Die beiden wesentlichen Merkmale der Brutknospen finden sich aber nicht immer beisammen; denn manche Knospen bilden im natürlichen Verlauf und zwar sehr bald durch Absterben der Mutterpflanze oder durch Absterben eines Theils der Knospenachse selbstständige Pflanzen, ohne einen Theil besonders fleischig auszubilden z. B. *Samolus Valerandi, Epilob. parvifl., Fragaria* und *Parnassia palustr.* (wollte man dagegen einwenden, dass diesen keine streng unterbrochene Vegetation zukäme, so ist ausser Andern zu bemerken, dass dann auch bei den Knospen, die sich ununterbrochen fortentwickeln, Brut- und Zweigknospen hätten unterschieden werden müssen); andere Knospen werden in ihren Theilen fleischig, ohne selbstständige Pflanzen zu bilden, wie bei *Lilium Martagon*. Man kann also sagen: das erste Merkmal bezieht sich hauptsächlich auf das Verhalten der Mutterpflanze, das zweite

(p. 204) hervorgehoben, „dass erstere entweder in allen ihren Theilen, wie die meisten Zwiebeln und Zwiebelknospen, oder nur in ihren Axenorganen, wie bei den ächten Knollen, oder nur in ihren Blattorganen, wie bei dem sogenannten *bulbus solidus*, (z. B. bei *Allium ursinum*) oder endlich nur in einem bestimmten Theil ihrer Axe, z. B. bei den einheimischen Orchideen und bei der Georgine, auffallend massig (fleischig) entwickelt sind, während bei den Zweigknospen dergleichen nicht stattfindet." Die Brut- und Zweigknospen sind Unterabtheilungen der Knospen mit ruhender Vegetation; die Brutknospen zerfallen wieder in Zwiebeln, Zwiebelknospen, Knollen, Knollenknospen, Scheinknollen (und Samenknospen).

Während also von Herrn Prof. Bischoff die Knospen, Zwiebeln und Knollen einander beigeordnet sind, ist hier der Begriff der Knospe erweitert, dass derselbe mit dem der Vermehrungsorgane (im Sinne des Erstgenannten) fast zusammenfällt. Die Knospe im Sinne Bischoff's stimmt überein mit Schleiden's *gemma ramipara*.

Es scheint mir zur sichern Begründung eines Urtheils über die Frage, ob man die Zwiebeln und Knollen mit Recht in eine so nahe Beziehung zu den Knospen gesetzt habe, nothwendig, auf die Natur der letztern näher einzugehen. Die Knospe ist kein Organ*), sondern bloss ein Zustand — der

---

auf das der Neubildung; aber die Eigenthümlichkeit, welche das zweite bezeichnet, kann eintreten ohne die Eigenthümlichkeit, welche das erste bezeichnet, und umgekehrt: die erste kann vorhanden sein ohne die zweite.

*) Will man die Knospe ein Organ nennen, so muss man auch den Pflanzenembryo, welcher der erste Zustand eines neuen Exemplars ist, wie die Knospe der eines neuen Achsentheils, ein Organ nennen. Aber besteht denn die Knospe und der Embryo aus etwas Anderm, als aus Achsen- (Wurzel-) und Blattgebilden? Die „Theile oder Organe" des Embryo und der Knospe sind also dieselben Organe, mit denen man doch die ganze Knospe und den ganzen Embryo in eine Reihe

frühere — eines Organs oder Organcomplexes, so auch einer Haupt- und Nebenachse mit ihren appendiculären Theilen. Man kann in vielen Fällen gar nicht angeben, wo die Knospe aufhört Knospe zu sein, indem die Uebergänge von dem unausgebildeten zu dem ausgebildeten Zustande ganz allmählich sind. Dies ist der Fall bei den Pflanzen mit nicht ruhender Vegetation und solchen, bei denen zwar ein Stillstand in der Vegetation eintritt, während dessen aber die Knospen in besonders gestalteten Hüllen nicht eingeschlossen sind. Wer will bei der Myrte und bei den meisten unserer Stauden sagen, wann die jungen Achsen aus ihrem Knospenzustande heraustreten? — Es gilt dies noch mehr von den Zweigknospen der einjährigen Pflanzen. Oder will man diesen keine Knospen beilegen? — Dann müsste man die Definition von Knospe anders gestellt haben, und man würde, wollte man ihnen die Knospen absprechen, sich nur in Widersprüche verwickeln. Was ferner die Eintheilung der Knospen in Brut- und Zweigknospen (oder was, ohne dass verkannt werden soll, die erste Eintheilung sei sachgemässer, mindestens für unsern Zweck ziemlich dasselbe ist, der Vermehrungsorgane im Sinne Bischoffs in Knospen einerseits und Zwiebeln und Knollen andrerseits) und die Unterordnung der Knollen und insbesondere der Zwiebeln unter die Brutknospen anlangt, so ist Folgendes zu bemerken. Als die *nota characteristica* für die Brutknospe wurde, wie wir sahen, angegeben, sie sei eine Knospe, die sich im natürlichen Laufe der Vegetation von der Mutterpflanze trennt und zur selbstständigen Pflanze wird. Nehmen wir die Haselwurz! Es treibt hier die Grundachse (ausser an der Spitze der Pflanze neben dem Blüthenstiele) häufig auch

---

gestellt hat. — Auch Herr Prof. Schleiden sagt an einer andern Stelle (II, 203) von den Knospen mit ruhender Vegetation, dass sie nur scheinbar eigne Organe wären.

an den untern Theilen Knospen, die zu Aesten auswachsen, und an diesen Aesten treten sehr bald Nebenwurzeln hervor, durch welche sie unabhängig von der Mutterpflanze ernährt werden können. Sie bleiben aber längere Zeit, oft Jahre lang, in Verbindung mit der letzteren, endlich aber werden sie dadurch, dass die Mutterachse bis über die Stelle hinaus von hinten nach vorn (von unten nach oben) abstirbt und verwest, zu „selbstständigen" Pflanzen: also im „natürlichen Verlauf der Vegetation." Diese Knospen sind demnach ursprünglich *gemmae ramiparae*, werden dann aber *g. plantiparae*. Aehnlich ist es auch bei *Menyanthes trifoliata* u. a.

Man könnte dagegen einwenden, dass die Abtrennung der Seitenachsen von der Mutterpflanze hier erst nach einigen Jahren (früher indess, gewöhnlich schon im zweiten Jahre geschieht es unter andern bei *Alisma Plantago*, *Samolus* und *Parnassia*) vor sich gehe, dass die Brutknospen aber schon als Knospen selbstständig würden. Man kann dies vorläufig zugeben. Dann aber dürfte man auch nicht alle Zwiebeln zu den Brutknospen zählen. Denn bei *Lilium Martagon* z. B. verhält es sich ebenso, wie bei der Haselwurz. Wenn sich bei jenem Zwiebelgewächse, ausser der Hauptzwiebel neben dem Blüthenstengel, in der Achsel eines untern Schuppenblattes der Grundachse eine Nebenzwiebel bildet, so wird diese keineswegs schon im ersten Jahre frei, sondern gleichfalls erst dann, wenn die Grundachse bis zu der Stelle, wo diese Nebenzwiebel steht, verwest ist; ehe das geschieht, bleibt sie mit der Mutterpflanze vereinigt, und darüber können auch mehrere Jahre verfliessen. Und betrachtet man die Hauptknospe bei *Leucojum* und bei *Hyacinthus* (überhaupt den Zwiebelgewächsen der dritten Abtheilung), so ist es klar, dass sie sich in Bezug auf die hier zur Sprache gekommenen Punkte durchaus nicht unterscheidet von der Hauptknospe bei *Viola odorata* und *Anemone Hepatica*, bei denen wie bei *Leucojum* die Hauptknospe terminal ist, und bei ***Primula veris, Anemone nemorosa*** und ***Pulsatilla,*** bei denen sie, wie bei ***Hyacinthus,*** lateral ist; denn bei jenen Zwiebelgewächsen bleibt, grade so wie bei den angeführten andern Pflanzen, bei denen mit Ausnahme von ***V. odor.,*** (wo die Hauptwurzel häufig bleibt) die Grundachse gleichfalls von unten nach oben abstirbt, die Hauptknospe (oder die aus ihr sich bildende Zwiebel), immerfort mit Theilen früherer Jahrgänge, mit der Mutterpflanze, in lebendiger Verbindung, bildet mit diesen zusammen erst eine Pflanze und würde ohne diese zu Grunde gehen. Es folgt daraus, abgesehen davon, dass die Eintheilung der Knospen in Brut- und Zweigknospen eine schwankende ist, in Bezug auf unsern Gegenstand, dass man die Zwiebeln nicht zu den Brutknospen, wie man deren Begriff festgestellt hat, ohne Weiteres rechnen darf, indem grade dem grössten Theil derselben das eine Merkmal, welches den Brutknospen beigelegt wird, nicht zukommt.

Erwägt man ferner solche Fälle, wie sie sich bei ***Gagea, Tulipa, Allium ursinum*** finden, und auf welche die angegebene Definition von Brutknospen vorzugsweise zu passen scheint, genauer, so wird man erkennen, dass sie auch hier sich nicht wohl rechtfertigen lässt. Wodurch wird hier, falls sich aus der Grundachse einer Mutterzwiebel mehrere, fürderhin für sich — d. h. sowohl unter sich, als auch von der Mutterpflanze getrennte — bestehende Zwiebeln bilden, der Zusammenhang aufgehoben? — Lediglich dadurch, dass die Mutterzwiebel in all ihren Theilen abstirbt und verwest. Man müsste also, wenn man die neuen Zwiebeln als Brutknospen betrachtet, in Wahrheit sagen, diese Brutknospen seien solche Knospen, die dadurch frei oder selbstständig werden, dass die Mutterpflanze derselben abstirbt, und dem entsprechend von den Zweigknospen, sie wären solche Knospen, deren Mutterpflanze nicht, oder wenigstens in den Theilen, wo die Neubildungen mit ihr zusammenhängen, erst nach

Verlauf einiger Jahre zu Grunde gehet. Es fällt mithin die *nota essentialis* in Etwas, was keineswegs der Knospe (den Neubildungen), sondern in Etwas, was der Mutterachse oder der alten Pflanze eigenthümlich ist*), und die Zwiebeln von *Leucojum* und *Hyacinthus* treten in dieser Beziehung zu den *Gagea*- und Tulpenzwiebeln ganz in denselben Gegensatz, wie die obengenannten, nicht mit Zwiebeln versehenen Pflanzen, *Asarum* u. d. a. —

---

*) Man erkennt dies auch bei *Lilium bulbiferum*. Die Stengelzwiebeln sind Brutknospen ganz im Sinne Schleiden's, die grundständige Zwiebel dagegen nicht; und doch stimmen beide in allen wesentlichen Punkten mit einander überein. Der Unterschied liegt auch hier bloss in der Vergänglichkeit des Blüthenstengels und der relativen Ausdauer der Grundachse; also in Etwas, was den Neubildungen nicht angehört. Ebenso bei *Dentaria bulbifera*. Dass es bei *Fragaria*, bei *Potentilla Anserina* und *reptans* u. a. sich insofern etwas anders verhält, als bei ihnen die Mutterpflanze in den Theilen (mindestens noch einige Zeit) ausdauert, aus welchen die stets lateralen Ausläufer hervortreten, und demnach der Zusammenhang zwischen der Mutterpflanze und den Ausläufern nur durch Absterben der fadenförmigen Achse dieser letzteren aufgehoben wird, ist bereits erwähnt worden. — Die Stengelzwiebeln bei *Lilium bulbif.*, die Stengelknospen bei *Dentaria*, die Ausläufer von *Potent. Ans.* und *Fragaria*, überhaupt alle derartigen Gebilde, die neben der Hauptknospe, durch welche das Mutterexemplar fortgesetzt wird, auftreten und die sich bald aus dem Zusammenhange mit dieser lostrennen, kann man als: neue Exemplare bildend (*plantiparae*) bezeichnen; es sind natürliche Absenker. Es passt aber diese Bezeichnung auch auf manche Knospen mit ununterbrochener Vegetation, die nach Schleiden, weil bei ihm die *gemma plantipara* eine Unterart der *gemma vegetat. interruptae* ist, nicht dazu gerechnet werden. — Bei Pflanzen, wie bei *Lemna*, bei *Solanum tuberos.*, bei *Epilob. palustre* u. a., wo es kein Kriterium gibt, die Haupt- und Nebenknospen von einander zu unterscheiden, und der Zusammenhang aller Neubildungen aufgelöst wird durch Absterben der Mutterpflanze, scheint es gleichgültig zu sagen: die Mutterpflanze perennirt durch alle Neubildungen, oder: alle Neubildungen bilden neue Exemplare. Dass man das erstere wirklich annehmen muss, davon wird man sich überzeugen, wenn man mit den genannten Pflanzen andere Perennen, wie *Vinca minor*, *Glechoma hederaceum*, *Lysimachia Nummularia*, *Veronica spicata*, *Chrysosplenium* und ähnliche genauer vergleicht.

Von einem Zwiebelgewächs, wo sich nur eine neue Zwiebel an der alten bildet, wie dies normal bei *Gagea lutea* und *Allium ursinum* geschieht, kann man genau genommen nicht einmal sagen, es bilde die neue Zwiebel in einem andern Sinne eine neue selbstständige Pflanze, als die Haupttriebe bei *Asarum* und bei *Anemone nemorosa.* Denn ein Exemplar von *Gag. lutea* und *All. urs.* perennirt normal nur durch die Hauptzwiebel, wie auch ein Exemplar von *As. europaeum* und noch gewöhnlicher von *A. nemorosa* oft nur durch den Haupttrieb perennirt. Es wird eben dort, wie hier, kein neues Exemplar, sondern eine neue, frische Fortsetzung des ältern mit Hilfe des letztern gebildet. Man beantworte sich nur die Frage, unter welchen Bedingungen diese Pflanzen — auf der einen Seite *Gagea lutea* und *All. urs.,* auf der andern *Anemone nemorosa* und *As. europaeum* — sich gleich verhalten würden. — Es würde dies dann der Fall sein, wenn bei *A. nemorosa,* sobald sich der Haupttrieb (der so lange die Pflanze nicht blüht, ganz wie in diesem Falle bei *All. urs.* terminal ist) ausgebildet hätte, die je vorjährige Achse abstürbe, oder, wenn bei *All. urs.* und *Gagea lutea* auch nach Bildung der neuen Hauptzwiebel die vorjährige Achse und zwar mehrere Jahrgänge hindurch dauerte, und dann erst die ältesten Jahrgänge derselben abstürben. Also die neue Hauptzwiebel bildet in Wahrheit bei *Gagea lutea* und *A. urs.* — wie der Haupttrieb der beiden andern Pflanzen — keineswegs ein neues Exemplar, (was man von den Nebenzwiebeln anderer Pflanzen noch sagen kann,) und dass sie es scheinbar thun, hat abermals seinen Grund nur in einer Eigenthümlichkeit der Mutterpflanze, nicht in der jungen Pflanze oder Knospe, obschon, wie ich oben darzustellen versuchte, in Folge jener Eigenthümlichkeit der erstern auch diese letztere bei *Gagea* und *All. urs.* verschiedene Umgestaltungen, die aber nur das Secundäre sind und bei andern perennirenden Pflanzen, wo gleichfalls die Mutterpflanze abstirbt, nicht eintreten, erleidet*). Was ich hier von den Zwiebeln gesagt habe, gilt auch ***mutatis mutandis*** von den Knollen.

Man könnte nun vielleicht zugeben, dass die Zwiebeln nicht insgesammt zu einer Abtheilung der Knospen gezählt werden, ja selbst geneigt sein, der Eintheilung in Zweig- und Brutknospen richtiger, weil eine primäre Erscheinung berücksichtigend, eine Eintheilung in Pflanzen mit bald schwindender und in solche mit länger dauernder Mutterachse oder eine ähnliche zu substituiren, aber doch daran festhalten, dass Knollen und Zwiebeln als Knospenorgane zu betrachten seien. Auch dieser Punkt ist näher ins Auge zu fassen.

Knospe, wie ich bereits anführte, bezeichnet den anfänglichen Zustand einer Achse (und deren appendikulärer Theile, mögen diese einfacher oder zusammengesetzter Natur sein). Dieser erste Zustand kann allerdings mit mancherlei Eigenthümlichkeiten der dabei concurrirenden Theile verbunden sein, wie z. B. mit der Bildung von harten, harzigen oder wolligen Schuppen; er kann von längerer oder kürzerer Dauer sein. Das Alles ändert an der Bedeutung der Knospe nichts**). Bei den verschiedenen Pflanzen ist nun die Weiterbildung der jungen Achse und der Uebertritt aus dem Zustand der Knospe in den der Vollendung sehr mannigfaltig. Sie wird in vielen

---

*) Es liessen sich hieran manche Erörterungen über die Individualität der Pflanzen anknüpfen; doch würde das zu weit von meinem Gegenstande abführen. Es ist höchst interessant zu verfolgen, wie sich dieselbe nach der Grundverschiedenheit der Anorganismen, der Pflanzen und Thiere in den drei Naturreichen anders gestaltet. In jedem Falle wäre es eine interessante Aufgabe, nach einem wesentlicheren Momente in dem Begriffe der Individualität innerhalb der Naturreiche, als das gewöhnlich festgehaltene und hervorgehobene, zu suchen, und es würde hierbei auch das Verhältniss zwischen den Begriffen: Individuum und Exemplar, zu erörtern sein.

**) Die bestimmenden Momente sind hier schliesslich das Verhältniss der Pflanzen zum Erdganzen.

Fällen zu einem langgestreckten, holzigen Zweige, der anfänglich mit einer weichen, grünen Rinde überzogen ist, später aber von einer trockenen, rissigen Borke umrüſtet wird; oder es streckt sich die Achse sehr, aber die Blattgebilde daran bleiben klein, und diese bilden sich erst im weitern Verlauſe mehr aus, oder die Achse bleibt ganz kurz, aber die Blätter zind zahlreich und gewinnen einen bedeutenden Umfang u. s. w. Dies Wenige, was leicht weiter ausgeführt werden könnte, wollen wir nun auf die Zwiebeln, auf die Wurzel- und Stengelknollen anwenden.

Diese Gebilde treten natürlich, wie jede Pflanzenachse und deren Theile, als Knospen auf; damit ist eben nichts weiter ausgesagt, als dass sie ein Stadium des Entstehens und des ersten Bestehens haben*). Es scheint mir aber eine Sonderbarkeit zu sagen, sie bleiben Knospen, sie sind Knospen. Will man dies von den Zwiebeln sagen, weil ihre Achse so kurz bleibt? — Bei manchen, z. B. bei ***Lilium Martagon,*** ist diese gar nicht so sehr kurz, und um consequent zu bleiben, müsste man auch sagen, manche Veilchen- und Wegetritt-Arten, ***Alisma Plantago*** und viele andere Pflanzen blieben im Knospenzustande. Dieser Umstand kann mithin die Zwiebel keineswegs zur Knospe stempeln. Etwa der, dass sie aus Schuppenblättern gebildet wird? — Nun, das ist allerdings bei manchen der Fall, z. B. bei ***Tulipa,*** aber bei andern durchaus nicht. So finden sich bei ***O. nutans*** an der Grundachse der blühbaren Pflanzen nur Laubblätter; bei andern tragen die Laubblätter mindestens vorzugsweise zur Bildung der Zwiebel bei. Es ist also wiederum ganz so, wie bei manchen Anemonen, bei manchen Primeln u. a. Pflanzen. Also auch dieser Um-

---

*) Daher wird es nicht in Widerspruch mit dem hier Dargelegten erscheinen, wenn ich in dem speciellen Theile dieser Schrift, z. B. bei *Gagea* und *Tulipa,* oft abwechselnd Knospe und Zwiebel gebrauchte. Knospe ist dann eben soviel als junge oder auch neue Zwiebel.

stand spricht nicht dafür, dass man die Zwiebeln Knospen nennt. Ja, wie will man eine solche Unterordnung unter die Knospen bei *Lilium bulbiferum* und *Martagon*, bei *Leucojum* und *Amaryllis* rechtfertigen, wo die Theile, welche die Zwiebel bilden, zu frühern Vegetationsperioden gehören? — An ihnen hätte man Knospen, die nicht durch Anfänge, sondern durch Reste dargestellt würden. Bei *Allium ursinum* bildet sich die Basis eines Laubblattes, nachdem letzteres ganz vollendet, also längst aus dem Knospenzustande herausgetreten ist, zu einem Nahrungsbehälter um, indem die Blattfläche abstirbt; im Grunde der zurückbleibenden, fleischigen Blattbasis findet sich im Herbst eine kleine Knospe, die natürlich auch nicht im Knospenzustande beharrt. Darf man nun das Ganze und insbesondere den Theil, der eigentlich die Zwiebel bildet, noch eine Knospe nennen und zwar durch alle Stadien hindurch? — Gewiss nicht! Es würden ja solche Pflanzen, ebenso wie *Gagea* und andere Zwiebelgewächse, bei denen von frühern Jahrgängen nichts übrig bleibt, für immer Knospen, d. h. Anfänge bleiben. Und wollte man bei diesen Pflanzen geltend machen, dass ihre eigentliche Entfaltung in der Hervorbringung eines Blüthenstengels bestehe, so müsste dagegen erinnert werden, dass sie oft viele Jahre hindurch, ehe sie zur Blüthe kommen, ausser der Grundachse keine andern Achsentheile bilden, dass sie also wenigstens für diese Zeit immer Knospen blieben*). Dass neben den Theilen, die, wenn sie ihre vollständige Ausbildung erreicht haben, als Nährblätter die eigentliche

---

*) Exemplare von Zwiebel- und Knollengewächsen (aber auch von vielen andern perennirenden Pflanzen), welche sich aus Samenkörnern bilden, brauchen meist mehrere Jahre, bevor sie blühbar werden; jedes Jahr bis dahin werden die Neubildungen etwas grösser. Haben sie die normale Grösse erlangt, so verändern sie, geringe, meist durch äussere Einflüsse herbeigeführte Schwankungen abgerechnet, ihren Umfang nicht mehr, so dass man bei ihnen nicht, wie bei andern Pflanzen, das ungefähre Alter eines Exemplars nach seinem Umfange bestimmen kann.

Zwiebel bilden, auch noch wirkliche Knospen (z. B. recht auffallend bei *Allium rotundum* und *Scorodoprasum*, wo ein dünnhäutiges Scheidenblatt eine Knospenhülle bildet) auftreten, kann kein Grund sein, das Ganze für immer als eine Knospe anzusehen; denn das ist keine Eigenthümlichkeit der Zwiebelgewächse, sondern es findet sich bei allen perennirenden Gewächsen, so wenig wie der Umstand als ein Beweis für die beständige Knospennatur der Zwiebeln angeführt werden darf, dass die Nährblätter in manchen Fällen länger stehen bleiben; man müsste dann auch solche Pflanzen, wo, wie bei der Leberblume, überhaupt die Blätter, welche die Knospe umschlossen, stehen bleiben, zu den Zwiebelpflanzen rechnen. Diese Gründe bestimmten mich, die Zwiebeln nicht zu den Knospen zu zählen, zu welcher letztern Annahme hauptsächlich die Wahrnehmung, dass der frühere und spätere Zustand der an der Grundachse eines Zwiebelgewächses vereinigten Theile nicht auffallend (was aber auch bei andern Pflanzen wiederkehrt) von einander abzuweichen pflegen, die Veranlassung gewesen zu sein scheint.

Fast dieselben Gründe lassen sich auch gegen die Knospennatur der Knollen geltend machen. Bei *Arum, Malaxis, Colchicum, Crocus* u. a. ist die Knolle ein vorjähriger, ganz vollständig ausgebildeter Achsentheil; sie den Knospengebilden beizählen zu wollen, weil sie Knospen — oft mehrere — trägt und ernährt, wäre nicht zu billigen; man müsste dann auch die andern Stämme, an denen Knospen stehen, zu den Knospen rechnen. Bei *Orchis* ist die Knolle bereits vollendet (aus ihrem Knospenzustande herausgetreten), wenn die junge Achse (Knospe) sich auszubilden beginnt; dass diese länger im Knospenzustande bleibt, kann keinen Grund abgeben, die Knolle — eine Umbildung der Wurzel — selbst als Knospe zu betrachten. Noch unpassender würde es sein, die Knollen von *Spiranthes* den Knospen beizählen zu wollen. Diese aber aus der Reihe der übrigen Knollen zu verweisen, geht nicht an, da sie ganz dieselbe Function, wie die Stengelknollen und die Zwiebeln haben. — Will man die Zwiebeln und Knollen Knospen nennen, so würde man, um consequent zu sein, den Begriff der letztern — ähnlich wie Linné mit dem der Wurzel verfuhr — so erweitern müssen, dass er fast mit dem der Pflanze überhaupt congruent würde.

Nach diesen Bemerkungen gegen die Knospennatur der Zwiebel und Knolle kehre ich nochmals zu dem Werke des Herrn Prof. Schleiden zurück, an dessen Darstellung ich glaubte dieselben am besten anknüpfen zu können, da er grade sich so bestimmt (man vergl. unter andern II, 204) für die Knospennatur jener Gebilde ausspricht. In der Definition, welche derselbe von der Zwiebel (der ersten Abtheilung der Brutknospen) giebt, werden die Zwiebeln nicht mehr Knospen genannt, sondern „monokotyledone Stämme mit unentwickelten Stengelgliedern, die allmählich von unten nach oben absterben und daher stets sehr kurz bleiben, mit perennirenden Blättern*), deren Scheidentheile abgestorben als dünne Häute die noch lebendigen stets fleischig verdickten Scheidentheile der innern Blätter, Zwiebelschuppen, umhüllen, oder seltener so schnell abfallen, dass letztere bloss liegen." — Wenn auch diese Definition in einem nicht wegzuleugnenden mindestens formellen Widerspruch**) mit der ganzen übrigen Darstellung

*) Dieses gilt mehr von den Zwiebeln bei *Hyacinthus* und *Leucojum*, als von den bei *Tulipa* und *Gagea*, wo mit der Achse auch die daran haftenden Blätter bald absterben.

**) Wollte man versuchen, ihn dadurch zu lösen, dass man sagte, die Knospe sei doch auch als Achsentheil dargestellt worden, und der „Stamm" stehe also als eine Form der Achse zu ihr in einer gewissen Beziehung, so wäre dagegen zu bemerken, dass das Hauptgewicht bei der Erklärung dessen, was die Knospe sei, offenbar und mit Recht darauf gelegt worden ist, dass sie das „unentwickelte, aber entwicklungsfähige Ende" einer Achse ist.

steht, — indem man nach dem ihr Vorhergehenden nicht wohl das *genus proximum:* monokotyledone Stämme, erwarten durfte —, so ist doch klar, dass sie in dieser Fassung, abgesehen von einigen minder wichtigen Einzelnheiten, die Erscheinungen im Bau der Zwiebel angemessener wiedergibt, als wenn sie sich folgerecht an die ihr voraufgehenden Erörterungen angeschlossen hätte: sie enthält wesentliche Merkmale der Zwiebel, wenn schon nicht in einem strengen ursächlichen Zusammenhange. — Eingetheilt werden die Zwiebeln in: *A*) blättrige: 1) schalige, 2) schuppige und *B*) dichte. Ich habe mich über den Werth dieses Eintheilungsgrundes schon ausgesprochen, und Herr Prof. Schleiden sagt selbst, der Unterschied zwischen den Abtheilungen *A.* und *B.* sei von geringer Bedeutung.

Von den Knollen*) trennt Prof. Schleiden die Scheinknollen. Ich glaube nicht, dass diese Trennung naturgemäss ist; denn der Hauptunterschied wird nur darin gefunden, dass bei der Knolle sich die ganze Knospenachse, bei den Scheinknollen nur das Achsenparenchym der Knospe, welches unmittelbar über der Basilarfläche liegt, sich dick und knollenförmig ausdehnt. Man müsste, wollte man analoge Momente zur Trennung benutzen, noch mehr Arten von Knollen unterscheiden, und sähe sich dann, wenn man consequent sein wollte, auch genöthigt, mehrere Zwiebelarten danach zu unterscheiden, ob ein ganzes Blatt, oder nur ein Theil eines Blattes, oder mehrere an der Bildung derselben betheiligt wären.

Die Herren Professoren Endlicher und Unger handeln in ihren „Grundzügen der Botanik" die Zwiebeln in dem Haupt-

*) Nicht bloss Axillarknospen, wie man nach Schleiden's w. Botanik II, 212 glauben könnte, sondern auch Terminalknospen werden zu Knollen.

stücke: vom Stamme, ab. Es werden nämlich „zwei Hauptverschiedenheiten" des Stammes angenommen: der Stock (*caudex*) und der Stamm im engern Sinn (*caulis*). Es ist aber leicht einzusehen, dass beide Formen in einander übergehen; ja, man kann es sich nicht verhehlen, dass auch die ferneren Eintheilungen dieser beiden Stammformen auf äusserst schwankenden Merkmalen ruhen. Ohne indess darauf weiter einzugehen, bemerke ich, dass zu den Stöcken auch die Zwiebel und die Knolle gezählt werden. Die Zwiebel wird für einen verkürzten, unterirdischen*) Stock erklärt, der mit Blattscheiden, oder mit freien oder unter sich verwachsenen Blattschuppen bedeckt ist. Diese Definition ist viel zu allgemein und unbestimmt; denn wenn, um nur Etwas zu erwähnen, nach §. 264 des genannten Werkes die Blattscheide eben weiter nichts ist, als die Basis des Blattes und zunächst des Blattstieles, und die Schuppe (§. 267) in „den meisten Fällen auch als Scheidentheil des Blattes zu betrachten ist," so gehören nach dieser Definition viele Pflanzen zu den zwiebelbildenden, die durchaus nicht zu ihnen gerechnet werden können. Auf der andern Seite aber ist diese Definition auch wieder zu eng; denn sie schliesst die Zwiebeln aus, die an der oberirdischen Stengelachse vorkommen. Diese werden ganz abgesondert unter den Knospen (als *bulbilli*) abgehandelt, eine Trennung, die, wenn man die Zwiebelbildungen in der Gattung *Lilium* und *Gagea* genauer kennt, durchaus nicht gebilligt werden kann. Die vielen Unterabtheilungen, unter welche die Zwiebeln geordnet werden, will ich unberücksichtigt lassen; sie sollen wohl der beschreibenden Botanik zu Gute kommen.

*) Beide Attribute sind insofern überflüssig, als der Stock als ein „niedriger, ganz in der Erde stecken bleibender Stamm" definirt worden ist. — Es wird ausdrücklich bemerkt, „dass die Zwiebel an sich keine Knospe sei, aber dass ihr verkürzter, parenchymatöser Stamm Knospen d. h. secundäre Achsen trägt." Auch diese Angabe enthält manches Ungenaue.

Gleichfalls ungenau ist die Definition von der Knolle: „ein der Zwiebel ähnlicher, verkürzter, oder nur zum Theil dauernder unterirdischer Stamm ohne Blatthüllen." Bei dem besten Willen, darin etwas Naturgemässes zu finden, ist mir das nicht möglich gewesen; ich kann nur Ueberflüssiges und Unwesentliches oder Unrichtiges darin erkennen.

Andere Deutungen der Zwiebel, wie die, dass sie ein Mittelstock zwischen Stamm und Wurzel, ein niedriger Halm sei, und dergleichen will ich nicht weiter berühren. Indem ich meinestheils die Zwiebeln und Knollen nicht für sich, und weder als Wurzeln, noch als Knospen oder Stämme, sondern die Zwiebel- und Knollen g e w ä c h s e betrachtete und diese als eine besondere Art der perennirenden Pflanzen darstellte, habe ich es versucht, die dabei hervortretenden Erscheinungen nach ihrer Bedeutung klar zu machen, eine von der andern herzuleiten und zu einander in einen naturgemässen Zusammenhang zu bringen, und auf diese Weise mehr eine genetische Erklärung, als eine umschreibende Begriffsbestimmung zu gewinnen. Man wird die Momente erkennen, durch deren Zusammenwirken die anschaulichsten Formen der Zwiebel- und Knollenbildung herbeigeführt werden, und durch deren Zurücktreten diese Bildungen minder charakteristisch erscheinen und in die Formen der übrigen perennirenden Pflanzen übergehen. Umschreibende Definitionen für Verhältnisse, die nur gradweise, nicht specifisch verschieden sind, aufzustellen, ist wenigstens eine vergebliche Bemühung. Man hat es hier mit einer Partie der Morphologie zu thun, wo man, um ein Wort G ö t h e's zu gebrauchen, den Muth verliert, irgendwo einen Pfahl einzuschlagen, oder wohl gar eine Grenzlinie zu ziehen.

Weit weniger Aufmerksamkeit, als die morphologische Botanik, hat die systematische Botanik den Knollen- und Zwiebelbildungen zugewendet. Wenn auch nicht in Abrede gestellt werden soll, dass dieselbe in einzelnen Fällen mit glücklichem

Erfolge auf die Verschiedenheiten, welche die Knollen und Zwiebeln darbieten, Rücksicht genommen hat, so ist es doch bei Weitem nicht in dem Maasse und mit der Gründlichkeit geschehen, dass man der Systematik nicht mehr mit Recht den Vorwurf machen könnte, sie habe die genannten Bildungen in Vergleich mit andern Theilen, z. B. der Blüthe und Frucht, vernachlässigt. Jene bleiben sich aber in den einzelnen Pflanzenarten so treu, wie irgend ein anderer Theil, und auch für einzelne Gattungen pflegt der Kreis der Variationen, welchen die zu ihnen gehörigen Arten in Bezug auf die Bildung der Knollen und Zwiebeln unterworfen sind, meistens nicht sehr gross zu sein; wo er es aber wirklich ist, da ist die Kenntniss der Abweichungen für die Naturgeschichte einer solchen Gattung immer von Bedeutung. Gattungen aber auf derartige Abweichungen allein — und wären diese auch sehr auffallend — gründen zu wollen, geht nicht an. Man würde damit in einen analogen und nur verhältnissmässig geringern Fehler fallen, als der war, den sich manche ältere Systematiker zu Schulden kommen liessen, indem sie die Pflanzen in Bäume, Sträucher und Kräuter eintheilten und so die Brennnessel aus der Gesellschaft der Maulbeerbäume und der Feigen entfernten.

Zum Schlusse nun noch wenige Andeutungen über die Wichtigkeit der Knollen- und Zwiebelgebilde für die Pflanzengeographie (man vergl. eine Abh. des Herrn Prof. Grisebach in der *Linnaea* XII. 176) *). Die Natur hat durch dieselben

*) Die Pflanzengeographie betrachtet die Pflanzen als Glieder des Erdganzen und lehrt die äussern Bedingungen ihrer Existenz kennen. Es kann mithin die Pflanzengeographie, indem sie unter andern auch darauf achtet, wie sich die Pflanzen in Bezug auf die Jahreszeiten (ein Ausdruck, der schliesslich kaum etwas Anderes bezeichnet, als die verschiedenen Phasen des Verhältnisses des Erdkörpers [und der ihn mit darstellenden Pflanzen und Thiere] zu seiner kosmischen Licht- und Wärmequelle, der Sonne) verhalten, dieselben nach diesem Princip eintheilen, und unter andern auch Pflanzen unterscheiden, deren Vegeta-

manchen Pflanzen die grösstmöglichste Unabhängigkeit von äussern Einflüssen gewährt, die sie überhaupt perennirenden phanerogamischen Pflanzen geben konnte. Können sich Pflanzen selbst als Knollen und Zwiebeln nicht mehr in einer Gegend erhalten, so hat, möchte man sagen, die Natur alle ihre Mittel erschöpft, die ihr zu Gebote stehen, um eine perennirende Pflanze durch die von Aussen drohenden Gefahren (welche der Hauptsache nach Feuchtigkeit ohne zureichende Wärme oder Wärme ohne zureichende Feuchtigkeit sind) hindurch zu bringen. Zwar bietet schon das Verhalten derjenigen Bäume, die während des Ruhestandes ihre Blätter verlieren und die noch jungen Theile in mannigfach geschützte Knospen zusammendrängen, eine grosse Sicherheit vor schädlichen äussern Einflüssen, im Vergleich zu der Beschaffenheit der Bäume, welche ihre Blätter behalten, falls nicht der Saft und die sonstige Beschaffenheit der letztern einen genügenden Widerstand gegen störende Einwirkungen bieten; und noch mehr leistet in dieser Beziehung die Einrichtung der Stauden, bei denen die über den Boden sich erhebenden Theile ganz oder zum grös-

---

tion an einen Complex von Bedingungen geknüpft ist, der nur für eine sehr kurze Zeit des Jahres vorhanden ist. Sie wird unter eine solche Abtheilung grade die meisten (wenn schon nicht alle) Knollen- und Zwiebelgewächse aufnehmen, die in verhältnissmässig kurzer Zeit sehr viel prod ciren; aber nicht bloss Knollen- und Zwiebelgewächse. Der Pflanzengeographie reicht nun die Morphologie die Hand, indem es ein Theil ihrer Aufgabe ist, nachzuweisen, wie sich die Natur der Pflanzen den äusserlichen Bedingungen anschmiegt, und wodurch dieselben fähig werden, innerhalb gewisser äusserer Beschränkungen die Species zu erhalten. Die Wege beider Wissenschaften sind zwar verschieden: die erstere geht vom Ganzen zu den Gliedern; umgekehrt verfährt die letztere. Jene zeigt das: Dass; diese das: Wie. In ihren Resultaten aber müssen sie am Ende übereinstimmen. Mehr noch als im Pflanzenreich tritt im Thierreich das Morphologische als der Reflex äusserer Bedingungen, gleichsam als die Antwort auf äussere Forderungen auf. Doch ist's hier nicht der Ort, diesen Gegenstand weiter zu verfolgen.

sern Theil absterben: aber den relativ grössten Widerstand (nicht absolut grössten, denn dagegen spricht die Erfahrung, dass manche Zwiebelpflanzen in einem Winter zu Grunde gehen, wo viele Stauden und Bäume nicht leiden) leisten die Knollen- und Zwiebelpflanzen, oder vielleicht richtiger gesagt: würden *ceteris paribus* dieselben leisten. Bei ihnen ist in den vielen Nahrungsstoffen während der Ruhezeit die Möglichkeit zu vielen Bildungen oder zur schnellen Ausbildung derselben vorhanden, in Wirklichkeit aber ist erst Wenig ausgebildet; die Stoffe aber sind weit weniger dem Verderben ausgesetzt, als später die mit Hilfe derselben ausgebildeten Theile. Auch hierin gleichen die Zwiebeln und Knollen den Samen *).

Die meisten Zwiebel- und Knollenpflanzen verfallen in einen Sommerschlaf. Bei den Arten der Gattung *Gagea* sieht man das besonders deutlich. Im Herbst beginnt bei ihnen die Vegetation; sie treiben an geeigneten Stellen, wie ich bereits angab, ihre Blätter aus der Erde, sie würden auch in unsern Gegenden schon im Januar und Februar zur Blüthe kommen, aber der Winter hält sie zurück: die Unterbrechung der Vegetation ist eine äussere, es ist eine Hemmung, welche durch künstliche Mittel beseitigt werden kann; dagegen tritt nach der Blüthezeit, oder für den Sommer eine innerliche Ruhe ein, die durch künstliche Mittel nicht aufgehoben wird. Es ist hier ebenso, wie bei manchen Ranunculaceen, die auch in einen

*) Diejenigen Samen, welche viel Albumen haben, wie z. B. die der Ranunculaceen, lassen sich parallelisiren mit den Knollen und Zwiebeln, deren Nährbehälter aus Theilen der vorjährigen Pflanze gebildet werden; die Samen mit fleischigen (Nahrung enthaltenden) Kotyledonen gleichen den Zwiebeln und Knollen, deren Nahrungsbehälter zu den Neubildungen selbst gehören. Im ersten Fall bilden sich die Kotyledonarblätter oft erst auf Kosten des Eiweisses aus, im letztern dient ihr Inhalt als Nahrungsstoff für die junge Pflanze.

Sommerschlaf verfallen und sich im ersten Frühling, oft schon im Herbst, z. B. *Anemone Pulsatilla* (welche häufig im August bis November wieder blüht), wieder entfalten. Der Sommerschlaf der Zwiebel- und Knollengewächse ist der Dauer nach bei den verschiedenen Arten verschieden, oder es ist auch die Periodicität eine andere, was mit den verschiedenen Wärme- und Feuchtigkeitsbedürfnissen derselben zusammenhängt. — *Spiranthes autumnalis* hat auch einen Sommerschlaf; nur ist die Entwicklungszeit eine andere, als bei den meisten mit Knollen versehenen Orchideen, wie auch manche einjährige Pflanzen, z. B. einige *Myosotis*- und *Cerastium*-Arten sich im Frühling, andere erst gegen den Herbst, z. B. *Euphrasia officinalis* und *Gentiana germanica*, ausbilden. Bei *Malaxis* und *Sturmia* möchte die Knollenbildung vorzugsweise dazu dienen, die Pflanzen durch die Gefahren des Winters hindurch zu bringen. Denselben Zweck möchten die eigenthümlichen Einrichtungen bei *Epilobium palustre*, bei den *Utricularia*-Arten und noch manchen andern Sumpfpflanzen haben. Auch *Oxalis tetraphylla* hat einen Winterschlaf *). So können selbst verschiedene äussere Agentien: Wärme und Kälte, Feuchtigkeit und Trockniss, Veranlassung zu denselben Bildungen werden.

In dieser Beziehung treten die Knollen- und Zwiebelgewächse vorzugsweise in einen Gegensatz zu den sogenannten Fett- oder Saftpflanzen, welche in den Familien der Crassulaceen, Euphorbiaceen und Cacteen und in den Gattungen *Mesembrianthemum*, *Aloe* und *Stapelia* ihre meisten Repräsentanten haben. Wie jene während des Ruhezustandes möglichst viel aufgeben, so diese möglichst wenig. Die Fettpflanzen sind

*) Analoge Erscheinungen im Thierreich sind gleichfalls Sommer- und Winterschlaf, dann Winter- und Sommerkleid, Puppenzustände, Vergraben in die Erde, das Wegziehen in andere Gegenden u. a.

vermöge der Beschaffenheit ihrer Elementartheile besonders gegen das Verdunsten der in ihnen enthaltenen Flüssigkeiten geschützt. In einer etwas andern Weise stellen sich die immergrünen Bäume, Sträucher und Stauden den Zwiebel- und Knollengewächsen gegenüber. Bald ist es, wie erwähnt, die harzige Beschaffenheit ihrer Säfte, bald die äusserst geringe Menge von Saft in den Blättern, z. B. bei unsern Ericaceen, bald die lederartige Beschaffenheit der Oberfläche, in Folge deren sie dem Verderben entgehen, dem andere, nicht so beschaffene Pflanzen unterliegen müssen.

Und alle diese Verschiedenheiten, hervorgerufen dadurch, dass, indem das Geschaffene in seiner Mannigfaltigkeit erhalten werden soll, die Bedingungen, unter denen das Einzelne bestehen kann, den Gesetzen, die das Naturganze regeln, ädäquat sind — wie wichtig werden sie wieder für den grossen Haushalt der Natur, für die Physiognomie der Landschaft und dadurch für das Auge und den Geist des Menschen! — Wer ahnete, wenn er am hellen, warmen Frühlingstage hinaustritt in das Freie, und unter den Kräutern, die mit neuem Farbenschmuck die alte Erde bekleiden, diejenigen, welche ihre Nahrung den Knollen und Zwiebeln entnehmen, vorzüglich kräftig sich entwickeln; wenn hier am Rasenraine die Gilbsterne sich öffnen, dort unter dem Schwarzdorngebüsch die Corydalisarten ihre weissen oder rothen Trauben hervorneigen, die Blätter der Aronswurzel mit kräftigem Triebe sich dem Boden entwinden, und das Scharbockskraut das dürre Laub verdeckt; wenn die Insektenwelt ihr reges, mannigfaltiges Treiben wiederum beginnt, droben die Kraniche in wohlgeordneten Reihen wieder nordwärts ziehen, im Menschenherzen auf's Neue Freude und Lust sich regen und bald still im Auge glänzen, bald als Jubel und Dank von den Lippen tönen, oder vom Dichter in sinnige Lieder gefasst werden — wer ahnete da nicht, dass alle diese Erscheinungen, vom milden Sonnenschein, der Alles umfliesst und Alles weckt, bis zu den Empfindungen in unserer Brust, unter dem Gesetze einer Weisheit stehen, und dass durch alle der Odem einer Liebe weht? — Die Andacht, welche diese verehrt, und der Forschung, welche jene, auf den verschiedensten Wegen und mit den verschiedensten Erfolgen, zu ergründen bemüht ist, sind beide Gottesdienst und tragen, wo sie rechter Art sind, schon in sich Freude und Segen.

Erklärung der Abbildungen.

(Die Abbildungen sind hier nur in so weit, als es nicht bereits durch den speciellen Theil dieser Schrift geschehen ist, erklärt worden.)

Tab. I. *Allium ursinum.*

Fig. 1. Ein Exemplar zur Zeit, wo die Samen bald reif sind. Der obere Theil des Blüthenstengels ist nicht mit abgebildet. Es stellt den Fall dar, wo die Blätter nur eine Biegung, die der bei andern Pflanzen gewöhnlichen entgegengesetzt ist, erlitten haben. *b* die abgestorbenen Wurzelzasern. Neben den Blattstielen einige horizontale Durchschnitte.

Fig. 2. Das Blatt *d* ist entfernt. *a** diesjähr. Grundachse. *δ* Scheidenmündung. — Fig. 3. stellt das Blatt *f* von der Vorder- oder Scheidenseite dar; hinter ihm ragt ein Stück vom Blüthenstengel in die Höhe. — Fig. 4. senkr. Durchschn. durch den untern Theil des Blüthenst. und des Blattes *f*. *δ* Scheidenmündung. *ε* Scheidenhöhle. *g* Knospe. — Fig. 5. horizontaler Durchschnitt der Basis der Pfl. zu der angegebenen Zeit. Die Punkte in *f* sind die Gefässbündel, welche später die Borsten darstellen. — Fig. 6. Knospe *g* aus Fig. 4., etwas vergrössert.

Fig. 7. Eine ziemlich niedrige Zwiebel, von der Vorder- oder Scheidenseite gesehen. Einige Wurzelzasern sind hervorgebrochen; November. — Fig. 8. etwas später, ein grösseres Exemplar senkrecht durchschnitten; in der Scheidenhöhle ist die Knospe *g*, welche nicht mit durchschnitten ist, schon in die Höhe gewachsen. — Fig. 9. die Knospe allein, von der Vorderseite (wie Fig. 6). — Fig. 12. ein Laubblatt aus der Knospe von der Seite. — Fig. 10. u. 11. junge Laubblätter von der Scheidenseite, etwas vergrössert; neben 11 ein horizontaler Durchschn. *γ* Mittelnerv der Oberseite. — Fig. 13. ein ganz junger Blüthenstengel (*c*) etwas vergrössert; *s* äusseres Bl. der Spatha, *t* inneres.

Fig. 14. Februar; die Knospe ist aus der Scheidenhöhle hervorgetreten. *h* äusserstes, dünnhäutiges Scheidenblatt der Knospe (vergl. Fig. 6. u. 9.). *d* Spitze des obersten Laubblattes.

Fig. 15. Ein Laubblatt, von der Vorderseite gesehen.

Fig. 16. Blüthenstengel, weiter entwickelt als in Fig. 13.; etwas vergrössert. Die Spatha ist geschlossen; *s* ihr äusseres Blatt von der Rückseite. Die Basis des Blüthenstengels *e* ist von der Scheide des Bl. *d* umgeben. *h* Ansatzstelle des häutigen Scheidenbl., *f* des Nährbl. Neben dem Blüthenstengel sieht ein zweites Bl. hervor; es ist das Bl. *f* in Fig. 17., in welcher *d* entfernt ist; die Spatha von der Vorderseite ihres äussern Bl., *d* die Scheidenmündung desselben. *f* erstes Bl. in der Achsel des Blüthenstengels und des Bl. *d*; es kehrt die Scheidenseite dem Betrachter zu; aus seiner noch niedrigen Scheide sieht die Spitze der Knospe *g* in Fig. 4. hervor. Diese Knospe wächst nicht so rasch und steht daher später ganz unten im Grunde der Scheidenhöhle des Bl. *f*.

Fig. 18. Vollst. Pfl. im April. *n* Narbe des Nährbl., wo der Blattstiel abgestorben ist. Aus der Basis des Blattes, dessen Lamina *f* zwischen *e* u. *d* hervorbricht, wird das Nährbl. für die nächstjähr. Pfl.

Fig. 19. Keimpfl. cf. p. 7. — Fig. 20. senkr. Durchschn. durch die Basis derselben, etwas vergrössert. * Samenschale. ** Albumen in der Auflösung begr. *f* Wurzelzaser.

Fig. 21. Junge, zweijähr. Pfl., *f* Nährbl. aus der Basis des Bl. *d* in Fig. 19. u. 20. hervorgegangen. *h* Scheidenbl. *d* Laubbl.

Fig. 22. u. 23. Einfache Fälle des Blüthenstandes; 1 bezeichnet die Blüthe vor dem äussern Bl. der Spatha. Die Zahlen bezeichnen die Reihenfolge im Aufblühen. Man vergl. Tab. IV. Fig. III. u. VIII.

Tab. II.

Fig. 1—9. *Allium vineale* kurz vor der Blüthezeit. Fig. 1. einige Blattbasen sind hinweggenommen. *a* Blüthenstengel. Fig. 2. *c* Basis des obersten Laubbl. Fig. 3. auch dieses hinweggenommen. *b* Hauptzwiebel. Fig. 4. horizont. Durchschnitt durch das Nährblatt, *a* dessen Scheidenhöhle. Fig. 5. senkr. Durchschn. durch den Blüthenst. *a* und die Hauptzw. *d*; *f* Grundachse. *b'* Rück-, *b''* Vorderseite des obersten Laubbl. *d* Kanal im Nährbl. *e* Knöspchen. Fig. 6. Nebenzw. *b* mit 5 Beizwiebeln. Fig. 7. dieselbe Partie von der Innenseite, abgetrennt von der Mutterpflanze. Fig. 8. Durchschnitt durch eine einzelne Zwiebel cf. p. 11. Fig. 9. Zwiebeln aus der Blüthenscheide. *a* ganz junge, deren erstes Bl. noch einen Ring darstellt; *b* mit pfriemlicher, *c* mit kürzerer Lamina; *d* Durchschnitt.

Fig. 10—18. *A. Scorodopr.* Fig. 10. 11. kurz vor der Blüthez. cf. p. 12. *c* Grundachse. Alle diesjähr. Laubblätter sind hinweggenommen. Fig. 12. Durchschnitt durch eine starke Zwiebel im Herbst. *b c* wie in

Fig. 11. *d* häutiges Scheidenbl. *e* erstes Laubbl., welches in seinem Grunde noch mehrere Laubbl. umschliesst. Fig. 13. junger Blüthenst. *i* Grundachse. *b* äusseres Bl. der Spatha, von vorn. *c* junge Hauptzwiebel. Fig. 14. dieselbe vergrössert; entspr. dem Bl. *b* in Fig. 11. Fig. 15. das Nährbl. *a*, welches *c* in Fig. 11 entspr., aus Fig. 13; es ist noch nicht über dem Knöspchen *b* (= *d* in Fig. 11) zusammengewachsen. Fig. 16. Durchschnitt durch den jungen Blüthenstand; *b* äusseres, *c* inneres Blatt der Blüthenscheide. *d* Ende der Achse, auf dem die Blüthen sich bilden. Fig. 17. Eine Nebenzwiebel *a* mit ihren Beizwiebeln. Fig. 18. *a* jüngster, *b* etwas späterer Zustand der Beizwiebeln.

Fig. 19. Nebenzw. *a* mit zwei Beizw. aus der Achsel des häutigen Scheidenbl. von *A. rotundum*; December.

Fig. 20—28. *A. oleraceum*. Fig. 20—22. kurz vor der Blüthezeit. Fig. 20. Durchschn. durch den Blüthenst. und die Hauptzw. *b* Vorderseite und *g* Scheidenmündung des ersten, *c* Rückseite und *f* Scheidenmündung des zweiten Nährblattes, *d* Knöspchen. *e* Grundachse, welche durch *a* abgeschlossen wird. Fig. 21. horizontaler Durchschnitt durch die Hauptzw. Fig. 22. dieselbe von der Vorderseite. Fig. 23. Anfangs October. *h* häutiges Scheidenbl. *i* erstes Laubblatt. Fig. 24. senkr. Durchschnitt; *b c* wie in Fig. 20. Fig. 25. im November; das Nährbl. erscheint gestreift. Fig. 26. Nebenzwiebel aus der Achsel des häutigen Scheidenbl. im Frühjahr. Fig. 27. Durchschnitt durch die Basis der Zwiebel von Fig. 26. Fig. 28. Zwiebeln aus dem Blüthenstand eines schon trockenen Blüthenstengels. November. * mit trockenem Hüllblatt; ** ohne ein solches. *** Durchschnitt. *a* Stiel, *b* Wurzeln, *c* Nährbl., *d* Laubbl.

Fig. 29—33. *A. Moly*. Fig. 30. Durchschnitt durch die Zwiebel zur Ruhezeit und nach Entfernung der Hüllen. Fig. 29. beim Beginn der Vegetation, *e* Scheidenmündung des Nährbl. Fig. 32. etwas ausgewachsene Knospe nach Entfernung des Nährbl.; Mitte October. Fig. 33. junger Blüthenstand aus ders. Zeit, und etwas vergr. *b* äusseres, *c* inneres Bl. der Spatha, *d* Knospe der Haupt-, *e* einer Nebenzw. Fig. 31. Durchschnitt durch die Basis des Blüthenstengels *a* und der jungen Hauptzwiebel, nach Entfernung der diesjähr. Blätter, *b* und *c* werden trockene Häute.

Fig. 34. *All. fistulos.*, im Mai, nach Entfernung der Laubblätter unterhalb des Blüthenstengels *a*. *b* erstes, *c* zweites Bl. der Hauptknospe; *d* frische Wurzelzasern.

Fig. 35. 36. *A. Cepa* nach Entfernung der Blätter unterhalb des Blüthenstengels. *b* erstes, *c* zweites Bl. der Hauptzw. Fig. 37. Durchschnitt durch *b* der Fig. 36.

Fig. 38. *A. Schoenoprasum* zur Blüthezeit nach Entfernung der Bl. unterhalb des Blüthenstengels. *c* Grundachse.

Fig. 39. *A. fallax*; ein Ex. mit unverästelter Grundachse. *k* absterbendes Ende, *i* abgestorbener Ast. *g* Wurzelnarben der abgestorb.

Grundachse, *f* abgestorb., *e* frische Wurzeln. *h* frische Achse — Fig. 40. Keimpfl. *a* erstes Bl. mit der der Lamina entsprechenden Spitze in dem Samenkorn steckend. *b* zweites Bl. *B*. von der Scheidenseite des Bl. *a* gesehen; etwas vergr.

Fig. 41—43. *A. sativum*. Nebenzwiebel mit 4 Beizw. nach Entfernung des Mutterbl. Fig. 42. cf. p. 15. *d* junge Wurzelzasern. Fig. 43. die senkr. durchschnittene Grundachse einer Zwiebel nach Entfernung aller andern Theile.

Tab. III.

Fig. 1—10. *Ornithogalum nutans*. Fig. 1. eine blühbare Zw., im Herbst aus der Erde genommen und noch mit den Hüllen bedeckt. *b* sich ablösender Theil der alten Grundachse mit einigen alten Wurzelzasern. Fig. 2. eine solche Zwiebel nach Entfernung der Hüllen. Fig. 3. alle fleischigen Schalen sind entfernt bis auf die innerste *b*, welche den alten Blüthenstengel *a* umfasst. Fig. 4. auch die Schale *b* ist entfernt: *c* das erste, *d* das zweite Laubblatt der Knospe. Fig. 5. kurz vor der Blüthezeit, alle Blätter sind hinweggenommen; *a* der frische Blüthenstengel, *c* die junge Hauptzwiebel. Fig. 6. Zw. mit einem Laubblatt, *c* das vorjährige, *c'* dessen Scheide; *a* das diesjähr., seine Lamina ist abgeschnitten, *a'* seine Scheidenseite. *b* terminales Knöspchen; Ende April. Fig. 7. Nebenzw., das erste Bl. *a* hat eine deutliche Scheide. *b* zweites Bl. Fig. 8. eine eben solche, aus der Achsel einer untern Zwiebelschale, kurz gestielt. Fig. 9. Durchschnitt durch den obern Theil einer ältern Zwiebel; Fig. 10. von jüngern Zwiebeln.

Fig. 11—27. *Orn. umbellatum*. Fig. 11. ausgewachsene Zw. im Herbst, die dünnen, abgestorbenen Hüllen sind abgezogen. Fig. 27. Durchschn. durch eine solche Zw. — Fig. 12. sämmtliche fleischige Schuppen sind hinweggenommen bis auf die innerste *b*, welche die Basis des absterbenden Blüthenstengels *a* vom vorigen Frühj. umfasst. *c* Vorbl. *d* grüne Bl. *e* junge Nebenzwieb. Fig. 13. eine Hauptknospe ohne ihr Mutterbl. Fig. 15. eine solche nach Wegnahme des Vorbl. Fig. 14. verschiedene Modificationen des häutigen Vorbl., *c* gewöhnlich bei nicht blühenden Zw., *d* Durchschnitt durch *a*. Fig. 16. ein junger Blüthenstand, *a* Blüthenstengel, *b* Bracteen, *c* ganz junge Hauptknospe. Fig. 17. die blühb. Pfl. im ersten Frühling; die (hier abgeschnittenen) Laubbl. waren schon 3—4" lang, aber der Blüthenstand noch nicht hervorgetreten. Fig. 20. eine noch nicht blühbare Zwiebel im Herbst. Fig. 18. ebensolche, nach Entfernung der benarbten Schuppen bis auf die innerste *a*; *b* junge Laubbl. Fig. 19. eine desgl., sie hat aber ein häutiges Vorblatt *b*; *c* Laubblätter. Fig. 21. eine desgl. im Frühjahr, wo die Laubbl. (hier abgeschnitten) ihre vollst. Länge erreicht haben; die Schuppen sind entfernt; es sind drei Laubbl., deren innerstes mit fast stielrunder Lamina. Fig. 22. ein solches innerstes Blatt, *a* Lamina, *b* Scheide. Fig. 25. Nebenzw. *A* bei ihrem ersten Auftreten. *B* fertig gebildet. Fig. 24. Nebenzw. mit Wurzelzasern von der Seite und im Durchschnitt. *a* Scheiden-, *b* zwei kleine Laubbl. Fig. 26. Nebenzwiebel, deren erstes Bl. ein Laubbl. ist; noch nicht ganz ausgebildet. Fig. 23. seltner vorkommende Form der Nebenzw., eine Art von Ausläufer mit fleischigen Schuppenbl. besetzt.

Fig. 28—43. *Gagea lutea.* Fig. 28. kurz vor der Fruchtreife; es sind nur die Reste zweier frühern Jahrgänge *c* u. *d* mitgezeichnet. Die Wurzelbüschel sind verkürzt*). Fig. 29. cf. p. 21. Das Nährbl. von diesem Jahre ist schon verschwunden. Fig. 30. cf. p. 21. — Fig. 31. das Bl. *b* von der Vorderseite; der Blüthenstengel *a* weggeschnitten bis auf ein kurzes Stück. cf. p. 22. — Fig. 32. die junge Knospe aus Fig. 30. vergrössert, von der Scheidenseite des ersten Laubbl. *b* angesehen; *c* zweites Laubbl. Fig. 33. dieselbe nach Entfernung von *b*; *c* von der Vorderseite, es ist das *folium florale inferius*, *d superius*. Fig. 34. im ersten Frühjahr, alle Hüllen sind entfernt. *a* Nährbl. = *d* in Fig. 30., *f* bezeichnet die Linie, oberhalb welcher das Nährbl. nicht mit dem Mutterbl. verwachsen war. *b* erstes Laubbl. Fig. 35. das Nährbl. von seiner Rückseite, wo der vorjähr. Blüthenstengel stand. Fig. 36. das Nährbl. durchschnitten; das Laubbl. *b* unverletzt. Fig. 37. etwas späterer Zustand, das Nährbl. ist entfernt. *a* Blüthenstengel. *c fol. flor. inferius*, etwas abgebogen von *b*. Fig. 38. das unterste Laubbl. von der Scheidenseite; *c fol. flor. inf.*, von *b* umfasst Fig. 39. Durchschnitt durch eine Zwiebel, deren Hüllen entfernt sind, kurz vor der Blüthe. *b'* Scheide von *b*, *b''* junge Zwiebel, *c fol. flor. inf.*, *d super.* Fig. 40. junge Zwiebel nach Entfernung des Mutterbl. *b*, *B* von oben gesehen, etwas vergrössert. cf. p. 24. — Fig. 41. Adventivzwiebeln an einer nicht blühenden Zw., nach Entfernung der Hüllen; *a* die Gruppe abgetrennt; *b* Achsentheil, an dem sie stehen. Fig. 42. horizontaler Durchschnitt durch das noch frische Nährbl., durch *b* u. *a*. Fig. 43. schemat. Fig., das Verhältniss zweier Jahrg. zu einander erläuternd; die dickere Stelle bezeichnet die Rückseite eines Bl. *a* vorjähr. *a'* diesj. Blüthenstengel. *b* vorj. *b'* diesjähr. erstes Laubbl., *n* Nährbl. in der Achsel von *b*, *n'* in der Achsel von *b'*.

Fig. 44—58. *Gagea minima.* Fig. 44. zur Blüthezeit; nur ein älterer Jahrg. ist mitdargestellt. Während *a* u. *b* dieselbe Stellung, wie in Fig. 28. einnehmen, hat *c'* u. *c''* eine andere, als dort. Fig. 45. *n* das fast ausgesogene, dünnhäutige Nährbl. Fig. 46. nach Wegnahme desselben. Fig. 47. Durchschnitt. wie Fig. 30., wo aber *g* durchschnitten ist, während man es hier von der Rückseite unverletzt erblickt. cf. p. 27. Fig. 48. *a* Stelle, wo der Blüthenstengel stand cf. Fig. 31. — Fig. 49.

*) Um die Zeichnungen zu vereinfachen, sind hier und in andern Fällen weniger und kürzere Wurzelzasern dargestellt worden, als in der Wirklichkeit da sind.

im ersten Frühjahr, die Hüllen sind entfernt. *f* cf. Fig. 34. — *b* steht hier links vom vorjähr. Jahrg. *c''*, in Fig. 44. rechts. Fig. 50. etwas später, das Nährbl. ist entfernt; *b'* Scheide von *b*; cf. p. 29. — Fig. 51. junge Zwiebel, nach Entfernung des Mutterbl. *b*; *a* Blüthenstengel; *d* Rückseite des *fol. flor. inferius.* — Daneben die junge Zwiebel etwas vergrössert. *a* Blüthenstengel; *b* Insertion des Mutterbl. (grundständ. Laubbl.), *g* Nährbl., *h* junges Laubbl. Fig. 52. ausgewachsene Zwiebel nach Wegnahme des Mutterbl. Fig. 53. Durchschnitt. *a* Rück-, *a'* Vorderseite des Nährbl., *g* Laubbl. — Fig. 54—57. etwas vergrössert cf. p. 29, wo in der Zeile 12 von unten die Zahl 54 in 56 umzuändern ist. Fig. 54. das verkümmerte Bl. von der Rückenfläche, Fig. 55. von der Seite, Fig. 56. von der Innenfläche, *a* Ansatz des Blüthenstengels, Fig. 57. durchschnitten. Fig. 58. cf. Fig. 43., die kleinere Zwiebel in der Achsel des verkümmerten Laubbl. ist nicht berücksichtigt.

Tab. IV.

Fig. 1—19. *Gagea arvensis.* Fig. 1. kurz vor der Fruchtreife. cf. p. 32. *g* Stelle, wo der vorjährige Blüthenstengel stand. Fig. 2. nach Wegnahme der Hülle; das diesjähr. Nährbl. ist nicht mehr vorhanden. Fig. 3. die kleinere Zwiebel ist abgetrennt; *b* ist das äussere grundständige Laubbl. von der Oberseite, *a* ist die Stelle, wo der Blüthenstengel stand. Das Ganze ein wenig vergrössert. Fig. 4. *A* das Nährbl. horizontal durchschnitten. *a'* Kanal; *B* dasselbe von oben betrachtet; *a* Spalte auf seinem Scheitel. Fig. 5. cf. p. 33; sehr wenig vergröss. *g'* erstes Laubbl. der grössern, *g''* der kl. Zwiebel. Fig. 6. die Knospe *g'* etwas vergr.; *b* erstes, *c* zweites Laubbl.; Fig. 7. *b* ist entfernt, *d* drittes Laubbl. (unteres *fol. flor.*). Fig. 8. *c* ist entfernt; *e* viertes Laubbl. (oberes *fol. flor.*). Fig. 9. Im ersten Frühj., die trocknen Hüllen sind entfernt. Bezeichnung wie in Fig. 6—8. u. Tab. III. Fig. 34. — Fig. 10. das Nährblatt von der Rückseite. Fig. 11. etwas vergrössert, *b''* ganz junge Zw. in der Achsel von *b*, *c'* in der Achsel von *c*, *b'* Scheide zu *b*. Fig. 12. das Nährbl. ist entfernt; Bezeichnung wie in Fig. 2. Fig. 13. etwas vergr. Das unterste Laubbl. ist entfernt; die Linie *b* bezeichnet dessen obere Insertionsstelle; *c* die ganz junge Hauptzw. von der Seite; *f* stellt sie von oben dar, der Spalt des Nährbl. *g* hat sich noch nicht über dem ersten Laubbl. *h* (= *g'* in Fig. 5.) geschlossen. Fig. 14. noch früherer Zustand der Hauptzw.; im Durchschnitt, und in der obern Figur von oben gesehen; das Nährblatt stellt noch einen ringförmigen Wulst dar. Fig. 15. *bulbi advent.* anstatt der Blüthen; *b* u. *c* wie Fig. 2. — Fig. 16. *bulbi adv.* mit etwas entwickelten Mutterbl., durchschnitten. Fig. 17. Pflänzchen aus einem *bulb. adv.* hervorgegangen, im ersten Frühjahr. Fig. 18. Durchschnitt. *a* Hülle (altes Mutterbl.), *b* Nährbl., *c* Laubbl. Fig. 19. cf. p. 49.

Fig. 20—42. *Gagea pratensis.* Fig. 20. gleich nach der Blüthe, cf.

p. 37. Aus der Stelle *e'* wird im nächsten Jahre derselbe Theil wie *e* für dieses Jahr. Fig. 21. ein schwächeres Exemplar. Die Hülle und das Nährblatt von diesem Jahre sind entfernt. Die dritte Zwiebel *d* sitzt tief unten am Blüthenstengel. Fig. 22. sehr wenig vergrössert; cf. p. 38. *f* ist die Grundachse, *c* das zweite Laubbl., *k* der Kanal. Die dritte Zwiebel stand bei diesem Exemplar höher oben am Blüthenstengel. — Fig. 23. cf. Fig. 32 u. 33. Tab. III. Fig. 24. Querdurchschnitt durch den Blüthenstengel eines Exemplars ohne dritte Zwiebel; etwas vergrössert. *a* Kanal. Fig. 25. Zwiebel im ersten Frühjahr; das Nährblatt *e* ist noch ziemlich fest. Fig. 26. desgl. im Durchschnitt, aber die jungen Zwiebeln sind noch weit kleiner. Die junge Pflanze ist nicht durchschnitten gezeichnet. Fig. 27. eine Zwiebel im ersten Frühj., die Hülle hinweggenommen; *f* ist die Stelle, bis zu welcher die Verwachsung des Mutterbl. mit dem Nährbl. reicht; *e* ist die freie, *g* die verwachsene Fläche. — Fig. 28. Durchschnitt einer Zwiebel, wo die kleinere Zwiebel bereits aus dem Mutterbl. *e* hervorgebrochen ist. Die junge Pfl. ist nicht mit durchschnitten. *d* trockene Hülle. Fig. 30 [a]. Basis einer jungen Pflanze nach Entfernung des Nährbl., etwas vergr.; bloss zwischen den Wurzeln ist ein Theil desselben *d* stehen geblieben. *e* Scheide des Laubbl. *b*; *c* zweites Laubbl. Fig. 30 [b]. Durchschnitt. *b'* Scheide von *b*; *c* ist das zweite Laubbl.; die junge Zw. in der Achsel desselben ist nicht mitgezeichnet; *e'* ist die Rück-, *e''* die Vorderseite des jungen Nährbl., *f* das von ihm umschlossene Laubbl. Fig. 29. junge Hauptzw. in der Achsel des ersten Laubbl., welches entfernt ist. Das Blatt *c* von der Vorder-, das Blatt *d* von der Rückseite, *b* ist die Stelle, wo das Mutterbl. der Zwiebel abgetrennt ist. *f* ist das junge Laubbl., über welchem das Nährbl. *e* noch nicht emporgewachsen ist. Fig. 36. stellt einen noch jüngern Zustand der Hauptzw., als Fig. 29., dar; mehr von der Seite gesehen und etwas stärker vergr. Fig. 37. ist das junge unterste Laubbl. *f* aus der vorigen Fig., stärker vergr. Fig. 31. stellt einen etwas vorgerückteren Zustand als Fig. 29. dar; die Spalte *c* des Nährbl. ist fast ganz geschlossen; Fig. 32. Seitenansicht. Fig. 33. Durchschnitt; *e* Rück-, *e''* Vorderseite des Nährbl., die zweite, kleinere Zwiebel ist in der Zeichnung nicht berücksichtigt worden. — Fig. 34. stellt eine Zw. dar, welche in der Achsel des zweiten Laubbl. gebildet worden ist, und daher bei *e* keine trockenen Wurzelz. hat; *c* ist die Hülle, welche aus der Basis des genannten Laubbl. entstanden ist. *d* ist die junge von dem Laubbl. *b* überzogene Zwiebel. Fig. 35. Durchschnitt durch den untern Theil der vorigen Fig., die Hülle und das darunter stehende Nährbl. sind entfernt; etwas vergr. *b'* ist die Scheide zu *b*, *c* ist das verkümmernde zweite, *d* das verkümmernde dritte Laubbl. Die Bezeichnungen *e* u. *f* wie in Fig. 30 [b] u. 33.; etwas weiter vorgerückte Zustände als diese Figuren darstellend. Fig. 38. Zwiebel in der Achsel des dritten Laubbl. an dem Stengel in die Höhe gerückt; *d* Kanal unterhalb des zweiten, *b* unterhalb des Mittelnervs des dritten Laubbl. Fig. 39. die Zw. in der Achsel des dritten Laubbl. von vorn, nach Entfernung des Mutterbl., noch nicht ganz ausgebildet. Fig. 40. dieselbe etwas gestielt. Fig. 41. dieselbe umgewendet am Stengel *a* sitzend, durchschn. u. etwas vergr. *d* Kanal zur zweiten Zw. *c* Rück-, *e* Vorderseite des Nährbl. Fig. 42. dieselbe aufrecht neben dem Blüthenstengel. *f* Kanal zur zweiten Zw., *e* zur dritten. *b* Mutterbl. derselben, *b''* Stelle über derselben, wo die Epidermis krustig geworden ist. *d* Stelle, unterhalb welcher das Mutterbl. *b* mit dem Nährblatt *c* verwachsen ist.

Fig. I — IV. Schemat. Grundriss des Blüthenstandes von *G. lutea*. Die Zahlen geben die Reihenfolge im Aufblühen an. Fig. I. stellt den einfachsten Fall dar, es ist nur eine Blüthe (die terminale) vorhanden; unterhalb derselben findet sich hier und in den sämmtlichen andern Fällen das oberste Blatt des Blüthenstengels (oder die Bractee); links und rechts zwei Blätter (Vorbl., Bracteolen). Fig. II. eine fruchtb. und eine unfruchtb. Bracteole. Fig. II*. beide Bracteolen sind fruchtb., neben der Blüthe 2 findet sich eine unfruchtb. Bracteole. Fig. III. die Bracteolen vor 2 und 3 gehören zu dem Blüthenstiele der Blüthe 1. — 4 und 5 sind Blüthen dritter Ordnung und 4 gehört zu 2, 5 zu 3. Das Dichasium (Fig. II*.) ist also schon mit 4 und 5 in die Schraubel übergegangen. Fig. IV. ähnlicher Fall wie Fig. III.; nur steht hier die zweite Blüthe rechts von der primären. Neben 4 und 5 stehen leere Bracteolen; in der mit einem Kreuzchen versehenen fand sich wenigstens das Rudiment einer Blüthe. Fig. V. eine reichblüthige Inflorescenz von *G. minima*, bei welcher Art aber auch die bei den andern Arten angegebenen Fälle häufig sind. Man vergl. p. 46. Die Blüthe 1 in der Fig. entspricht der terminalen im Text; $2 = a1$, $3 = a2$; $4 = \alpha1$, $5 = \alpha2$, $6 = \alpha3$, $7 = \alpha4$. — Fig. VI. reichblüth. Inflorescenz von *G. arvensis*. 5 und 7 bilden eine Schraubel zu 3; 4, 6, 8 zu 2. — Fig. VII. VIII. einfache Formen des Blüthenstandes von *Lilium Martagon*; 1 bez. die erste, terminale Blüthe, in der Achsel der einen Bracteole, die zu dem Stiele der ersten Blüthe gehört, steht die zweite Blüthe; die andere ist steril und steht neben 1. Die Bracteolen, welche zum Stiele der zweiten Blüthe gehören, sind in Fig. VII. alle beide steril geblieben. In Fig. VIII. steht neben jeder Blüthe nur je eine sterile Bracteole. Fig. IX u. X. einfache Formen des Blüthenstandes von *Fritill. imperial.*, im Wesentlichen, wie bei *Lilium*. In der Mitte zwischen den Blüthen stehen die Blätter, welche die *coma* bilden, cf. p. 52. — Fig. XI — XIV. verschiedene Formen mehrblüthiger Inflorescenzen, wie sie an cultivirten Exemplaren von *Fr. Meleagris* vorkommen. Fig. XI. in der Achsel der einen mit *a* bezeichneten Bracteole, welche zu dem Stiele der zweiten Blüthe gehört, stand eine ganz kleine verkümmerte, dritte Blüthe; das Blatt vor und oberhalb der Blüthe 2 ist hier (und in Fig. VII.) die fruchtbare Bracteole zu 1; man vergl. damit Fig. I. u. II. In Fig. XII. ist diese 3. Bl. ausgebildet, und hat neben sich wieder zwei sterile Bracteolen, wie die zweite Blüthe in Fig. VII. — Fig. XIII u. XIV.

zeigen andere Stellungen der Blüthen und ihrer Bracteolen; in Fig. XIII. stehen neben der Blüthe 3 die beiden Bracteolen; in Fig. XIV. neben 4 nur die eine. Alle Blüthenstände, nach denen die schemat. Zeichnungen entworfen wurden, waren noch im Knospenzustande.

Tab. V.

Fig. 1—11. *Tulipa Gesneriana*. Fig. 1—8. im Herbst. Fig. 1. alle trockenen Häute diesseits des Blüthenstengels vom vorigen Frühjahr sind entfernt. Fig. 2. auch *b* in Fig. 1. ist entfernt. Fig. 3. die Zwiebel von unten. *a* Stelle wo der Blüthenstengel gesessen hat. b ein kreisförmiges Stück des trockenen Vorblattes; es ist auf seiner Innenseite mit Haaren besetzt, die ringsherum hervorragen. Fig. 4. Durchschnitt. Durch den Theil *i*, der die Wurzelzasern noch umschliesst und der in der Nebenfigur etwas vergrössert dargestellt ist, ist das Vorblatt *b* durchbrochen. *a* ist der vertrocknete Blüthenstengel; man vergleiche p. 55. Fig. 5. horizontaler Durchschnitt; *a b* wie in Fig. 4. Fig. 6. stellt das innerste Blatt (*f* in Fig. 4) der Grundachse nach Entfernung des Blüthenstengels, den es umschliesst, dar. Fig. 7. die Hauptknospe *h* von der Seite; *g* der kurze Blüthenstengel; Fig. 8. dieselbe von vorn, *i* äusserstes Stengelblatt Fig. 9. die Hauptknospe Anfangs Mai, kurz vor der Blüthe; alle Scheidenblätter (*b*—*f* in Fig. 4) sind entfernt; Fig. 10. Durchschnitt; das Vorblatt *b* ist noch ganz unversehrt. Fig. 11. eine kleine Nebenzwiebel; *a* Scheidenblatt, *a'* dessen axilläres Knöspchen; *b* Laubbl., *b'* das von ihm umschlossene terminale Knöspchen.

Fig. 12—22. Ausläuferbildung bei *Tulipa silv.* Fig. 12. Zwiebel mit einem Ausläufer, aus welchem bei *d* ein Stück herausgeschnitten ist. Die trockenen Hüllen sind weggenommen, und von dem Laubblatt ist nur die stielartige Basis *b* gezeichnet. Fig. 13. *a* in der vorigen Fig. entfernt; *a'* ist die axilläre Zwiebel; vom Ausläufer ist der grössere Theil entfernt. Fig. 14. Durchschnitt durch das Blatt *b* und den Ausläufer; etwas vergrössert. Fig. 15. Durchschnitt durch die Spitze des Ausläufers (*n* in Fig. 12); die Knospe ist unverletzt; Fig. 16. Durchschnitt durch dieselbe, etwas vergr.; die umschliessende Wand des Ausläufers ist weggenommen. Fig. 17. Spitze des Ausl. in einem etwas spätern Zustand; natürliche Gr. Fig. 18. dieselbe zur Zeit der Reife der eingeschlossenen Zwiebel. Fig. 19 ^{a}. Durchschnitt; natürl. Grösse. Fig. 19 ^{b}. eine solche Zwiebel beim Wiederbeginn der Vegetation im Herbst; die einschliessende Wand entfernt. *h* Stelle, wo die Gefässbündel aus der untern Seite des Ausläufers in die Zwiebel eingetreten sind. Fig. 19 ^{c}. Durchschn. durch eine solche Zwiebel; *m* Wurzelhülle. Fig. 20. eine Zwiebel mit e i n e m Laubbl. *b*; die trockenen Hüllen und das fleischige Scheidenbl. (=*a* in Fig. 12) sind entfernt. Die eingeschlossene Zwiebel hat ihren normalen Umfang erreicht. Fig. 21. Durchschnitt.

Fig. 22. *Hyacinth. oriental.*; ziemlich starke Zwiebel gleich nach der Blüthezeit. Die äussern Schuppen sind entfernt; die Laubbl. und der Blüthenstengel *d* sind abgeschnitten. Fig. 23. andere Zwiebel. Es sind alle Schuppen unterhalb des vorjähr. Blüthenstengels *e* entfernt. Fig. 24. Hauptknospe. * Durchschnitt durch ihr erstes Blatt. Fig. 25. *Muscari racem.* zur Blüthezeit; wie in Fig. 22; Fig. 26. wie in Fig. 23; Fig. 27. wie in Fig. 24; Fig. 28. etwas weiter vorgerückt. Fig. 29. Nebenzw. von *M. botryoides*, Fig. 30. von *M. racemosum*. Fig. 31. *Scilla amoena* nach Entfernung aller Schuppen und Blätter; cf. p. 81. Fig. 33. ein wenig vergrössert.

Fig. 34. Zwiebel von *Iris persica* im Ruhezustand, von der Vorderfläche ihres äussersten Bl., Fig. 35. von der Seitenfläche; *a* saftiger, *b* trockner Theil. $^2/_3$ der nat. Grösse. Fig. 36. Durchschnitt durch den obern Theil. Fig. 37. *Iris Xiphium* im Ruhezustand, nach Wegnahme der trockenen Schalen, von vorn, Fig. 38. von der Seite; $^2/_3$ der nat. Gr. *a* Anfänge der Wurzelzasern. Fig. 39. Querdurchschnitt durch eine Zwiebel. Fig. 40 — 42. cf. p. 94. Fig. 41. senkrechter Durchschnitt von Fig. 40.

Tab. VI.

Fig. 1 — 10. *Fritillaria imperialis*: Fig. 1. im Herbst; fast um die Hälfte verkleinert; *c* Knospe, die im nächsten Frühling blüht. Fig. 2. die Knospe allein, natürl. Gr.; *a* Vorbl., *b* zweites Bl. Fig. 3. Durchschnitt durch *a*. Fig. 4. Durchschn. durch einen Theil der Zw., *c* ein Theil der Knospe. Fig. 5. die Knospe nach Entfernung des Vorbl. *a*; *b* die Blätter der Grundachse; *c* die Spitze der Stengelblätter; *d* Grundachse. Fig. 6. alle Blätter der Grundachse sind entfernt; *a* der untere Theil des Stengels, *b* Stengelbl. — Fig. 7. kurz vor der Blüthe; die vorjähr. Schalen (*b* in Fig. 4) sind entfernt. Fig. 8. die Zwiebel nach der Blüthe. Die Laminartheile der innern Blätter der Grundachse sind schon verwest, so auch die vorjähr. Zwiebelschalen und die äussern diesjähr. Schuppenblätter. Fig. 9. Einfügung der Wurzelzasern; *a* die Grundachse. Fig. 10. Durchschnitt durch Fig. 8.; im Herbst brechen die neuen Wurzelzasern aus der Basis von *c* wieder hervor und dringen durch *b*, wie in Fig. 1. — Fig. 7. 8. 9. 10 zur Hälfte verkl.

Fig. 11 — 17. *Fritillaria Meleagris*. Fig. 11. die Zwiebel im Ruhezustand von der Seite, Fig. 12. von oben. Fig. 13 — 17. beim Verwelken der Blüthe. Fig. 13. von der Rückseite der grössern Zwiebelschale *a*; *c* alter Blüthenstengel, *i*, *i* neue Blüthenst.; *k* erstes Stengelblatt. Fig. 14. die Zwiebel von den Seitenrändern der Schalen gesehen; es ist nur ein Blüthenstengel vorhanden, und dieser ist unterhalb des ersten Stengelbl. abgeschnitten. Fig. 15. die alten Zwiebelschalen sind entfernt. Fig. 16. alle Blätter der Grundachse bis auf das oberste *h* sind entfernt; *g* ist die Ansatzstelle von dem vorletzten. Fig. 17. Durchschnitt durch *h*; *i* Vertiefung für den Blüthenstengel, *l. l* für die Knospen. (Man findet zuweilen bei dieser Art 3 und 4 Nährblätter, die sämmtlich unverwachsen sind).

Fig. 18. ziemlich schwache Zwiebel von *Lilium candidum*; nur die äussersten, abgestorbenen Theile sind entfernt; October. Fig. 19. nach Entfernung aller Blätter der Grundachse; *a* kurzer blattloser Theil des Blüthenstengels; *b. b* unterste Bl. desselben. Fig. 20. die Knospe etwas weiter vorgerückt als in Fig. 19.

Fig. 21. *Lilium bulbiferum* im Sommer; Fig. 23. alle Blätter der Grundachse bis auf das oberste *b* sind entfernt; *f* Narbe eines ältern Blüthenstengels. Fig. 22. im Herbst. *a* u. *b* entsprechen der Knospe *c* in Fig. 23; *c* ist die neue Hauptknospe; *b* u. *a* wie in Fig. 19. Fig. 24. Zwiebel aus der Achsel eines Stengelblattes, durchschnitten.

Fig. 25. *Lilium Martagon*, im Frühjahr kurz vor der Blüthezeit; *c* Ansatz des untersten Stengelblatts; *d* erste Anfänge der Wurzelzasern. Fig. 26. Grundachse durchschnitten; *f* alter Blüthenstengel; *c* junge Hauptknospe. Fig. 27. alle Blätter der Grundachse sind entfernt. Fig. 28. Zwiebel mit einem grundständigen Laubblatt; *a* dessen Stiel, *b* dessen Scheidenränder; *c* Rückseite des ersten Knospenblattes; alle Theile unterhalb des Laubbl. sind entfernt.

Tab. VII.

Fig. 1—12. *Leucojum vernum* zur Blüthezeit. Fig. 1. Zwiebel einer zum ersten Male blühenden Pflanze; die dünnen Häute sind entfernt. Fig. 2. das Scheidenbl. *b* entfernt. Fig. 3. das Bl. *f* von der Vorderseite, *g* dessen Scheide, von welcher die Knospe für das nächste Jahr eingeschlossen wird; der Blüthenst. *e* ganz tief abgeschnitten; *d* Insertionsstelle des Blattes *d* in Fig. 2. Fig. 4. das Bl. *f*, welches hier niedrig ist, von der Rückseite. Fig. 5. vergl. Fig. 3. Fig. 6. *f* klein gebliebenes Laubbl. *h* Spitze eines Knospenbl. Fig. 7. *d*, *e*, *f* von der Seite gesehen. Fig. 8. *f* niedriges Scheidenblatt; Bezeichnung wie in Fig. 3. — Fig. 9. Ex. mit 2 Blüthenstengeln; cf. p. 100; *d''* ist die Basis von *d'*. Fig. 10. cf. p. 101. Fig. 11. die Schalen *b* entfernt; *e* von der Scheidenseite (die Laubbl. sind noch nicht herausgetreten); *g* junge Nebenknospe. Fig. 12. Durchschnitt durch den untern Theil der Achse.

Fig. 13. *Amaryllis formosissima* gleich nach der Blüthe; alle Zwiebelschalen (mit Ausnahme des obersten Blattes *f*) unterhalb des Blüthenstengels sind hinweggenommen. Die Lamina des ersten Bl. (*b*) ist schon abgestorben. Fig. 14. junge Blätter, halb von der Seite gesehen; zwischen *f* u. *b* war der in Fig. 16 abgebildete Blüthenstand verborgen. Fig. 15. stellt das Blatt *b* aus Fig. 14. von der Scheidenseite dar, Fig. 16. von der Rückseite; *f* ist die Insertionsstelle von dem Bl. *f* in Fig. 14 u. 15. Fig. 17. Blüthenstand vergr., *a* Blüthenstengel, *d* äusseres, *e* inneres Bl. der Blüthenscheide. (Die Wurzelzasern sind zuweilen etwas verästelt.)

Fig. 18. *Crinum spec*; fast ein Drittel verkl. *f* das zwölfte Bl., nicht das elfte, wie p. 108 steht; man vergl. die Berichtigungen. Fig. 19. Durchschnitt durch die Grundachse. Fig. 20. junger Blüthenstand vergrössert; *m* Insertionsstelle des Bl., in dessen Achsel der Blüthenstengel stand; *b* erstes, *c* zweites Blatt oberhalb des Blüthenstengels *a*. Fig. 21. Durchschnitt durch *b*.

Fig. 22. blühende Zwiebel von *Galanthus nivalis*; das abgestorbene Häutchen ist hinweggenommen; über diese und Fig. 23—26. vgl. p. 95 u. f. — Fig. 27. das Knöspchen von der Seite, etwas vergr. Fig. 28. von der Scheidenseite des ersten Bl. *i*, *k* zweites Blatt. *h* Stelle des Blüthenstengels, *g* Insertionsstelle des Bl. *g* in Fig. 26. — Fig. 29. wie Fig. 28.; beide vergr. Fig. 30. oberstes Blatt einer nicht blühenden Zwiebel, durchschnitten; *a* Rück-, *b* Scheidentheil. Fig. 31. ganz junger Blüthenstand, vergrössert. *g*=*g* in Fig. 26., von der Oberseite gesehen. *k* äusseres, *l* inneres Bl. der Spatha; *h* Stengel. Fig. 32. Blüthenstand von der Seite.

Fig. I. Schemat. Grundriss zur Erläuterung der Stellung der Bl. zu dem Blüthenstengel bei *Crinum*. *e* vorletztes Bl. unterhalb des Blüthenstengels, = *c* in Fig. 18., *d* letztes Bl. = *m* in Fig. 20. u. = *d* in Fig 18. *a* Blüthenstengel. *b* erstes Blatt oberhalb desselben, = *b* in Fig. 20., *c* zweites = *c* in Fig. 20. u. = *e* in Fig. 18. Fig. II. *Amaryllis formos.* wie I. *d* = *f* in Fig. 13., *b* = *b*, *c* = *c*. Fig. III. *Gal. nival.*, wie in I. *e* = *f* in Fig. 25. *d* = *g*; *b* = *i* in Fig. 28., *c* = *k*. — Fig. IV. *Alstroemeria Pelegrina* cf. p. 110. *A* Blüthenstengel vor dem Blatte 1.

Fig. 33. *Tigridia Pavonia*, etwas verkl. Ruhezustand. *a* Blüthenst. Fig. 34. das Vorblatt der obersten Zw. von der Rückseite; die Ränder *b*. *b*. greifen oft über einander. Fig. 35. Horiz. Durchsch. durch die oberste Zwiebel; *a* Blüthenstengel. *b*. *b* rückwärts gebogene Rückenkiele, *c*. *c* Scheidenränder des Vorblatts, *d* zweites Blatt der Zwiebel. Fig. 36. Durchschnitt durch das Vorbl. einer untern Zwiebel, Bezeichnung wie in Fig. 35. Fig. 37. Senkr. Durchschnitt durch eine untere Zwiebel.

Tab. VIII.

Colchicum autumnale.

Fig. 1—9. 22. 23. 25. im October. Fig. 1. ziemlich starke Pflanze mit zwei Hüllscheiden *a* u. *b*; Fig. 2. mit einer Hüllscheide. Fig. 3. Hüllscheide entfernt. *d* Stelle, wo die Wurzeln gesessen; die Knolle von der Seite, Fig. 4. von der Vorderseite; Fig. 5. von unten. Fig. 6. die Knolle ist entfernt, *i* Rückseite des zweiten Scheidenblattes. Fig. 7. das Blatt *i* ist entfernt; Fig. 8. das Bl. *k* entfernt. Fig. 9. die angeschwollene Achse von vorn (in Fig. 8. schief seitwärts). Fig. 10. dieselbe Ende Mai, von vorn, Fig. 11. von der Seite. Fig. 12. Mitte Juni, Durchschnitt, *k* Hüllscheide, γ spitzer Fortsatz derselben. *s* verschrumpfende Knolle, deren Hüllscheide entfernt ist. Fig. 13. die junge Knospe Anfangs Juni, durchschnitten und vergr. *h* äusserstes Scheidenbl. β Anfänge der Wurzelzasern. Fig. 14. im August (oft blühen andere Ex. schon um diese Zeit). *i* zweites Scheidenbl. Die Hüllscheide *k* u. die Achse *t* in Fig. 12. sind entfernt. Fig. 15. Ende August, Durchschnitt durch die frische Knolle *n* u. die Knospe. Fig. 16. zeigt das Verhältniss der Wurzelhülle *f* zu dem Scheidenbl. *h* etwas vergr. — Fig. 17—23. zeigt die Entwicklung der Knospe in der Achsel des zweiten Laubblattes (*l*). Fig. 17. *l* von der Rückseite, im October; Fig. 18. senkrechter, Fig. 19. wagerechter Durchschnitt. β Kanal unter dem Mittelnerv von *l*. Fig. 20. im Frühjahr. Der Kanal blossgelegt, etwas vergrössert; Fig. 21. etwas weiter vorgerückt. Fig. 22. im Herbst, gewöhnlicher Zustand; *l* ist die Ansatzstelle des Bl. *l*, *t* Stelle, wo die obere Achse gestanden hat. Fig. 23. die Knospe auswachsend u. Wurzeln treibend. Die Wurzeln unter *A* sind nicht gezeichnet. Fig. 24. die Knolle einer jüngern Pflanze; das erste Laubbl. entfernt; *l* zweites, verkümmerndes Laubbl. *o* Knöspchen. Fig. 25. Schemat. Durchschnitt durch eine ziemlich starke Pflanze (Fig. 1). *s* Knolle vom vorjährigen Jahrgang übrig geblieben, *r* vom zweitvorj. Jahrgang; *a* Hülle zu diesem, *b* zu jenem gehörig. *m* Mutterblätter der Blüthen *q. q.*

Fig. 26. 27. 29. junge Pfl. von *Orchis mascula*. Anfangs Mai; ungefähr dreimal vergr. Die Knolle *a* ausgesogen. *i* neue Knolle (welche zu der terminalen Knospe, die sich oberhalb des Laubbl. *f* bildet, gehört; diese Knospen verhielten sich wie bei *Platanthera* und sind nicht besonders abgebildet; man vergl. die entsprechenden Fig. der Tab. IX); in Fig. 29. wird der Achsentheil *b* schon kürzer. Fig. 28. *Orchis militar.*, die Wurzelzaser *h* ist fast so dick, wie die junge Knolle *i*.

Fig. 30 u. 31. junge Knospen von *O. masc.*, etwas vergr.; cf. p. 132 die zweite Anmerkung.

Tab. IX.

Fig. 1—22. *Platanthera bifolia*. Fig. 1—3. Ende Mai. Fig. 2. das Scheidenblatt *C*, von dem in Fig. 1. nur wenig zu sehen ist, von der Rückseite; die Wurzelzasern sind entfernt. Fig. 3. Durchschnitt durch die frische Knolle u. die Knospe. Fig. 4. Mitte Juni, vom Blatte *a* der Knospe nur noch die Ränder. Fig. 5. die Knospe etwas vergr. Fig. 6. *a* u. *b* entfernt. Fig. 7. auch *c* u. *d* entfernt; die Knospe von der Seite, Fig. 8 *b*. von vorn, Anfangs Juni, *e* auch von der Vorderseite, Fig. 8 *a*. Mitte Juni und mehr noch als die vorigen Fig. vergr. Fig. 9—18. im October. Fig. 10. 12. 13. junge Knollen, nach Entfernung ihres Mutterblattes *d*; die Scheidenmündung des ersten Knospenbl. *a'* noch deutlich zu sehen. Fig. 14. etwas vergröss. *n* stehenbleibender Theil der

Wurzelhülle. Fig. 15—18. Durchsch. durch die Knospe, durch ihr Mutterblatt *d* u. das Bl. *e*; diese Blätter sind in Fig. 16 u. 17. von einander abgebogen; *p* Ansatzstelle an die Mutterpflanze. Alle Fig. etwas vergrössert. Fig. 19. beim Beginn des Maies. Fig. 20—22. verschiedene Knospenformen im Durchschnitt, 8—14 Tage später.

Fig. 23 — 30. *Gymnadenia Conopsea*. Fig. 23 — 26. Durchschnitt durch die Knospe, durch ihr Mutterbl. *e*, das etwas abgebogen ist, und das Bl. *f*; etwas vergr., Fig. 23. = Fig. 17.; Fig. 25. = Fig. 18. Fig. 27 [a]. von vorn, Fig. 27 [b]. von der Seite, Fig. 27 [c]. im Durchschnitt, cf. p. 138; Fig. 23—27. im October u. November. Fig. 28. isolirte Knospe von vorn, im März, die Wurzelhaut noch unversehrt, in Fig. 29 u. 30. Ende April, von der Knolle *q* durchbrochen.

Fig. 31—39. *O. fusca*, Ende April; Fig. 31. Durchschnitt durch eine kleinere Knolle, mit noch unversehrter Wurzelhülle; Fig. 32. eine Knospe von vorn, die Wurzelhülle ist schon durchbrochen; Fig. 33. Durchschnitt. Fig. 34. Knospe mit stärkerer Knolle, von vorn, Fig. 35. von der Seite, Fig. 36. im Durchschnitt, ganz gering vergr. Fig. 37 [a]. u. 37 [b]. Wurzelzasern, an ihrem Grunde von einer Hülle *n* umgeben. Fig. 38. senkr. Durchschnitt durch die alte Knolle; *A* Basis des Stengels; Fig. 39. horizontaler Durchschnitt; Fig. 40 [a]. u. 40 [b]. horizontaler Durchschn. durch die alte Knolle von *Pl. bif.*, mit mehr und weniger Gefässbündeln; Ende April.

Fig. 41 — 45. *Ophrys muscifera* Ende April. Fig. 41. cf. Fig. 19.; Fig. 42. die Knospe von vorn, in der Spalte ihres Mutterblattes stehend; *r* alte Knolle, in welche sich die Spitze der neuen eingebohrt hat. Fig. 43. die Knospe isolirt, Fig. 44. durchschnitten; Fig. 45. eine Knospe mit etwas mehr entwickelter Knolle, durchschnitten.

Fig. 46. *Orchis Morio*, Knospe u. Knolle durchschnitten, kurz nach der Blüthezeit; *n. n* Stelle wo die Wurzelhülle sass; der Kanal oft kürzer.

Fig. 47. Durchschnitt durch Knospe und Knolle von *O. mascula*. Ende April.

Fig. 48—54. junge Pflanze von *Pl. bifolia*, Anfangs Mai; cf. p. 151. in Fig. 48. ist die junge Knolle *i* schon hervorgetreten, bei den andern Fig. noch nicht; Fig. 51. Durchschnitt durch die Knolle u. die Achse, etwas vergröss., die Knolle schon theilweise ausgesogen. Fig. 50. die junge Knolle etwas vergr., *f* unterer Theil des Laubblattes, *B. k* die Vorderseite des ersten Knospenblattes mit dessen Scheidenmündung; in Fig. 53 u. 54 [a]. fehlt die Wurzelknolle; sie war beim Ausgraben der Pflänzchen verloren gegangen; Fig. 52 u. 54 [a]. sind etwas vergr., *c* bezeichnet die Insertionsstelle eines (verwesten) Blattes. In Fig. 54 [b]. ist die Achse *b* schon wie bei den ältern Pflanzen, und nicht so fleischig und behaart, wie bei den andern jungen Pflänzchen. cf. Tab. X. 40. 41.

Fig. 55 — 57. junges Pfl. von *O. latifolia*, Anfangs Mai. Fig. 55. Bez. wie in Fig. 52., die junge Knolle äusserlich nicht zu bemerken.

Fig. 56. *d. d. e* entfernt, *i* junge Knolle; etwas vergrössert. Fig. 57. cf. Fig. 50.

Tab. X.

Fig. 1—10. *Spiranthes autumnalis.* Fig. 1—5. im Herbst. Fig. 1. die Blätter der diesjährigen Grundachse *b* sind hinweggenommen; *d* von der Seite; die Basis von *c* ist schon etwas aufgetrieben. Fig. 2. das Bl. *d* von der Rückseite. (Zwischen diesem Bl. und dem Blüthenstengel findet man bisweilen an der Grundachse noch einige trockne Blätter); die Laubbl. sind abgeschnitten. Fig. 3. cf. p. 123. Fig. 4. das Bl. *e* abgebogen. Fig. 5. eine Knolle, durchschnitten. Fig. 6. Ende Mai; *a* Ansatzstelle des vorjährigen Blüthenstengels. Fig. 7. erster Zustand einer Knospe, im September; Fig. 8. Ende Mai, die alten Knollen, u. die frischen Laubbl. entfernt. Fig. 9. eine Knospe etwas vergr. Fig. 10. die neue Knolle *f* im Spätherbst, die Basis eines Bl. durchbrechend.

Fig. 11—14. *Sturmia Loeselii,* zur Blüthezeit. Fig. 11 ^{a}. Durchschnitt durch den obern Theil des Bl. *E*, der Knolle und durch den Blüthenstengel. Fig. 12. alle trockene Bl. sind entfernt; der Achsentheil *A* ist hier weit kürzer als in Fig. 1. Fig. 13. die junge Knolle mit der Knospe von der Seite, Fig. 14. von vorn u. etwas vergrössert. Fig. 15. *Malaxis paludosa* wie Fig. 13.; u. Fig. 16. wie Fig. 14. Fig. 17. ein Ex. von *Sturmia,* dessen Achse unterhalb der neuen Knolle, die die Anschwellung bei *g* verursacht, entwickelt ist; die alte, von den Bl. entblösste Knolle hat sich umgewendet. Fig. 18. Adventivknospen auf der Knolle. Fig. 19. das oberste, verkümmerte Blatt *e* von *M. monophyllos,* welches die Knolle u. die Basis des Blüthenstengels *f* umgibt. Fig. 20. schematische Fig., das Verhältniss dreier Jahrgänge *C*, *a — g*, u. *h* (Knospe) erläuternd, das zweite Bl. links, Fig. 21. rechts von der alten Knolle.

Fig. 22—30. *Crocus vernus L.* Fig. 22. im Herbst vor dem Austreiben der Wurzelzasern. Fig. 23. etwas später, die Hüllen sind entfernt. Fig. 24. die Blüthe von ihren Hüllen umschlossen; *a* Knöspchen an der Basis des kurzen Blüthenstengels. Fig. 25. ringförmige Scheide eines Laubblattes, Fig. 27. Durchschnitt durch die Lamina eines Laubblattes; *a* Oberseite. Fig. 26. das junge Knöspchen etwas vergr. Fig. 28. ein Exemplar mit fleischigen Wurzelzasern an der jungen Haupt-, u. an einer Nebenachse; zur Blüthezeit; die Blüthe ist entfernt. Fig. 29. die Hüllen hinweggenommen und die Knolle *A* durchschnitten. Fig. 30. Durchschnitt durch eine junge fast vollendete Knolle, die keine Blüthe hat, sondern eine terminale Knospe trägt; etwas vergr. *b'* ist die Scheide zu dem Laubbl. *b*.

Fig. 31. ausgewachsene kleine Nebenknolle von *Gladiolus psitacinus*; durchschnitten; *a* trockenes, braunes Scheidenblatt, das die Knolle *c* umschliesst; auf dem Gipfel der letztern einige Blätter. Fig. 32. *a* ist entfernt, die Knolle ist nicht durchschnitten. Fig. 33. der Scheitel der Knolle, nach Entfernung der Bl. *a* u. *b*; *a* ist hier die terminale, *b* die laterale Knospe, welche sich in der Achsel des Bl. *b* in Fig. 31. gebildet hat.

Fig. 34 — 39. *Arum maculatum.* Fig. 34. eine Pfl. im Spätherbst; *p* eine mit dem hintern, absterbenden Theile der Knolle in nur ganz lokkerm Zusammenhang stehende Knospe. Fig. 35. die Scheidenblätter sind entfernt, im allerersten Frühjahr. Fig. 36. das unterste Laubbl. *f* ist entfernt; *g* Scheidenseite des obersten. Fig. 37. Ex., wo die Knollen senkrecht auf einander stehen. Fig. 38. Durchschnitt durch eine Nebenknospe. Fig. 39. ein ganz kleines Blatt der terminalen Hauptknospe eines nicht blühenden Exemplars.

Fig. 40. 41. zwei junge Pflänzchen von *Platanthera bifolia*, im Herbst ausgegraben. Fig. 40. natürl. Gr. *a* Wurzelknolle, *b* fleischige Achse, *h* noch unbehaarte Zaser aus derselben. *c* vertrocknetes Bl., *c'* desgl., es ist wahrscheinlich der Rest von dem einzelnen Laubbl. des verwichenen Frühlings (cf. Tab. IX. Fig. 48, *f*) *d* Scheidenblatt, *e* zweites Scheidenbl., welches ein Laubblatt umschloss, das mit seiner Basis wieder ein noch ganz kleines terminales Knöspchen umfasste., Fig. 41. 3 mal vergr. *a* ganz klein gebliebene Wurzelknolle; *b* fleischige Achse, noch ohne Zaser. *c. c* trockene Blättchen; *d* niedriges Scheidenblatt, welches ein zweites Scheidenblatt *e* umschliesst.

Register der Pflanzennamen.

Berichtigungen.

Pag. 5 Z. 9 v. o. statt Blüthenstiel l. Blüthenstengel — p. 8 Z. 8 v. u. statt ; l. , — p. 11 Z. 8 v. o. st. 11 l. 9 u. Z. 10 v. u. st. (*e*) l. *d* — p. 29 Z. 12 v. u. st. 54 l. 56 — p. 35 Z. 12 v. u. st. *b'* l. *b''*; in der entsprechenden Fig. 11 Tab. IV ist das rechts stehende *b'* gleichfalls in *b''* zu verändern. — p. 40 Z. 16 v. o. st. (c) l. *e* — p. 41 Z. 15 v. o. st. ihren l. ihrem — p. 57 Z. 12 v. o. st. *praecox* l. *suaveolens* — p. 61 Z. 12 v. u. st. 19,*a* l. 19[a] u. Z. 1 v. u. l. 19[b] u. 19[c] — p. 90 Z. 1 v. u. ist (*b*) zu streichen und auf p. 91 Z. 1 nach obern Rande (*b*) einzuschieben — p. 97 Z. 14 v. o. das Eingeklammerte zu streichen — p. 108 Z. 14 v. o. st. *d* l. *c*, Z. 16 st. *e* l. *d*, Z. 21 st. *f* l. *e* — p. 112 Z. 9 v. o. st. die Erde l. der Erde und Z. 2 v. u. ist nach: eingeschlossen, einzuschieben: sind — p. 123 Z. 14 v. u. st. *d* l. *c'* — p. 133 Z. 11 v. o. nach: Knospe, einzuschieben (Fig. 1. 4, *a*), Z. 13 ist dann: Fig. 1. 4, *a* zu streichen. — p. 134 Z. 18 v. u. statt 10 l. 11, ebenso Z. 8 v. u. — p. 144 Z. 12 v. o. st. sind l. ist — p. 145 zur Anm. Bei *Cephalanthera rubra* u. *pallens* fand ich, dass, abweichend von *Epip.* u. *Cyprip.*, in der Achsel des zweiten Blattes (das erste ist steril) des neuen Triebes die grössere, in der Achsel des dritten aber die kleinere Knospe steht (dann kommen c. 3 sterile Scheiden- u. einige Laubbl.). Das erste Bl. steht mit seiner Rückseite vor der Mutterachse, das 2. u. 3. mehr links und rechts von ihr. Gewöhnlich gelangt die grössere Knospe allein zur Entwicklung; die kleinere über ihr bleibt aber am Grunde des stehenbleibenden Stumpfes des Blüthenstengels noch lange frisch. Zuweilen entwickelt sich die letztere zugleich mit jener, zuweilen allein, und die ursprünglich grössere verkümmert. Man erkennt dies besonders deutlich an der meist senkr. aufsteigenden, mit wenigen Wurzelzasern besetzten und mit ziemlich entwickelten Internodien versehenen

Grundachse von *C. pallens*. Bei *C. rubra* liegt die Grundachse meist horizontal und hat viele Wurzelzasern, weshalb jene Verhältnisse nicht so deutlich hervortreten. Das Genauere werde ich an einem andern Orte mittheilen. — p. 160 *Malax. palud.* hat nach Herrn Prof. Hornschuch (Flora, bot. Zeit. 1838, Nr. 17) gar keine Wurzelzasern, wohl aber hat *M. monoph.* solche. — p. 196 Z. 12 v. u. nach nur einzusch. einen terminalen und — p. 226 Anm. 1. Ausser *Cyp. esc.* dürfte hieher auch *Sagittaria sagittifol.* zu zählen sein; cf. einen Aufsatz des Herrn Walter in der Flora 1842. Nr. 47. — p. 241 Z. 9 v. o. nach *radice* einzusch. *et in semine*. — p. 144 Z. 15 v. u. ist *Cyprip. Calc.* irrthümlich unter den mit behaarten Wurzelzasern versehenen Orchideen aufgeführt; die Wurzelz. sind vielmehr kahl. — An der kurzen, mit wenigen Wurzelz. verseh. Achse sehr junger Pflänzchen von *Cypr.* fand ich 3—4 Scheidenbl., von denen das unterste steril war, die obern aber in ihren Achseln Knöspchen trugen, und dann zwei kleine Laubblätter. Das oberste derselben umschloss mit seiner Scheide ein terminales Knöspchen, während die Achsel des untern steril war. Abgesehen von der fehlenden Knollenbildung, verhalten sich demnach solche Pfl. wie die von *Orch. latifol.* p. 153 beschriebenen. Wenn bei *Cypr.* das terminale Knöspchen an den jungen Pfl. auch nicht immer zur Entwicklung gelangt, sondern statt seiner ein laterales, so bleibt es doch lange frisch und entwicklungsfähig.

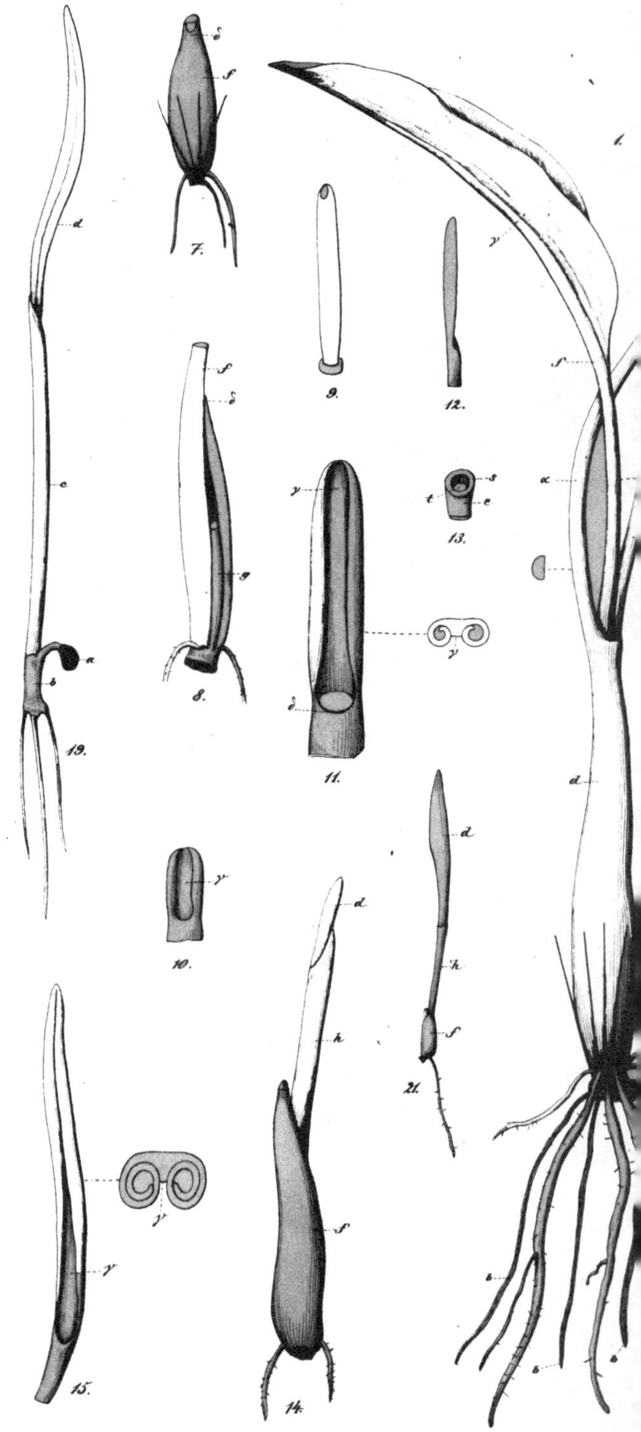
1.
7.
8.
9.
10.
11.
12.
13.
14.
15.
19.
21.

Tab. I.

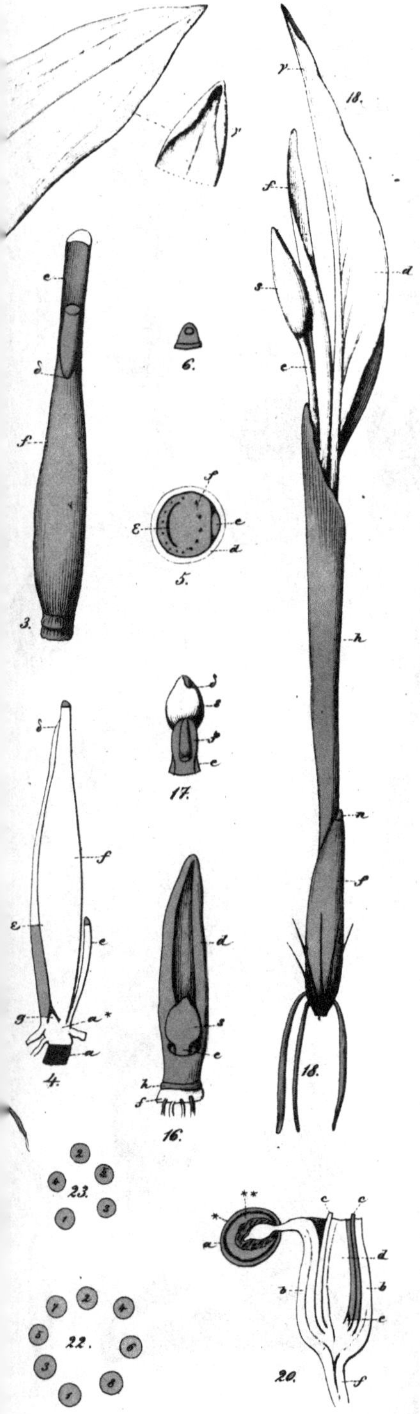

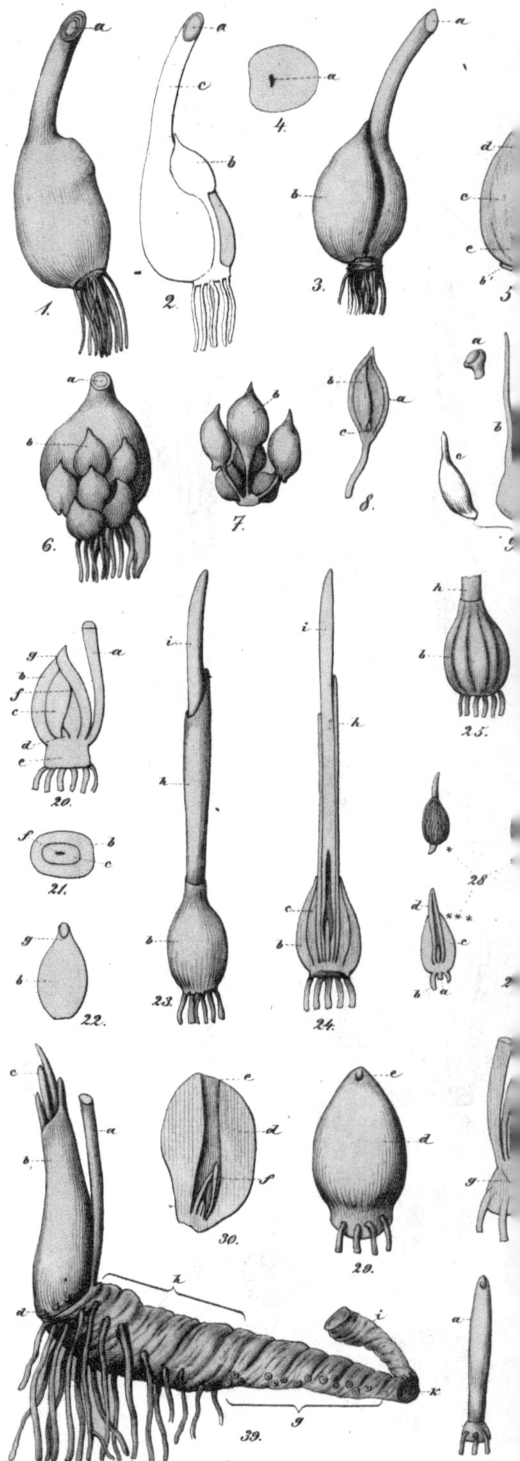

1.
2.
3.
4.
6.
7.
8.
20.
21.
22.
23.
24.
25.
28
29.
30.
32.
39.

Tab. II.

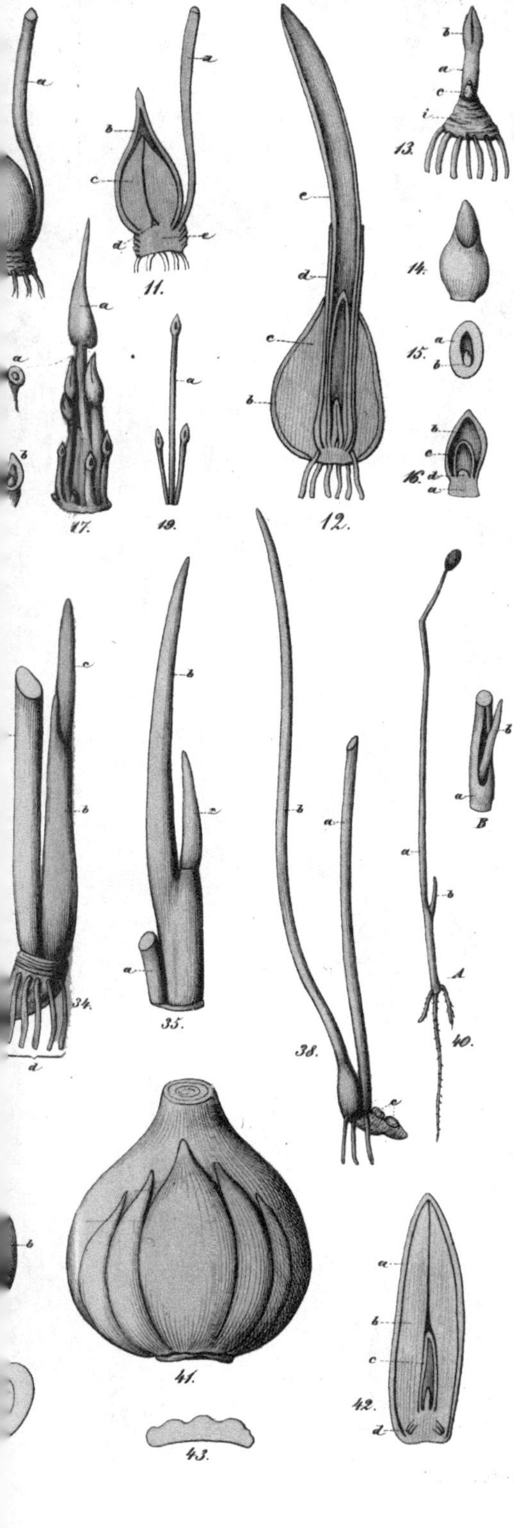

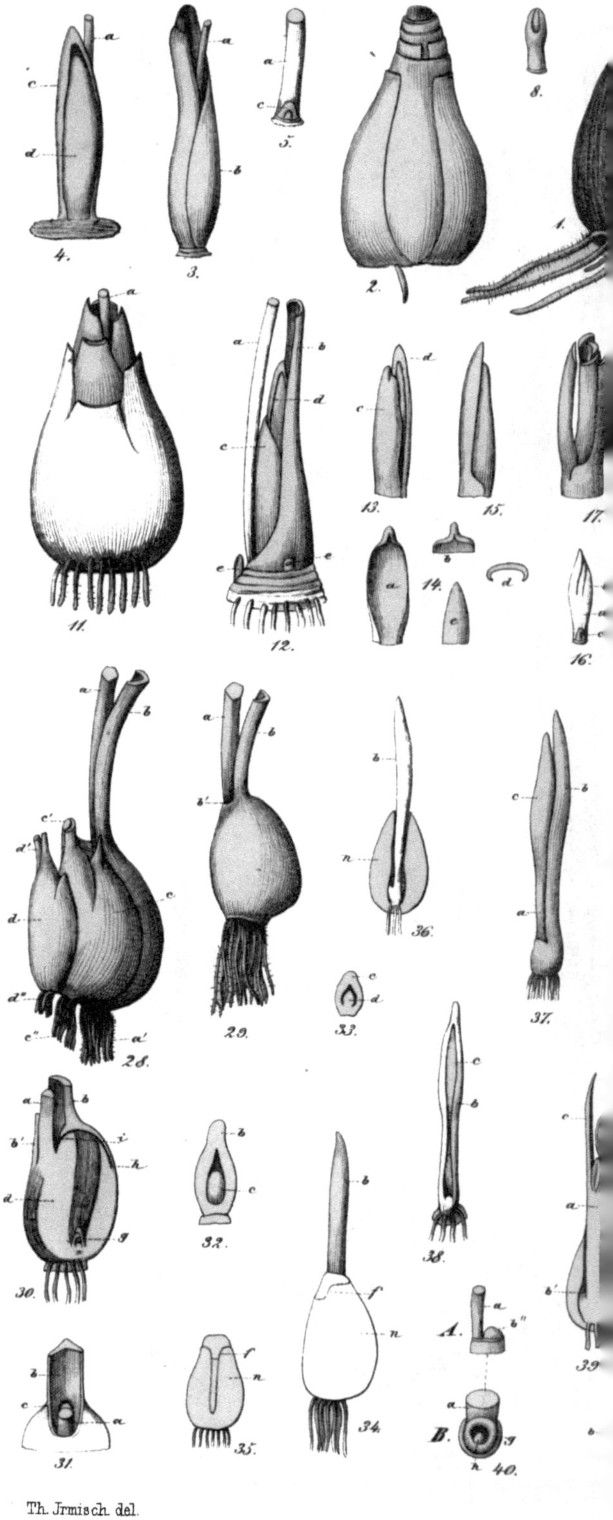

Th. Jrmisch del.

Tab. III.

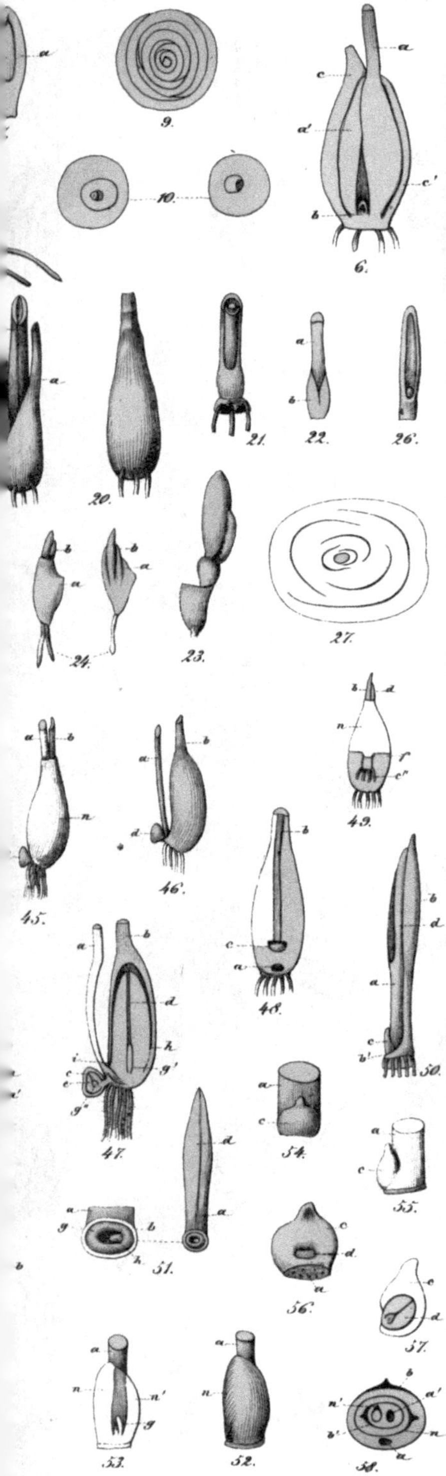

Lith. u. Druck aus R. Jaene's Anst. in Berlin.

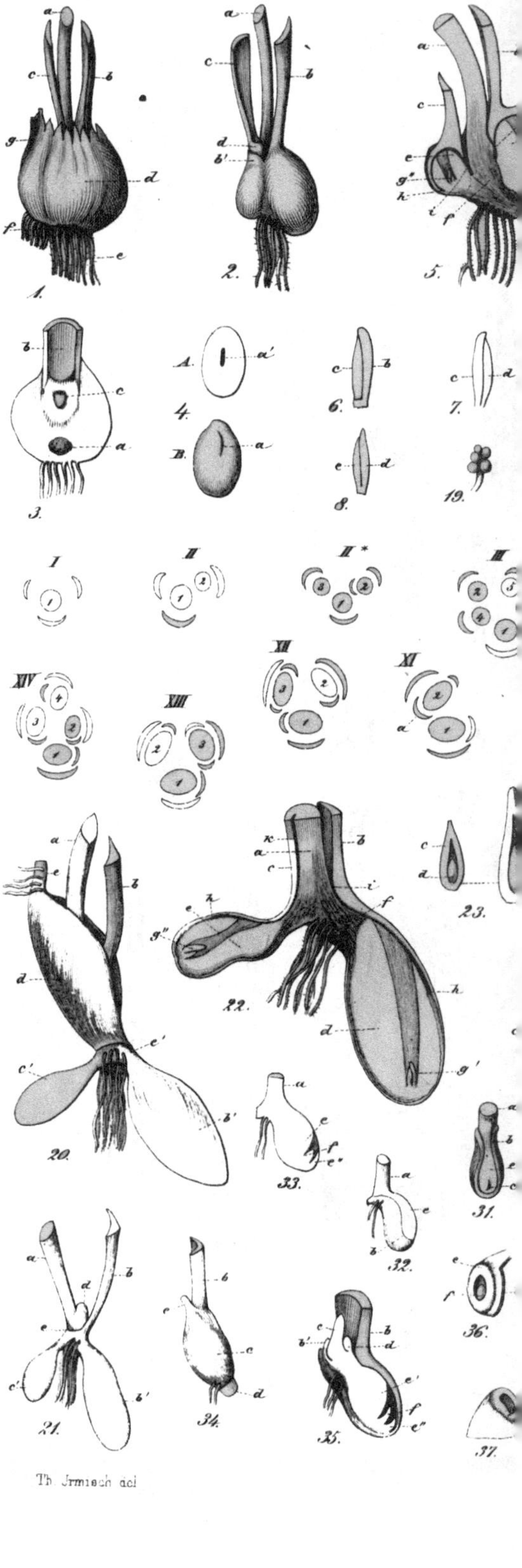

Th. Jrmisch del.

Tab. IV.

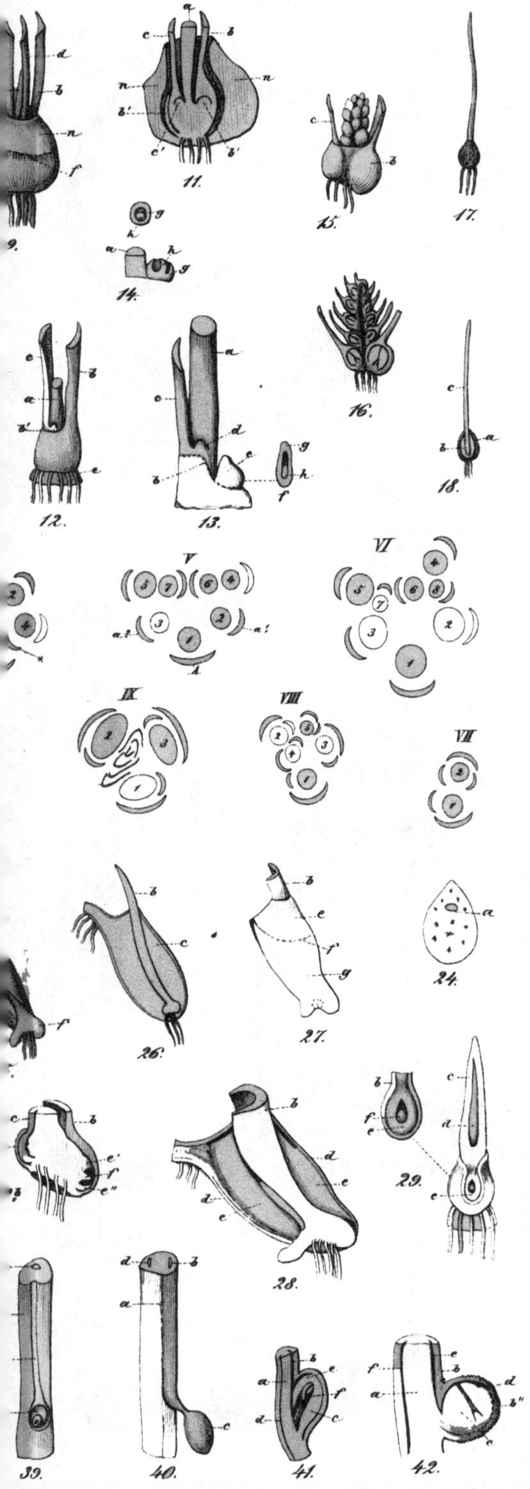

Lith. u. Druck aus R. Jaene's Anst. in Berlin.

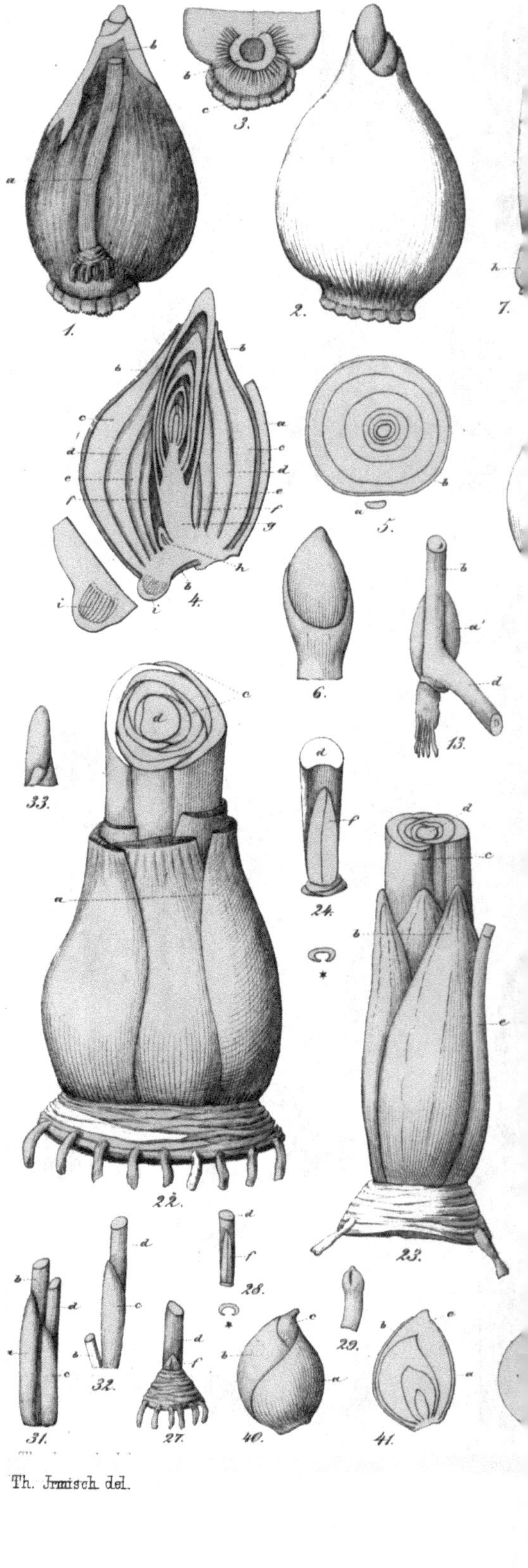

Th. Jrmisch del.

Tab. V.

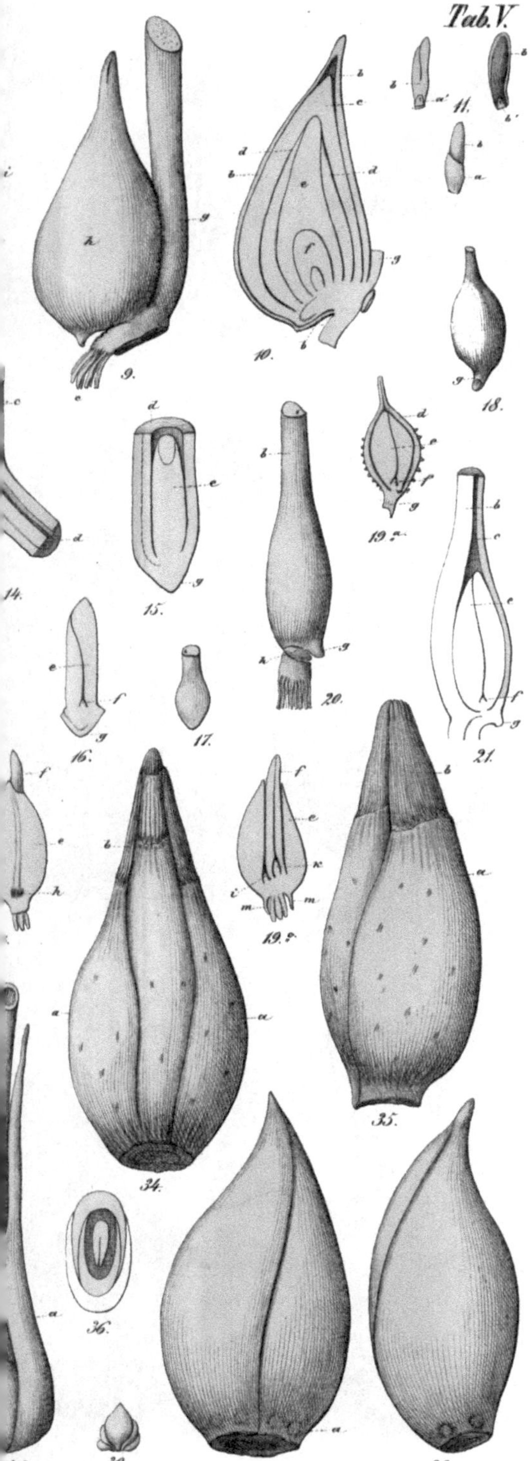

Lith. u. Druck aus R. Jaene's Anst. in Berlin.

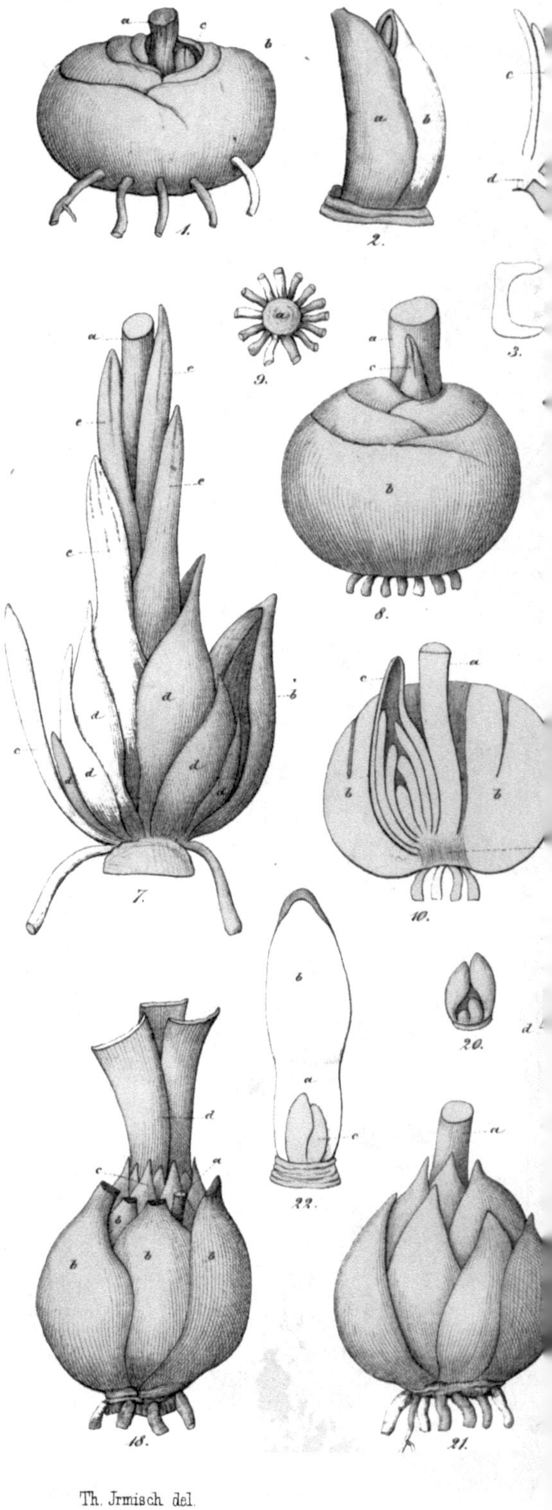

Th. Jrmisch del.

Tab. VI.

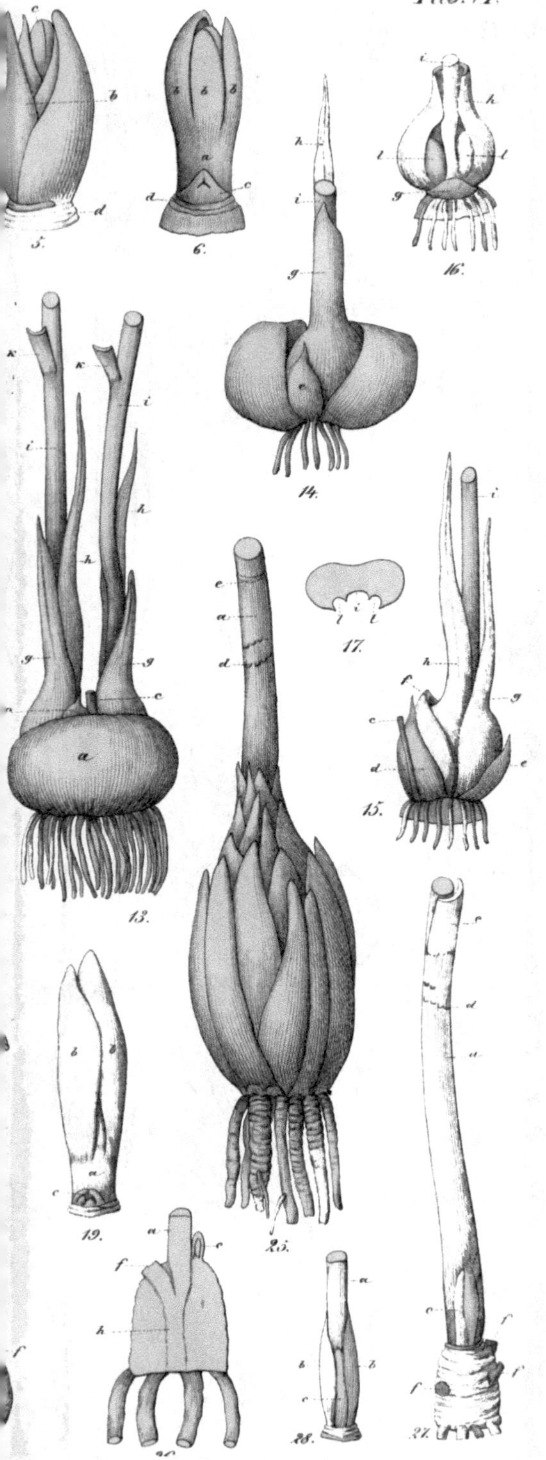

Lith. u. Druck aus R. Jaene's Anst. in Berlin.

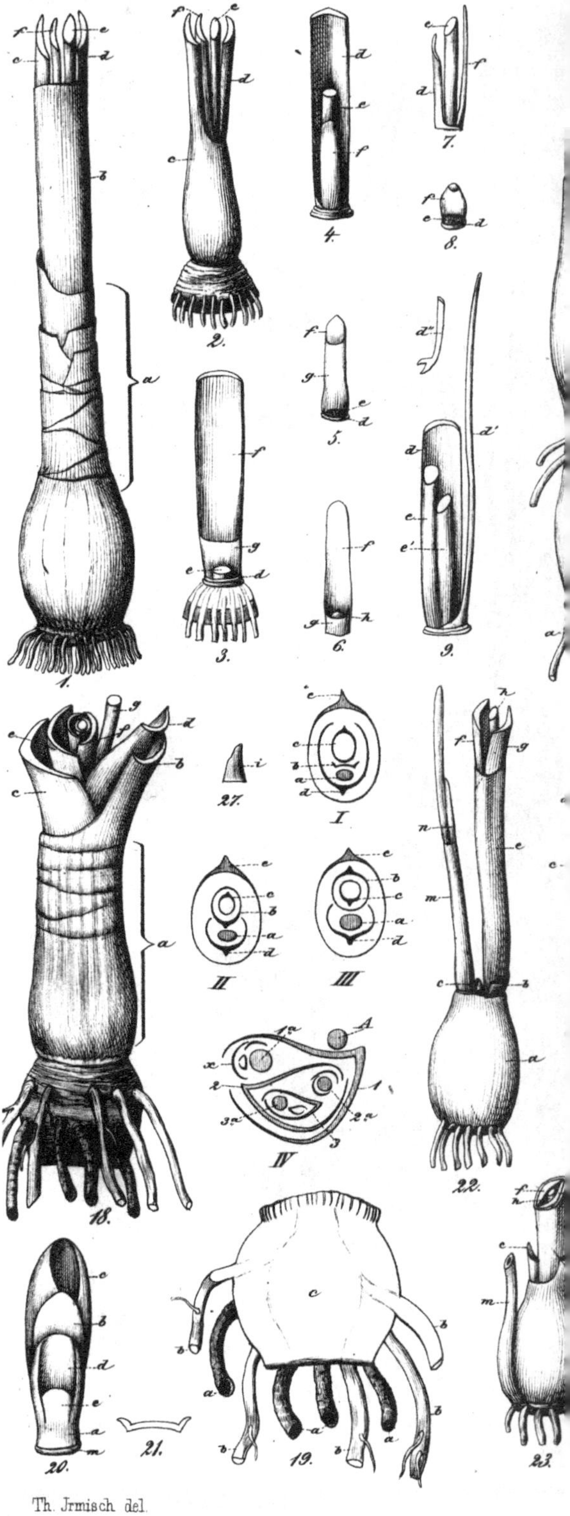

Th. Jrmisch del.

Tab. VII.

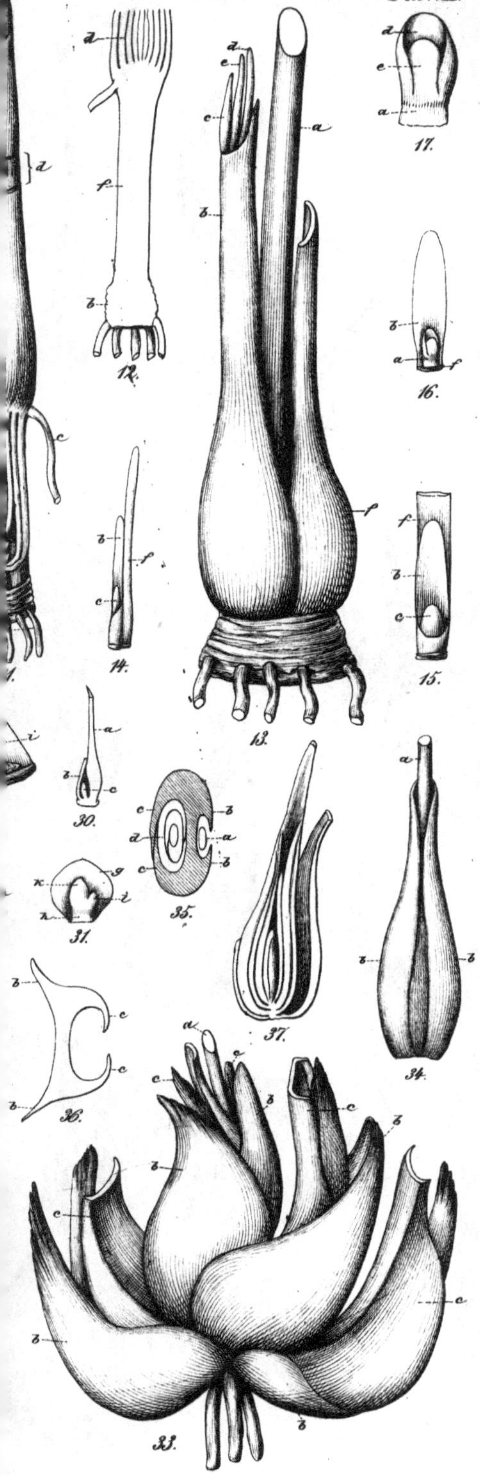

Lith. u. Druck aus R. Jaene's Anst. in Berlin.

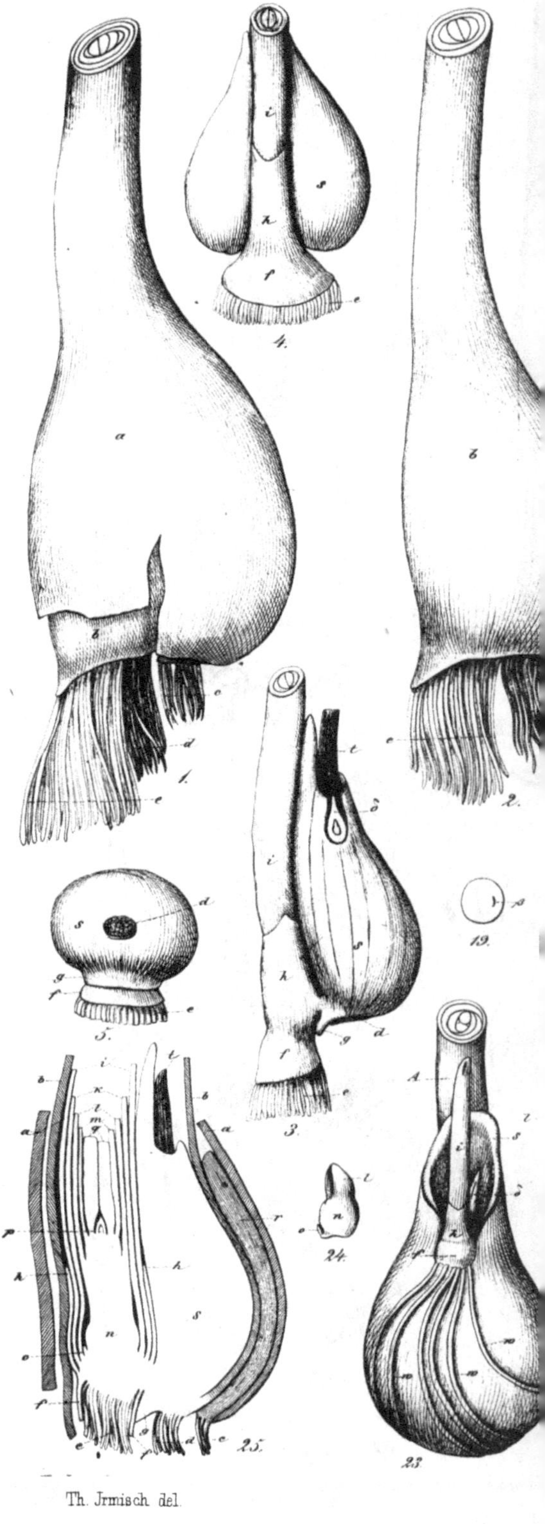

Th. Jrmisch del.

Tab. VIII.

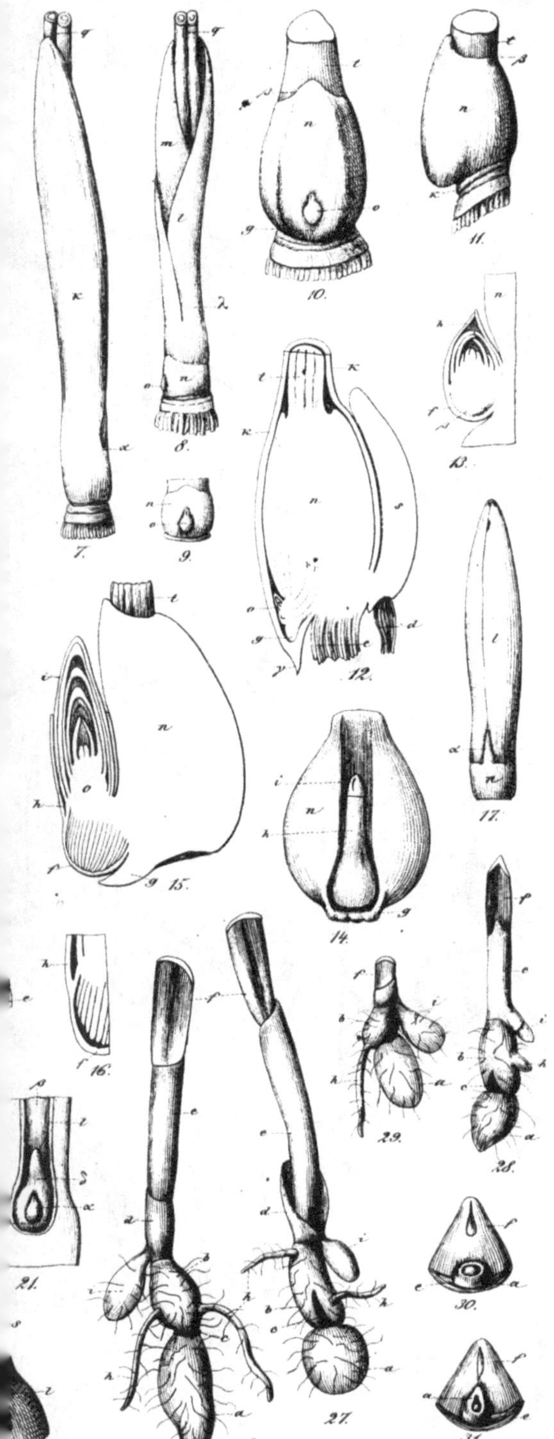

Lith. u. Druck aus R. Jaene's Anst. in Berlin.

Th. Jrmisch del.

Tab. IX.

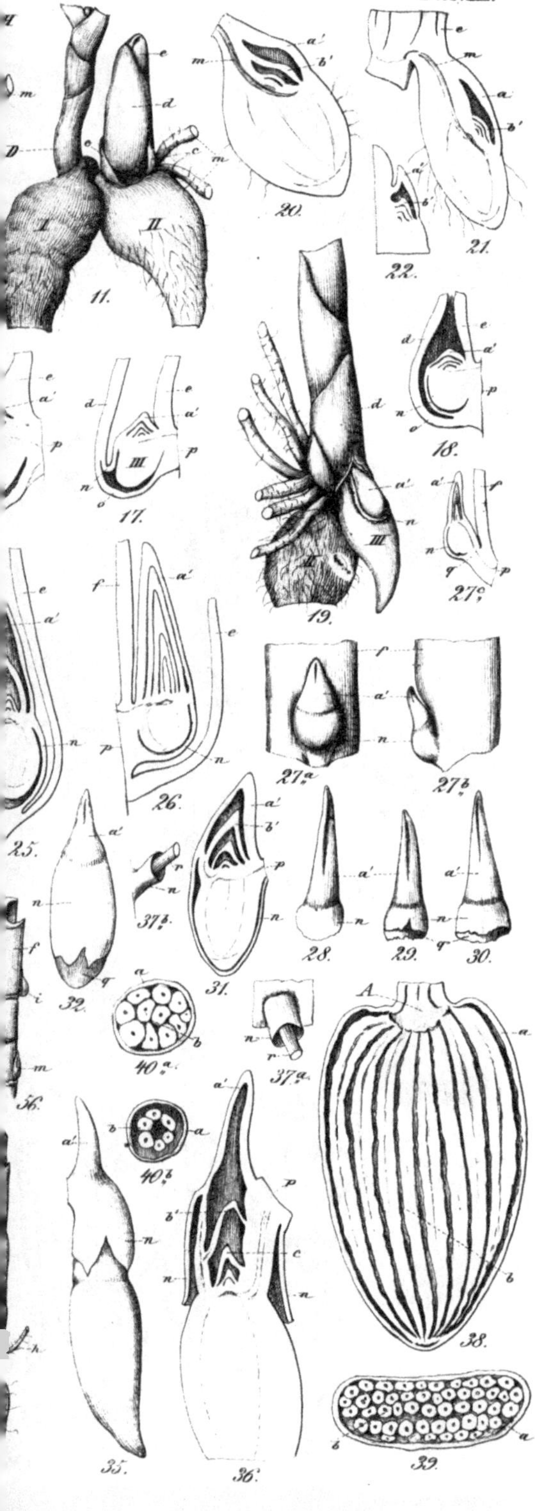

Lith. u. Druck aus R. Jaene's Anst. in Berlin.

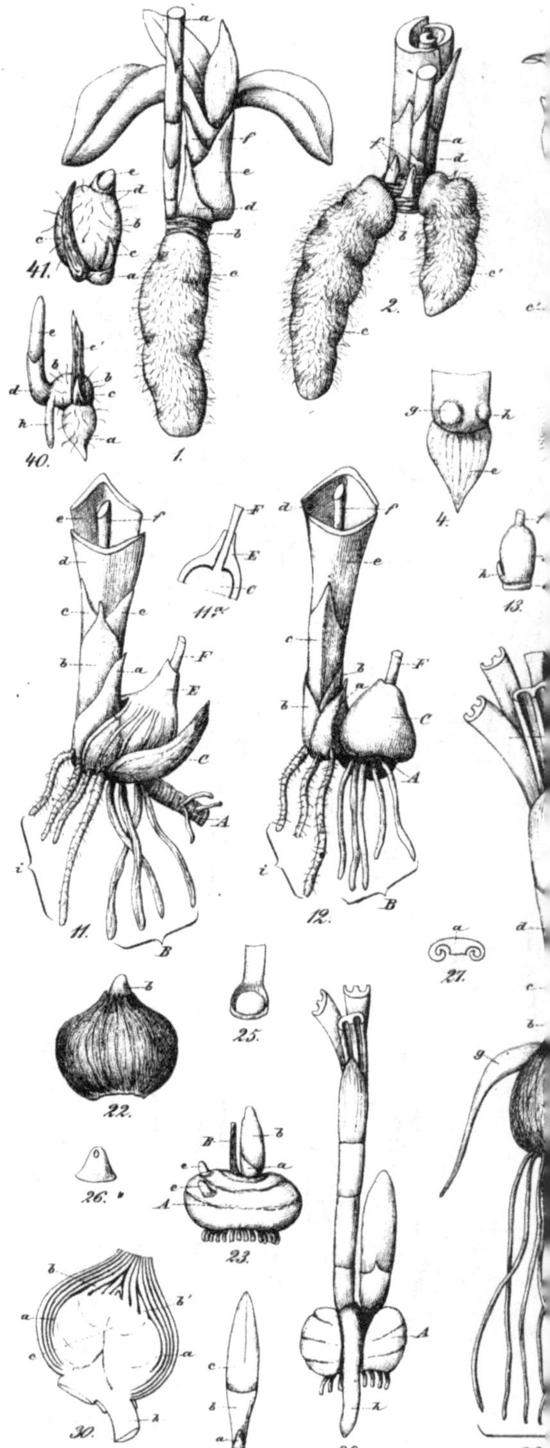

Th. Jrmisch del.

Tab. X.

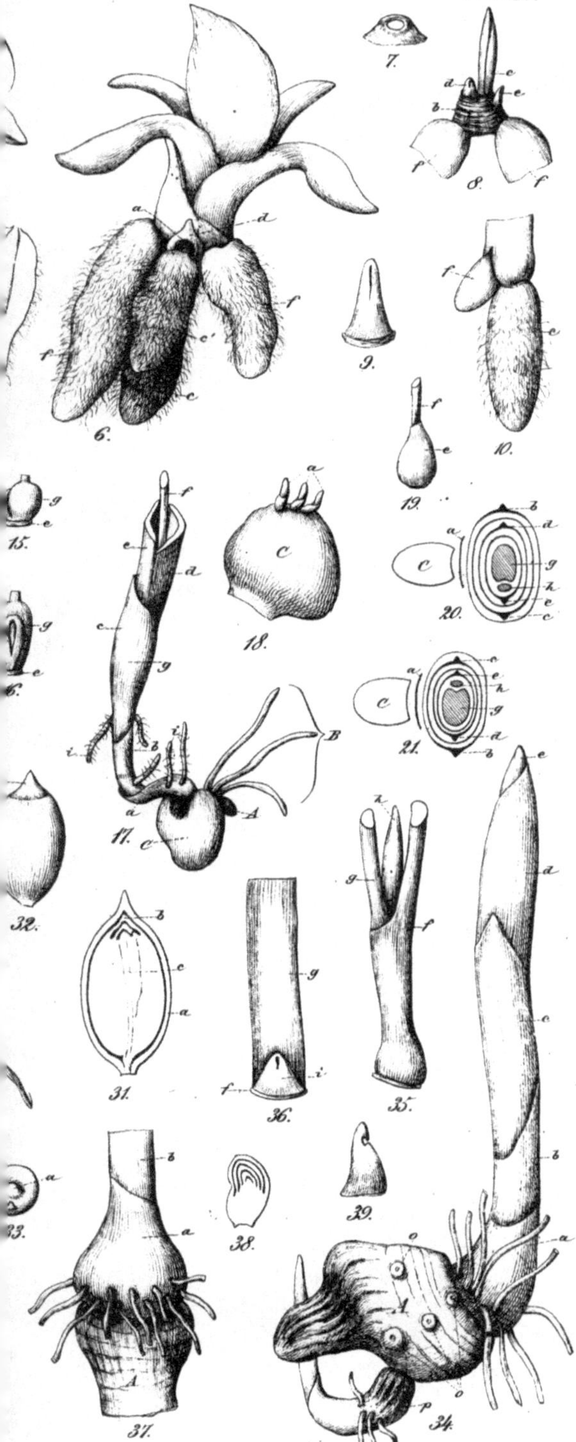

Lith.u.Druck aus R. Jaene's Anst.in Berlin.